中国民族摄影艺术出版社

Olympus x Panasonic

4/3 数码摄影系统使用手册

图书在版编目（CIP）数据

Olympus×Panasonic4/3数码摄影系统使用手册 / 邱森编著. -- 北京 : 中国民族摄影艺术出版社, 2010.10
ISBN 978-7-5122-0077-7

Ⅰ. ①O… Ⅱ. ①邱… Ⅲ. ①数字照相机－基本知识
Ⅳ. ①TB852.1

中国版本图书馆CIP数据核字(2010)第189829号

北京市版权局著作权合同登记章图字 01－2010－990

广告经营许可证号：京东工商广字第 0404 号

书　　名：Olympus×Planasonic 4/3 数码摄影系统使用手册
作　　者：邱森
责任编辑：周彧　白弋
出　　版：中国民族摄影艺术出版社
　　　　　地址：北京东城区和平里北街 14 号　邮编：100013
　　　　　发行部：010－64211754　84250639
　　　　　网址：http://www.chinamzsy.com
印　　刷：北京雅昌彩色印刷有限公司
开　　本：787×1092 毫米　1/16 开
印　　张：11.625
字　　数：30 千
版　　次：2010 年 11 月第 1 版第 1 次印刷
印　　数：1—5000 册
I S B N　978－7－5122－0077－7
定　　价：58 元

Preface

我，喜欢相机

说着“因为世上没有所以自己来制作”之类任性的话。
但现在仔细想想，感觉这就是 olympus 拿手的地方。
而欣赏此点的各位，以用户来说，或许也是有骨气的各位吧！
无论如何。从现在起，虽然是稍微有点个性的相机。
但如果能够好好理解此点，而来支持 olympus，将是我们的荣幸。

说这些话的人，名字是 Yashihisa Maitani 米谷美久
他的作品放在一起，几乎就是战后奥林巴斯胶片相机的历史
而他设计的第一部照相机 Olympus-PEN，采用了突破性的创新，全系列产量 1700 万台
时至今日，Olympus-PEN 的经典设计又在数码时代重现辉煌……
毋庸置疑，Micro4/3 系统的推出成为了 2009 年数码影像行业的最大亮点。

奥林巴斯作为“4/3 系统标准”的倡导者和先行者，是以“创造最高画质的数码影像”为主旨，为了充分发挥数码单反相机的应有特性和优势，以全新标准设计开发的系统。解决了数码单反相机图像传感器沾附灰尘问题的超声波除尘系统，以及能令用户自由使用多种角度来取景拍摄、并从中体验到无穷乐趣 Live live 实时取景功能，都是奥林巴斯 E 系统最先开创的领先技术。而且超声波驱动的机身防抖功能以及 100%数码专用设计 ZUKO DIGITAL 镜头群也满足了广大用户对于数码单反相机高画质与便携性并重的高要求。

奥林巴斯一直致力于发展将光学和最新的数码科技相融合的创新影像文化，并力争成为数码单反市场的引领者。中国市场对奥林巴斯的映像事业来说也是最重要的市场之一，目前奥林巴斯 E 系统在中国市场的销售正在不断增长。《4/3 数码摄影系统使用手册》一书采用通俗易懂的语言及大量直观的图片，很好地向读者详细展示了 E 系统的机身、镜头、配件的历史、开发背景及独到技术。为增进奥林巴斯 E 系统与我们的现有用户及广大潜在的用户间的沟通交流起到了桥梁的作用。

对此，我对参与《4/3 数码摄影系统使用手册》编写与出版工作的作者们表示由衷的感谢！他们为此书的编辑出版付出了巨大的心血！

衷心希望您在阅读本书的过程中能够对奥林巴斯 E 系统有更深入地了解，并且能够尽情享受数码摄影带来的无尽乐趣！

奥林巴斯（上海）映像销售有限公司 总经理 齐腾典男

齐藤典男

Preface

摄影起义

2009前，摄影，尤其是数码摄影，绝大部分都是男生的专利，爱摄影的女生其实不少。但她们对追求新款相机、拍摄功能和皇牌质素都没有像男生般疯狂和踊跃。一直以来数码相机的发展方向一味向着高像素高速度，外型一成不变，功能更是愈加复杂和难明。但随着D-SLR一次又一次冲破低价入门的关口，现在3000元已可拥有，令不少女生放下DC改以选用D-SLR，亦令制造研发者加入更多女生口味的元素，例如更漂亮的外型、更轻巧的重量、更易用的界面功能……更重要是一系列为吸引初用者而设的有趣影像效果。在这一方面Olympus与Panasonic的4/3系统及Micro 4/3系统便做得十分出色。

4/3系统由2002年提出，于2003年推出第一部实用型机身开始，便带着鲜明的开发理念——完全的数码优化设计，为拍摄者提供既轻便亦高质，能拍得更快乐欢愉的系统。加上不同的品牌合作参与开发，令不同的机身、镜头和配件都能够互换使用，打破一直惯有机身品牌之间分离和互不相干的感觉。经过多年，4/3系统先后推出过十多部出色的D-SLR，每一部都令人难忘。到了2009年，以Olympus的4/3系统D-SLR最为阵容强大，不但有全球AF最快、保护能力最高的E-3，还有功能出众定位合理的E-30，加上以吸引入门用户作为大前提，完全初级使用优化的E-620，〞机多势众〞而且各有特色。

随着多间品牌间的开发精英致力研究以数码功能的Live View系统取代旧有光学系统，终于在2008年制定出另一个新颖系统制式—— Micro 4/3系统，以高质超便携高创意性的形象位，从新编写数码摄影新一页。虽然第一部Micro 4/3机身的Panasonic Lumix DMC-G1外型与一般D-SLR无异，但它的体积和Live View功能都令人刮目相看。随后加入全高清拍片功能的GH1和被各界热烈讨论和给予〝女友一号〞美誉的GF1，都非常成功。尤

Preface

其以四种机身颜色加上无手柄、超小巧挂帅的 GF1，更风靡东西方，尤其是女性用户。现在的 Panasonic Micro 4/3 系统正代表着一种全新的相机新革命。

作为 4/3 系统参与品牌中推出过最多型号的 Olympus，亦不甘示弱，借着品牌中极富纪念和历史意义的 PEN 诞生 50 周年日子，把 PEN 的外型、理念和光华——转至在它的 Micro 4/3 首作 E-P1 和强化高端版 E-P2 之上。除了全新的结构和科技应用外，更加入多种数码影像效果功能 ART FILTER 模式，令使用者能在平凡的环境里，透过 E-P1 和 E-P2，把原是专业摄影人士经多方面试验和长年经验累积才有的拍摄技巧，简单地呈现在 PEN 的用户手上。令所有人都能一夜间成为摄影艺术创作者。

为了帮助想选购一部集型、英、帅、靓、正于一身的新系统新机身的人，集合香港销量居首位的数码摄影杂志《DiGi 数码双周》多位年轻富创意的编辑部成员，对 Olympus 和 Panasonic 两大品牌的新机看法和专业深入的性能测试报告，加上资料丰富，由浅入深，摄影人必看必知的理论和应用教学内容。相信这本书将会成为全城的热话。有了新相机、想买新相机的您，又怎能错过呀？

邱森 Sam YAU

辣椒出版摄影丛书系列编辑

纽约摄影学院拍摄好照片的 3 条原则

每年，世界各地的人们会拍摄数十亿张照片。但几乎所有的照片都存在一个问题：这些由非专业的摄影师拍摄的照片并没有捕捉到原本应该是值得珍藏的瞬间。

为什么？原因很简单——不管相机有多先进——很多人不知道一些能够让一张快照变成一幅作品的很简单但很有效的技巧。

让我们从这 3 条简单的原则开始吧。

原则一：明确你的主体

在你拍摄任何一张照片前，你必须问自己一个问题："我希望这张照片中的主体是什么？" 只有当你回答了这个问题之后，你才做好了拍摄的准备。

现在，这看起来是显而易见的：如果你不知道你想让什么成为这张照片的主体你就不要拍，对吗？但是，这往往是业余爱好者最常违反的原则之一。

你知道你想让什么成为主体。但是你拍摄的照片却常常没有表现出你在取景器里看到了什么。假设你拍摄了一张小莎莉在后院的照片，当你看到照片你看见小莎莉确实在那儿，但是你还看见了垃圾桶、消防栓、破旧的太阳椅、以及长在她头上的电话杆。

所以，原则一是明确你的主体。如果你的主体是小莎莉，那就不要让其它的东西分散对她注意力。不管谁看这张照片，她都应该无可置疑地成为主体。

但成为杰出的照片这还不够——让我们来看看第二条原则。

原则二：把注意力集中在你的主体上

当知道你希望什么是主体，你就准备通过取景器观察并组织画面以便拍摄。在这时候，你就要考虑原则二了——把注意力集中在你的主体上。你该怎么做呢？

在纽约摄影学院，我们会教给你很多帮助你把注意力集中在主体上的技巧。现在，我们只要求你掌握一种：让主体充满画框。不管你是拍摄一个婴儿、一名成人或是一只老虎，也不管你使用的是什么相机，这个技巧在任何时候、对任何相机都生效。只需要靠近并让主体充满画框。

所以，当你透过取景框取景时记住原则二。问你自己："我看到的影像把注意力集中到主体上了吗？" 还要问："在画框中还有什么东西会把我的注意力从主体上吸引开的吗？"这个问题将我们引导到原则三。

原则三：简洁！

现在你已经知道自己希望让什么成为画面中的主体。而且你也透过取景器组织了画面以便让注意力集中在主体上。现在就要运用原则三了。

观察取景器内的画面，看看是否有什么东西把注意力从主体上分散开了。如果你看见了任何分散注意力的东西，就要去掉！这就是我们所说的简洁。

通常，你要寻找画面边缘的干扰物。因此，你要注意巡视取景器内画面的四周，几乎最常见的干扰都在那儿。如果你发现了一个干扰，怎么去掉它？一种方法是把它移走。但是有些东西很难甚至不可能移动。你不能移动它，但你可以移动你的相机。通常，你只需要移动一两步就能避开。

或者，也许你能移动你的主体——特别当主体是人的时候。当他或她移动时，背景也会变化，直到干扰物从取景器中消失。

再者，靠近并让你的主体充满画面，直至背景中的干扰物消失。就像你已经猜到的，这个解决方案和你已经学过的让主体充满画面有关。这通常是最简单也是最好的方法。

英明者
拓世疆
eff Boxer
INDURO™ 英拓
THE FINEST TRIPODS MONEY CAN BUY
www.indurogear.com.cn 源自美国 专业之选
CARBON 8X
CT414
中国区总代理
北京锐成科技有限公司

Content

Chapter 1 系统简介

Chapter 2 机身专业评测报告

Chapter 3
4/3 与 Micro 4/3 系统基础必读技巧教学

数码摄影第一步

数码相机有很多种，为何你会选 Olympus 和 Panasonic 的机身呀？因为它像素高？功能多？效果好？先去认识数码相机的种类和分别，选一部适合自己的，再去学用如何创造我们想要的拍摄效果。

简单分类数码相机

一体化数码相机（Compact Digital Camera）

能在家电商铺找到，款式最多换款最快的种类。外形比较小巧，而且逐渐走上潮流商品路线。用户会把它常备于手袋或背包之中。操作以全自动为主，手动功能较少，是人们口中的“傻瓜机”类型。因为使用的感光元件面积比 4/3 系统小很多，令浅景深效果较难做，亦令高感光度的质量较低。DC 的像素虽可达一千多万水平，但画质与 4/3 系统仍然相距甚远。细分之下，能分为卡片型 DC（如 Olympus Mju Tough 8000）和功能型 Prosumer DC（如 Panasonic Lumix DMC-LX3）两大类。

▲属于卡片型 DC 的 Olympus Mju Tough 8000

▲属于 Prosumer DC 的 Panasonic Lumix DMC-LX3

数码单镜头反光相机（Digital Single Lens Reflex Camera）

我们简称为 D-SLR。最大特色就是可以更换镜头，而且拥有反光镜及五棱镜，能让用户清楚看到镜头所能拍下的东西。作为近代主要的民用摄影器材类别，凭多年的研发，令自动对焦系统十分准确和高速。Olympus E-3、E-30、E-620 和很多过往的机身型号都是 D-SLR。

▲属于 D-SLR 的 Olympus E-620

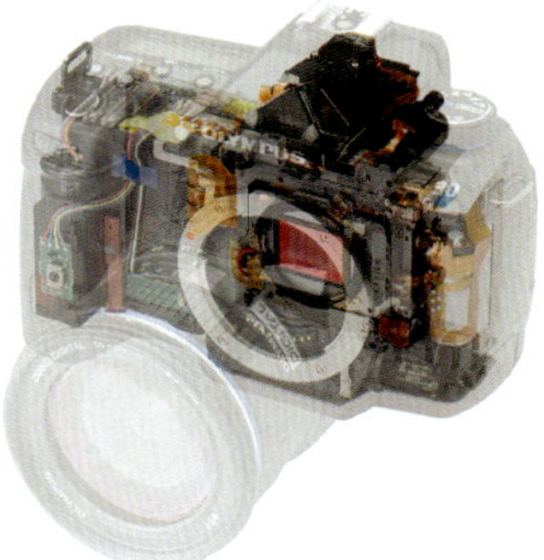

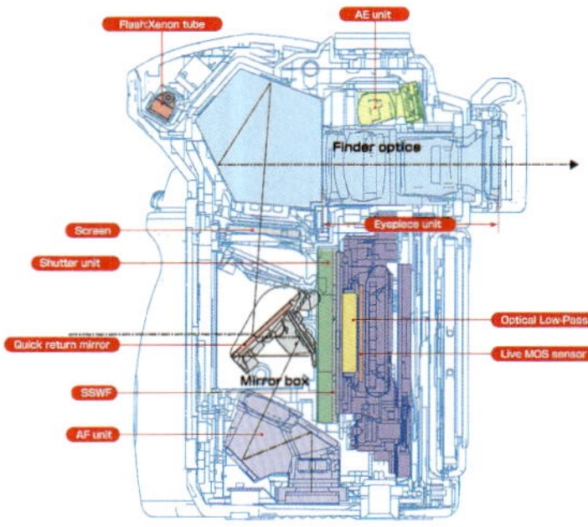

▲若透视 E-620 的内部，便会发现 D-SLR 的成名组件反光镜和五棱镜，在底部的高速 AF 组件亦是透过反光镜等的结构运作。

数码可换镜头相机（Digital Lens Exchangeable Camera）

虽然并不是近年才出现的类型，但到了 2009 年由 Olympus E-P1、E-P2 和 Panasonic GF1 一手令这类型相机急速崛起和广泛被人讨论。最大特色是基于 D-SLR 的功能和感光元件技术，但减去了反光镜、五棱镜、光学 AF 感应器及其他相关组件，透过日渐成熟的 Live View 数码影像即时重放和分析技术，提供各种拍摄功能，如 AF。质量上与同级的 D-SLR 非常相近，但体积上，尤其厚度，得到大大的缩减。外型可以做到和 D-SLR 十分相似或非常不同，日渐成为了一股新的年轻摄影势力。

▲属于可换镜相机的 Panasonic Lumix DMC-GF1

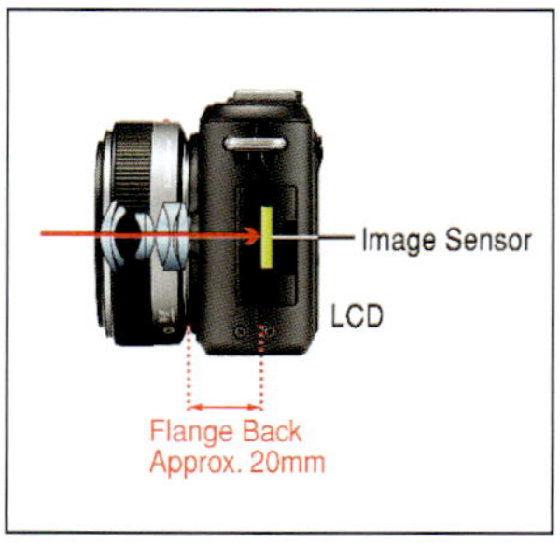

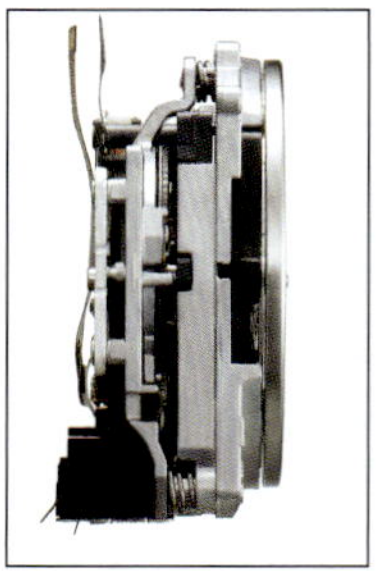

▲若透视 GF1 的内部，会发现它没有了 D-SLR 的反光镜和五棱镜组件，影像会长时间直接照在感光元件上，让各电子组件把影像重现于机背的 LCD 上。

4/3 系统制式

什么是 4/3 系统？可以是一个设计规则，亦可以是个开发理念。

4/3 系统（Four Thirds system，直译“三分之四”系统，摄影主流网站常称为“4/3 系统”或“4．3 系统”）的核心设计概念是通过全新制定和统一的数码相机外接配件制式和感光元件尺寸，来促进影像表现和各方面优化性能。透过不同品牌但统一的连接性设计，各品牌旗下的镜头和闪光灯能够互换使用。在 2010 年初，市场上在售的 4/3 机身型号共有约 8 款，4/3 镜头型号接近 30 款。

▲不论哪个品牌，所有 4/3 制式机身的感光元件都采用了统一的尺寸，全部皆为 17.3×13mm 大的感光范围。

▲不论哪个品牌，所有 4/3 制式镜头的卡口都使用统一的尺寸和装卸设计。

▲不论哪个品牌，所有 4/3 制式机身的镜头卡口都使用统一的尺寸和装卸设计。

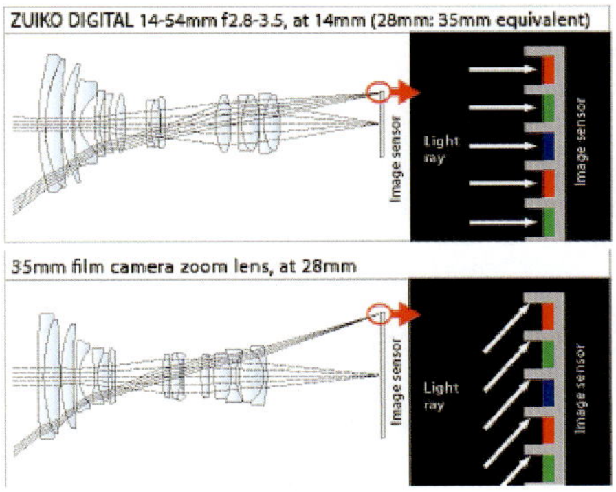

◀因为 4/3 系统的受光面积较传统的 135 全画幅尺寸为小，经过镜头折射成形的影像光线进入角度亦无需太大，让影像光线更笔直照射在每一个感光单元，加强光学质量。

已推出 4/3 系统制式机身品牌＊

Leica
OLYMPUS
Panasonic

已推出 4/3 系统制式镜头品牌＊

Leica
OLYMPUS
Panasonic
SIGMA

＊品牌名字以英文字母的先后排列

Micro 4/3 系统制式

第一部 4/3 系统机身 E-1 于 2003 年出现，经过多年的科技研发和规格进程，现在一般的数码相机都可以提供超过 1 千万像素的影像文件。售价方便以 D-SLR 更是下调幅度最大的，数码摄影已变得十分普及。受制于反光镜和其他相关部件的大小，D-SLR 的外型不但没有大突破，体积和重量亦是个关口。为了吸引更多非专业但喜爱摄影的年轻人士选购，参与 4/3 系统的两大品牌—— Olympus 和 Panasonic 便合力研发及推出基于 4/3 系统 D-SLR 规格，但减去反光镜、五棱镜等组件，纯以 Live View 数码处理方式运作的 Micro 4/3 系统制式。第一部推出市面的 Micro 4/3 机身是 Panasonic 的 G1。因无需预留空间放下反光镜，所以 Micro 4/3 机身的厚度得到大大缩低，这亦令镜头的成像距离同时拉近。虽然感光元件尺寸不变，但 Micro 4/3 机身不能直接使用旧有 4/3 系统的镜头，需要加装转接环才能适用。同一时间，随 G1 的推出 Panasonic 已致力推出更多 Micro 4/3 系统专用镜头（注：Micro 4/3 镜头无法用回在旧有 4/3 D-SLR 机身上）。Olympus 亦在推出其第一部 Micro 4/3 机身—— E-P1 的同时，推出了两支 Micro 4/3 系统专用镜头。2010 年初，市场上在售的 Micro 4/3 机身型号合共有 5 款，Micro 4/3 专用镜头共有 8 支。未来日子，相信新镜头研发和推出都主要以 Micro 4/3 制式为主。

已推出 Micro 4/3 系统制式机身品牌＊

OLYMPUS
Panasonic

已推出 Micro 4/3 系统专用镜头品牌＊

Leica
OLYMPUS
Panasonic

▲不论是 4/3 制式机身或 Micro 4/3 制机身，感光元件尺寸都是相同和统一的。

▲虽然旧有 4/3 制式镜头不能直接安装在 Micro 4/3 机身之上，但只要加上适用的转接环，便能如常使用。

▲但 Micro 4/3 专用镜头便不能安装在 4/3 机身之上。

2003 年

Olympus E–1

2004 年

Olympus E–300

2005 年

Olympus E–500

2006 年

Leica Digilux 3

Olympus E–330

Panasonic Lumix DMC–L1

2007 年

Olympus E–410

Olympus E–510

Olympus E–3

Panasonic Lumix DMC–L10

2008 年

Olympus E–420

Olympus E–520

Olympus E–30

Panasonic Lumix DMC–G1

2009 年

Olympus E–620

Olympus E–450

Olympus E–600

Olympus PEN E–P1

Olympus PEN E–P2

Panasonic Lumix DMC–GF1

2009 年

Panasonic Lumix DMC–GH1

2010 年

Olympus PEN E–PL1

Panasonic LUMIX DMC–G2

Panasonic LUMIX DMC–G10

Olympus与Panasonic

4/3与Micro 4/3
机身专业评测报告

解说专业测试方法

解像力变化测试

测试解说

测试要求

• 测试结果以解像力得分愈高为愈好

测试方法

• 使用三脚架，开启 2 秒自拍计时器及反光镜预升锁定功能
• 使用 Av 光圈先决模式锁定 f/8 光圈值
• 关闭自动感光度功能，手动设定
• 选用 Fine L JPEG 格式
• 预设标准影像效果
• 使用自定义白平衡模式，以 18% 灰卡为测量标准
• 平均式测光模式
• 0EV 曝光补偿
• 把影像文件导入 Imatest v3.1 软件，向中央位置进行 SFR（Spatial Frequency Response）项目运算，并以 MTF50 分析，然后计算解像度得分，单位为 LW/PH。

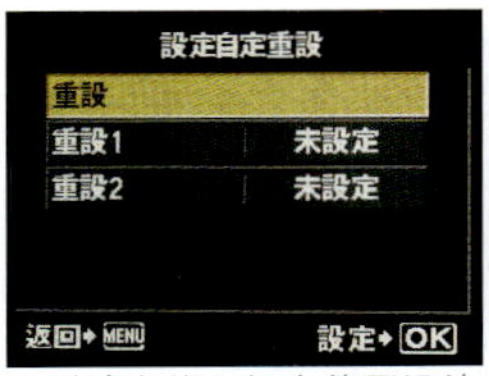

▲测试中使用机身的预设效果拍摄。

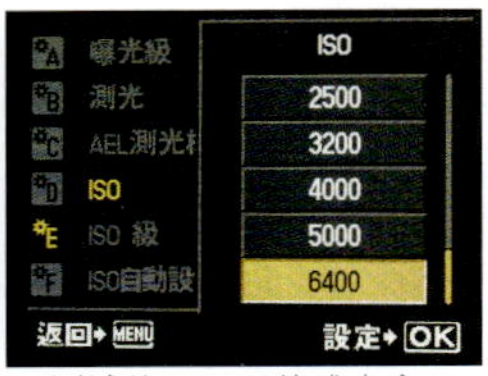

▲测试使用不同的感光度。

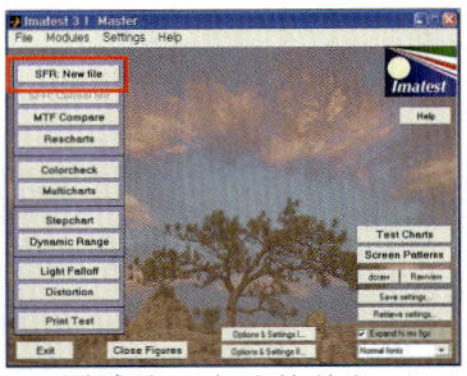
▲测试使用电脑软件 Imatest v3.1 Master 作数据分析，测试项目为 SFR（Spatial Frequency Response），得分单位为 LW/PH。

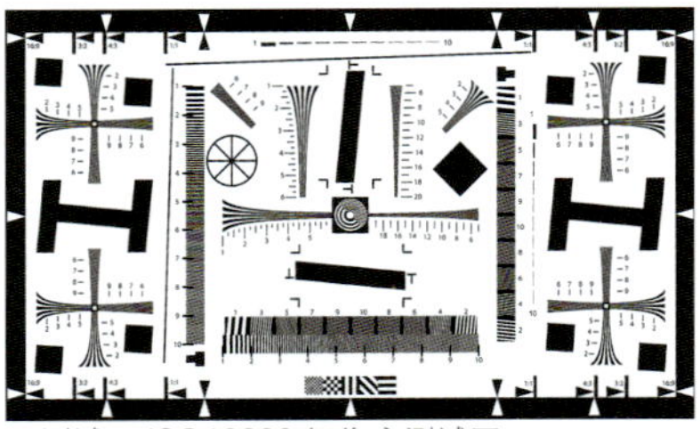
▲测试用 ISO12233 解像度测试图

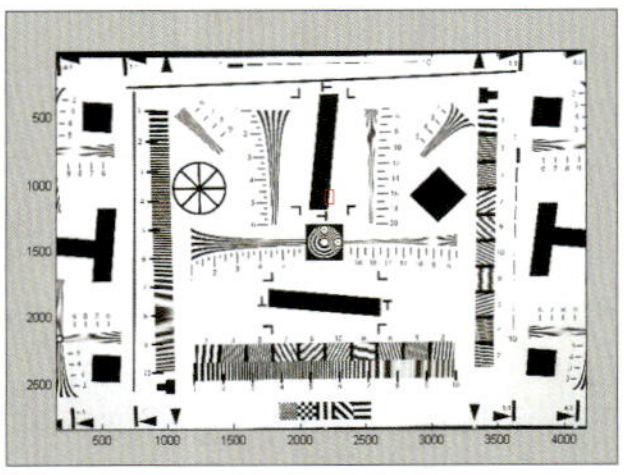
▲利用软件分析测试影像的中央（红框）位置。

自动对焦系统效能测试

测试解说

测试要求

• 测试结果以愈低的环境照度仍能合焦为愈好

测试方法

• 使用三脚架固定相机位置
• 使用最高感光度拍摄
• 设定对焦模式为 AFS 单次
• 设定驱动模式为单张
• 关闭相机的 AF 辅助灯
• 使用手持式测光表的入射光测量模式，测量对焦测试板上的所受光量
• 分别使用光学取景器的中央和边缘对焦点测试，然后转用 Live View 的即时模式向着中央位置测试
• 每次对焦后，均会检查所得影像的对焦情况
• 若影像出现对焦模糊不清或机体超过 5 秒仍未能合焦成功，不能拍摄情况，归纳为对焦失败
• 每个设定均会测试 5 次

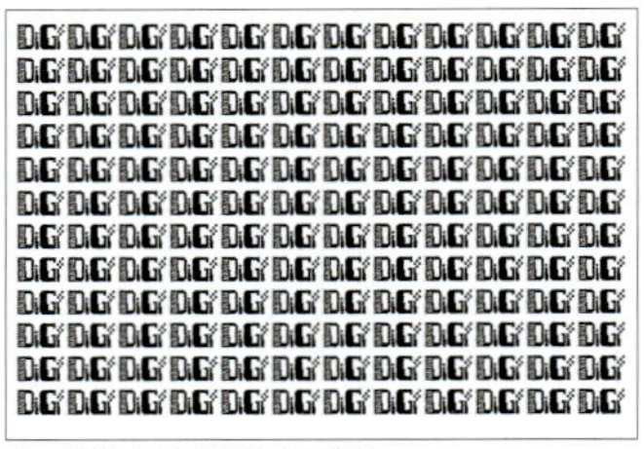
▲ DiGi 特制对焦测试板

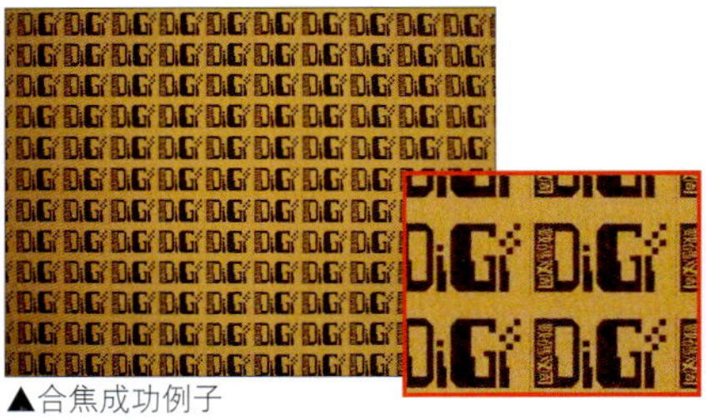
▲合焦成功例子

▲ Sekonic Dual-Master L-558 外置手动测光表。

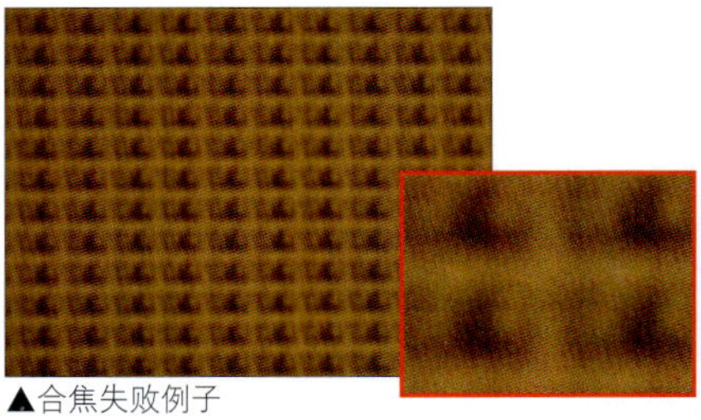
▲合焦失败例子

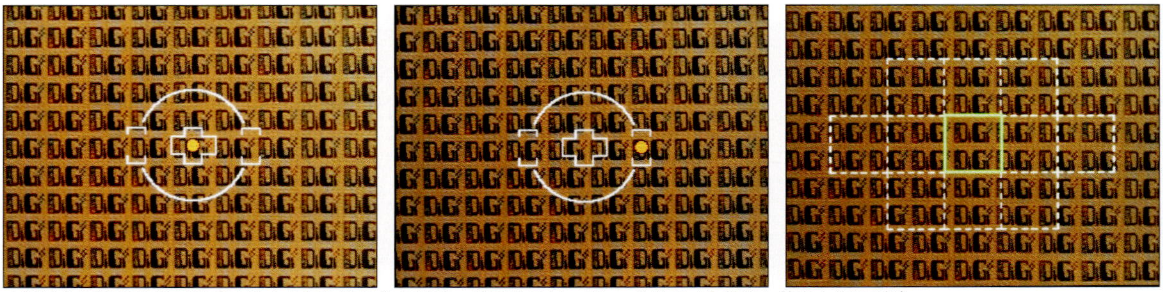
▲测试分别使用光学对焦系统的中央和边缘对焦点测试，然后转用 Live View 的数码 AF 系统向着中央位置测试

色彩与自动白平衡控制测试

测试要求

• 测试结果以测试结果表的色彩偏差愈少愈好

测试方法

• 使用 P 程序自动模式于三个不同场合环境拍摄

• 相片效设定：预设设定

• 选用 Imatest 软件开启及使用 Colorcheck 功能运算各影像文件，计算各个设定下的影像偏向。

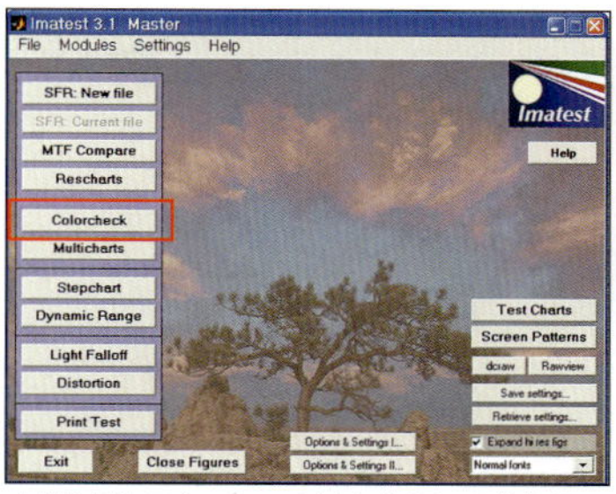

▲测试使用 Imatest V.31 分析，测试项目为 Colorcheck。

▲ GretagMacbeth ColorChecker Color Rendition Chart

▲日光下的测试环境例子

▲室内商场的测试环境例子

▲餐厅钨丝灯泡下的测试环境例子

感光度噪声相片模拟打印效果测试

测试解说

测试要求

• 测试结果以噪声颗粒的数量愈少、颗粒愈小，为愈好

测试方法

• 使用三脚架，开启 2 秒自拍计时器及反光镜预锁功能

• 使用 A 光圈先决模式锁定 f/8 光圈值

• 关闭自动感光度功能，手动设定

• 选用 RAW + JPEG（精细 L）

• 预设下影像效果

• 使用自定义白平衡模式，以 18% 灰卡为测量标准

• 平均式测光模式

• 使用 Adobe Photoshop CS4 软件以预设下的 Noise Reduction 最大程度的"Luminance"及"Color"转换各 RAW 文件影像为最高质量 JPEG 另存。

• 模拟打印相片的放大比例，并把放大位置并列做视觉比较 • 每个设定均会测试 5 次

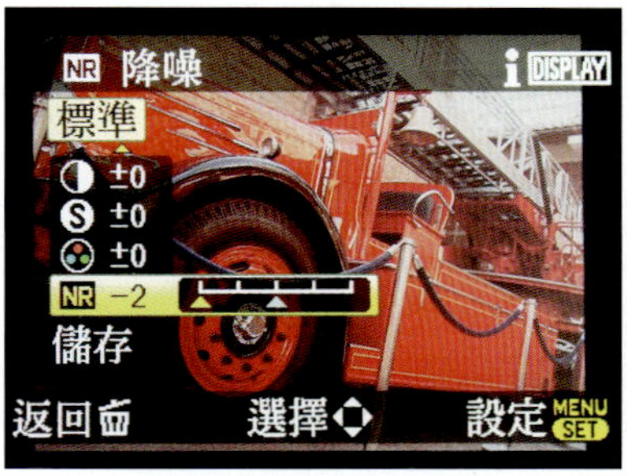

▲分别使用机身预设及 NR 消除噪声功能的最低程度或关闭效果拍摄

▲在 RAW 文件转换过程中，使用 Adobe Photoshop CS4 软件以预设下的 Noise Reduction 最大程度的"Luminance"及"Color"转换各 RAW 文件影像为最高质量 JPEG 另存。

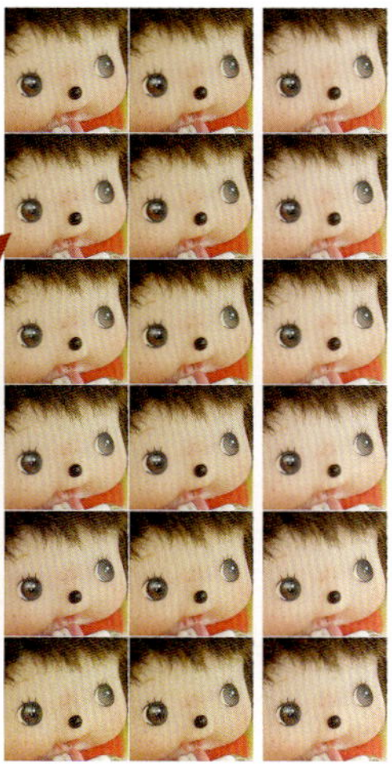
▲测试模拟打印相片的放大比例，并把各设定下的放大位置并列做视觉比较。

Gallery of Olympus E-3

拍摄者：Sam YAU
机身：Olympus E-3
镜头：ZUIKO DIGITAL ED 9-18mm f/4.0-5.6
光圈：f/11
快门：1/50 秒
感光度：ISO 200
白平衡：Auto WB
镜头焦距：9mm
相对焦距：18mm

Olympus E-3
机身设计

CHECKPOINTS

- 4/3 制式
- 一体化合金专业机身
- 完美防渗防尘保护设计
- 1,010 万像素
- ISO 100 至 ISO 3200
- 5 级机身防震
- 11 点全双十字型 AF 系统
- 全球最快 AF 系统机身组合 *
- 可关闭取景器遮帘
- 内置遥控闪光灯操控功能
- 2.5 英寸扭动式 LCD

*测试结果基于设定的条件下，由 E-3 配 以 ZUIKO DIGITAL ED 12-60mm f2.8-4.0 SWD 的 60mm 焦距下，在 2007 年 10 月 17 日由 Olympus 的测量中心得出。

ray! 参考售价：
机身
12-60 镜头 +FL-50 闪光灯
请致电：4006-987-666
* 资料由锐意于 2010 年 10 月 15 日提供

▲在 E-3 的取景器接目镜胶环旁边，设有遮盖帘幕，是 4/3 系统中唯一拥有，有助减低 Live View 时光线逆向由取景窗进入机身内部的可能。

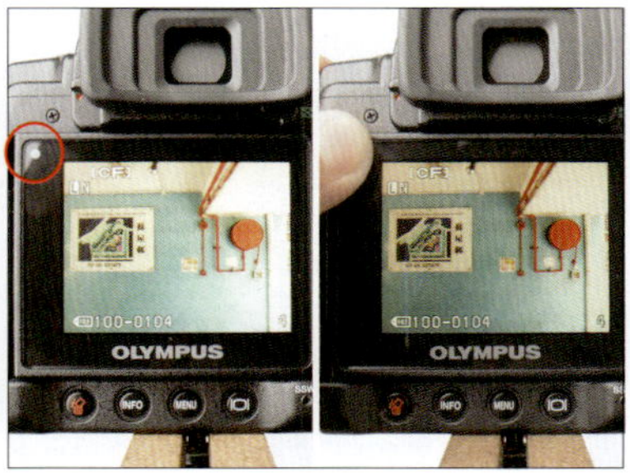

▲在可翻转的 LCD 屏幕上设有照度感应器，能够跟据环境调节显示亮度，平衡观看效果。

▲ E-3 同时支持 CF 和 xD-Picture 双卡插槽，更对应有 UDMA 技术的记忆卡。

▲透过加装电池手柄 HLD-4 及多颗充电池，加强 E-3 的续航力和握持平衡感。

▲ E-3 的高硬度一体化镁合金机身使用了热熔成型技术镕铸，加上快门键及其他按键上都加入了防渗防尘的胶环和密封油压式设计，保护程度不容置疑。

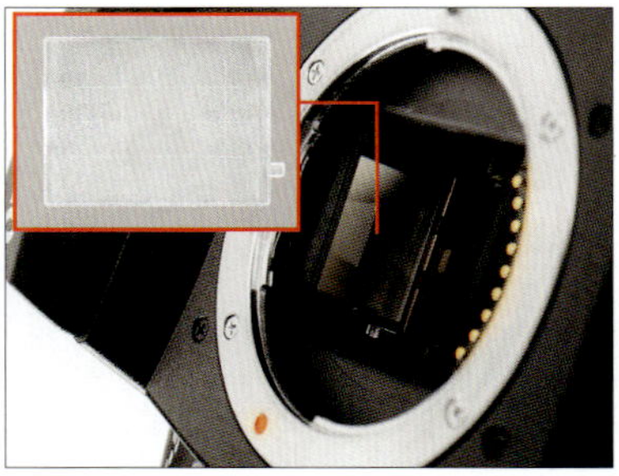

▲只要简单的步骤，就能为 E-3 更换对焦屏成有格线辅助的款式。

Olympus E-3
取景器实拍效果

光学取景器观看效果

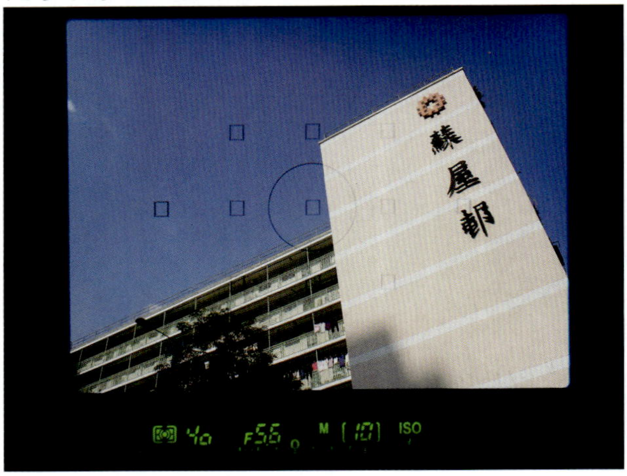

Live View 预视构图画面

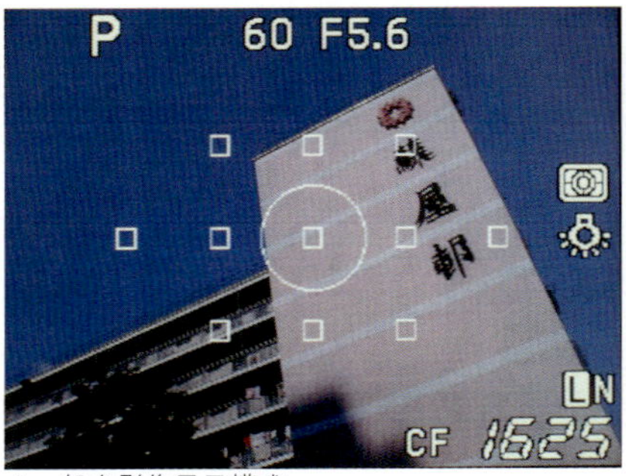

▲一般全影像显示模式

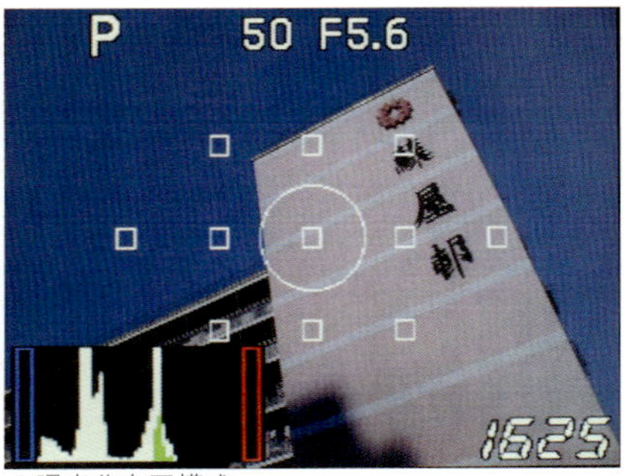

▲曝光分布图模式

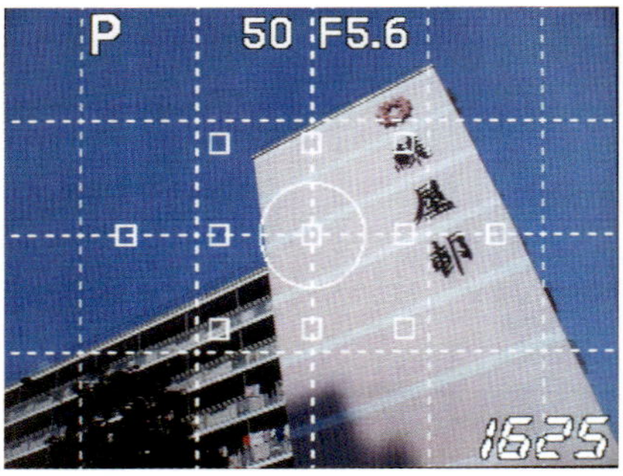

▲网格辅助模式

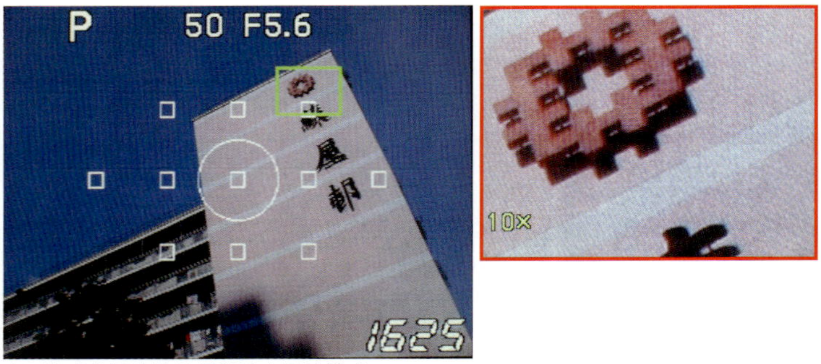

▲对焦点位置自选及局部放大显示模式

拍摄功能设定画面

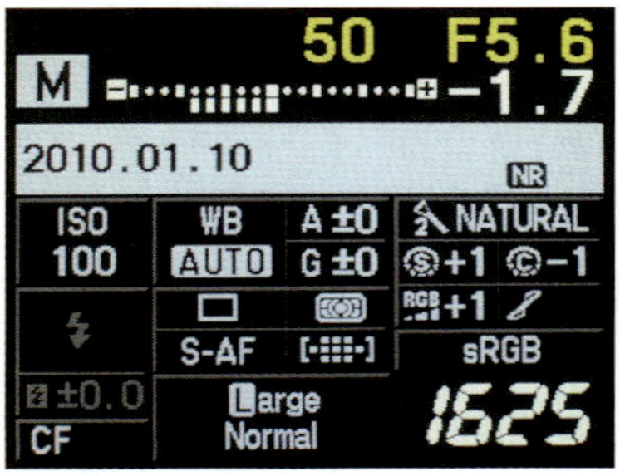

▲一般全影像显示模式

目录界面

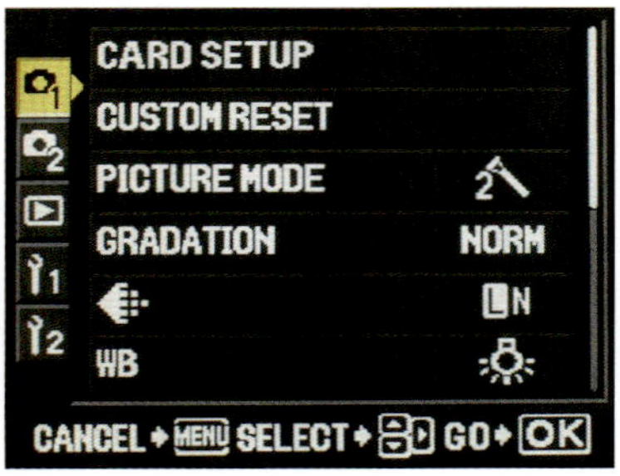

▲一般拍摄设定

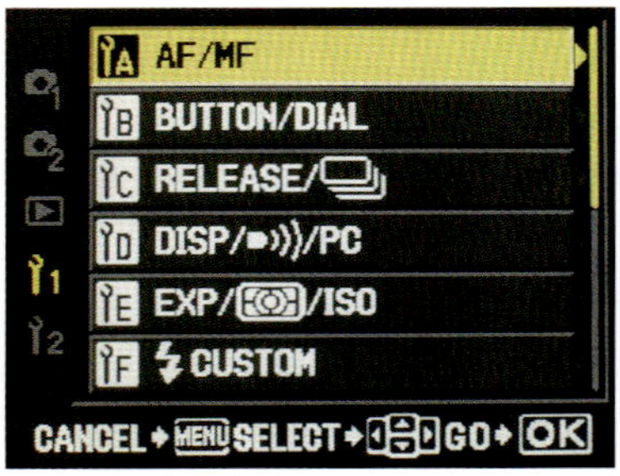

▲自定义功能设定

Olympus E-3 技术特点

一哥实力

贵为 4/3 系统的"大哥大"，拥有着最顶级的功能效果，E-3 在 2008 年推出时便一鸣惊人，以全球最快自动对焦的 D-SLR 之名*，击败 Canon、Nikon 等品牌，就算事隔一年多，直至 2010 年的今天，都没有新型号宣布能取代 E-3 的高速之王宝座。E-3 的 AF 系统能够成为王者之剑，全因三部分组件合作而成。第一个是机内的 AF 模组，不单使用了覆盖广阔的 11 颗对焦点排列设计，而且在每一颗对焦点上都使用了双十字型感应器。一般的机身都只会在中央一点做成十字型，过万元的专业型的才会全部都是十字型，旗舰级才会在多颗十字型上加入中央双十字型感应器。但这些都不及 E-3 的全双十字型感应器般全面和强悍。双十字型 AF 感应器提供了两组垂直和两组水平的感器排列，比一般的十字型感应器准确度高约 40%。再者，E-3 的处理器内，用上了最新的对焦距离运算引擎，透过 11 颗对焦点作出超频密数据收集及综合分析，在最短的时间内计算出合焦点位置及 AF 马达停步的时间。亦令 E-3 的 AF 工作照度由一般机身的常见 EV -1 提升至只要 EV -2 便能成事。

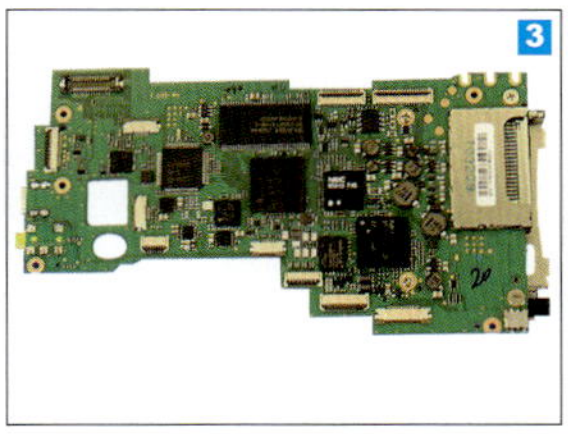

1. E-3 的对焦感应器设有 11 颗对焦点，共 44 组侦测感应器。
2. 当中每一颗双十字型 AF 感应器，都分别提供了两组垂直和两组水平的感应器排列，比一般的普通十字型感应器准确度高约 40%。
3. E-3 的中央的处理模组用上了 TruePic III 处理器，为 AF 过程作出最新高效能对焦距离运算分析。
4. E-3 的取景器所使用的一枚非常罕有大型五棱镜，不只提供 100% 取景覆盖，而且拥有 1.15 倍的放大效果，效果比其他 4/3 系统机身更清晰。

除了感应器和处理器强效外，E-3 的世界最快之名亦需要配合指定的镜头，这最佳拍挡就是与 E-3 同步推出，Olympus ZD 镜头系列中第一支使用 SWD（Supersonic Wave Device）超声波马达的 ZD ED 12-60mm f2.8-4.0 SWD 镜头。凭着超声波马达的特别运作原理，以高达 30,000Hz 超高频震动所产生的超声波，作为推动镜片的力量来源。提供安静而快速的 AF 性能，运作过程中更有低转速、高扭力及瞬间启动和停止的制动能力，配合 E-3 的卓越驱动程序运算引擎，大大缩短了对焦时间。

▲世界最快自动对焦速度相机系统组合— Olympus E-3 + ZUIKO DIGITAL ED 12-60mm f2.8-4.0 SWD*

▲由 ZUIKO DIGITAL ED 12-60mm f2.8-4.0 SWD 开始，陆续有新型镜头使用 SWD 超声波马达推动镜片提供安静而快速的 AF 性能，工作过程中更有低转速、高扭力及瞬间启动和停止的制动的特性。

* 测试结果基于设定的条件下，由 E-3 配以 ZUIKO DIGITAL ED 12-60mm f2.8-4.0 SWD 在 60mm 焦距下，在 2007 年 10 月 17 日由 Olympus 的测量中心得出。

高速连拍

在实战场合，高速 AF 很多时会连同连拍一起使用，把移动中的目标的连续动作捕捉下来。凭着新研发的快门帘幕组件，E-3 不但能做出最高 1/8000 秒曝光效果，而且闪光同步速度达 1/250 秒，耐用度亦经测试可达 15 万次。配合有高速读写速度的记忆卡，更能做出长时间的每秒 5 张高速连拍。

▲ E-3 的快门帘幕是 D-SLR 中常见的纵走垂直设计，以旋转电磁式操作，属于耐用类型。厂方资料显示耐用度可达 15 万次。

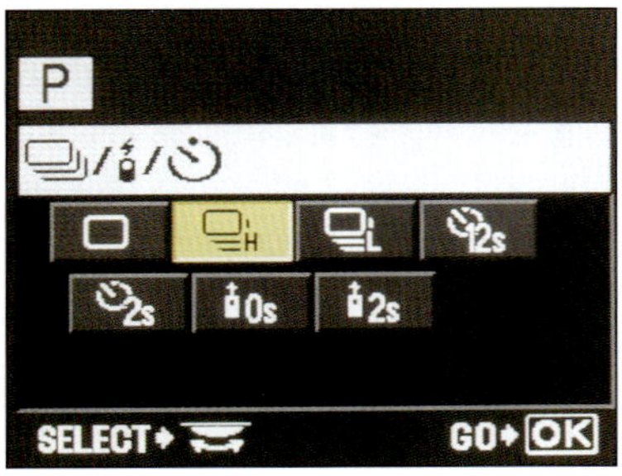

◀ E-3 提供最高每秒 5 张的高速连拍，在低速连拍上更有每秒 1 至 4 张的设定自主权。

◀ E-3 的记忆卡插槽除了同时对应 xD-Picture 和 CF 类型外，还支持 UDMA 加速技术。

优质影像撷取系统

除了有高速的对焦和拍摄系统，E-3 的影像撷取系统也十分出色。采用了推出时为最新最高像素的 1,000 万像素高速 Live MOS 和高效能 TruePic III 处理器，还加上电子除尘系统。除此之外，在整个感光元件的外围还设有能补偿 4 级快门速度的 i.S. 感光元件位置偏移防震系统，大大减低手震的机会。

▲ E-3 使用上 1,000 万像素高速 Live MOS 和高效能影像处理器 TruePic III，负责提供高质量影像文件输出。

▲在感光元件前的低通滤镜加装了能发出每秒超过 3 万次超声波震动的 SSWF 系统，去除大部分尘埃。

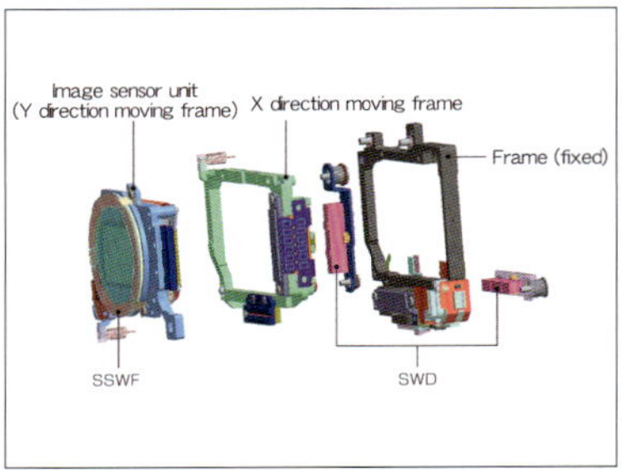

▲ E-3 拥有的 i.S. 防震系统，透过发出高频率超声波的驱动装置，令感光元件在感应到机身出现震动时，作出相应程度的位置偏移，提供高达 4 级的快门防震效果。

开创 Live View 实战先河

虽然第一部拥有 Live View 功能的 Olympus 机身是 E-330，而并非 E-3，但令 Live View 被大肆宣传，亦被鼓吹成主要拍摄功能，却是由 E-3 开始。但若比较现今市面有售的其他 4/3 系统机身，E-3 的 Live View AF 功能难免有点落后。没有数码对比度侦测的 Image AF，更没有面部识别对焦，只有沿用光学相位侦测系统。需要在对焦途中，停止撷取和显示 Live View 画面。

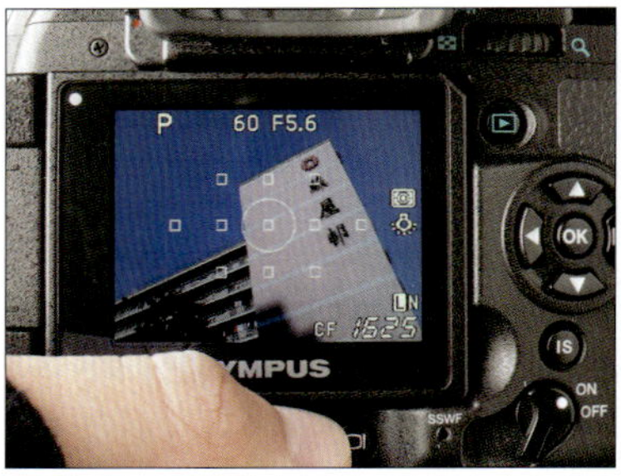

▲只要按下机背的专用键，就能启动 E-3 的 Live View 功能。

首部内闪遥控无线离机闪灯

虽然是系列中最强机型，但都不忘加入方便直接的内置闪光灯装置，而且在基本自动操作以外，还提供遥控离机闪灯能力。只要选购支持这功能的 FL-50R 或 FL-36R 闪光灯，就能以内置闪光灯简单快捷遥控它们作出多种变化的闪光输出控制。对于专业摄影者十分有用，富于挑战性。

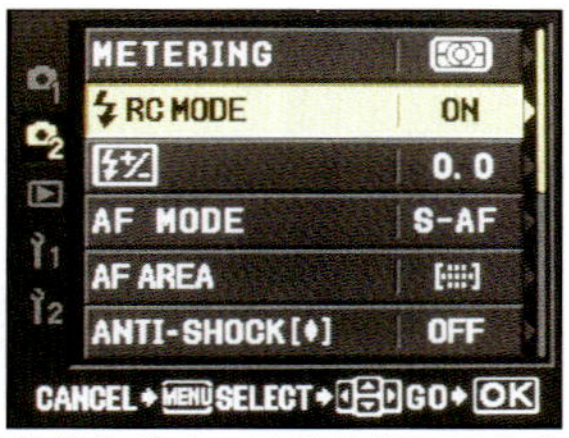

▲只要启动内置闪光灯，再凭简单的操作设定，就能遥控不远处的 FL-50R 或 FL-36R 闪光灯，自动输出正确光量的闪光。

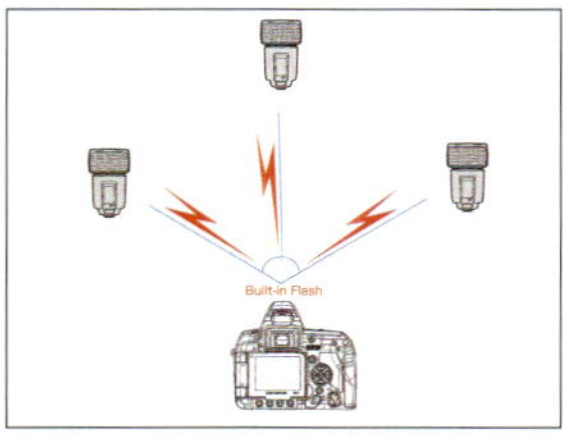

▲同一时间最多能够控制 3 组离机闪光灯，作出不同亮度的输出效果。

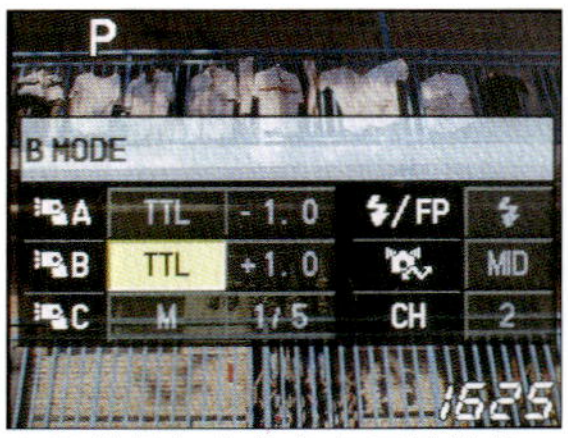

▲即使是复杂的多灯无线操控，界面仍然是清晰易明。

Olympus E-3 测试与分析

测试解说 | 请翻至 P.16 之详细测试设定解释

色彩与自动白平衡控制测试

测试器材 | Olympus E-3 + ZUIKO DIGITAL 25mm f/2.8

户外阳光下

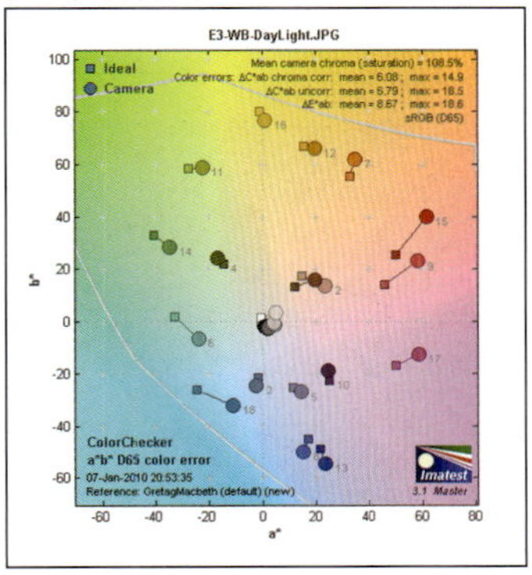

▲色彩平均偏差：6.08（轻微）；
色彩平均饱和度：108.5%（轻微较浓）

室内商场中

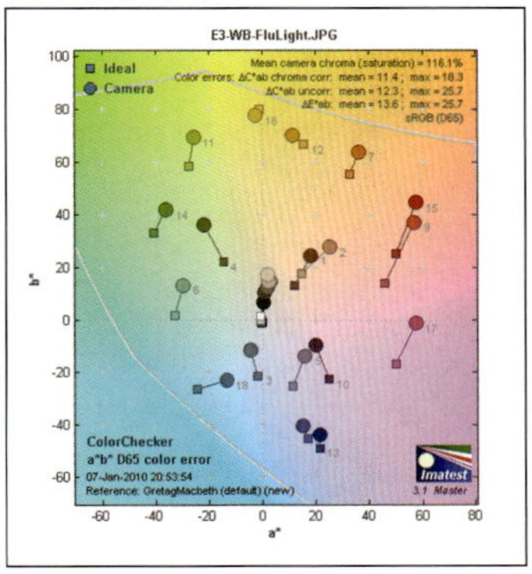

▲色彩平均偏差：11.4（严重）；
色彩平均饱和度：116.1%（较浓）

餐厅灯光下

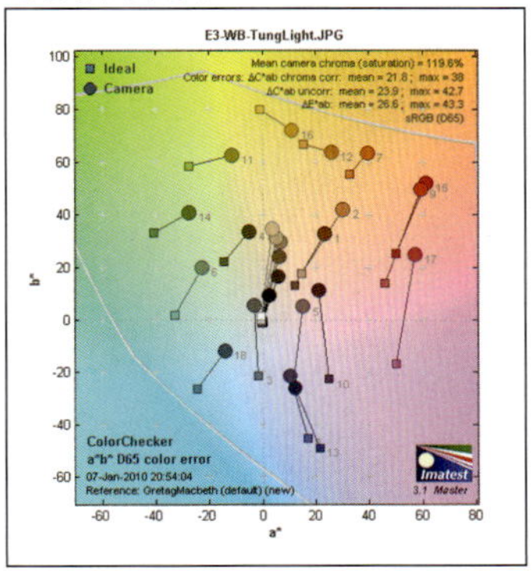

▲色彩平均偏差：21.8（严重）；
色彩平均饱和度：119.6%（较浓）

测试分析

从测试结果，可看到 E-3 整体的色彩都偏向浓郁的方向，而且在两种室内带有偏色光源的环境，都出现颇为严重的偏色情况。比较之下，测试用的 E-3 比后期拥有新科技的 E-30 和 E-620 较为逊色一点。

自动对焦系统效能测试

测试器材 | Olympus E-3 + ZUIKO DIGITAL ED 14-35mm F2.0 SWD + ZUIKO DIGITAL ED 14-42mm f/3.5-5.6

光学相位侦测 AF 系统

使用 ZUIKO DIGITAL ED 14–35mm f/2.0 SWD 拍摄（最大光圈为 f/2）

环境亮度	EV -2.5	EV -2	EV -1.5	EV -1	EV -0.5
成功次数	5	5	5	5	5

使用 ZUIKO DIGITAL ED 14–42mm f/3.5–5.6@42mm 拍摄（最大光圈为 f/5.6）

环境亮度	EV -2.5	EV -2	EV -1.5	EV -1	EV -0.5
成功次数	5	5	5	5	5

Live View 数码对比度侦测 AF 系统

使用 ZUIKO DIGITAL ED 14–35mm f/2.0 SWD 拍摄（最大光圈为 f/2）

环境亮度	EV -2.5	EV -2	EV -1.5	EV -1	EV -0.5
成功次数	5	5	5	5	5

使用 ZUIKO DIGITAL ED 14–42mm f/3.5–5.6@42mm 拍摄（最大光圈为 f/5.6）

环境亮度	EV -2.5	EV -2	EV -1.5	EV -1	EV -0.5
成功次数	0	0	2	5	5

测试分析

以最低工作亮度成绩来看，E-3 和 E-30 的非常接近，但在工作速度和肯定感来说，则以 E-3 的较佳。对于使用光学相位侦测技术的传统 AF 系统，在测试环境中做到的最暗 EV -2.5，E-3 同样能做到罕有的全中佳绩。

解像力变化测试

测试器材 | Olympus E-3 + ZUIKO DIGITAL 25mm f/2.8

感光度	ISO 100	ISO 200	ISO 400	ISO 800	ISO 1600	ISO 3200
解像力得分 *	1943	1863	1961	1910	1712	1281
与 ISO 100 得分差距		–4%	1%	–2%	–12%	–34%

* 数值为 Imatest 分析结果，单位为 LW/PH，分数愈高为愈好

测试分析

从电脑软件分析发现，E-3 的最高解像力出现在 ISO 400 时，轻微高于 ISO 100，但之后随着感光度不断提升，解像力亦不断下降。在预设下的最高 ISO 3200 时，与 ISO 100 相差了约 34% 得分，估计是其内置 NR 功能十分强效的原因。

感光度噪声 4R 小尺寸相片模拟打印效果测试

测试器材 | Olympus E-3 + ZUIKO DIGITAL ED 14-35mm f/2.0 SWD

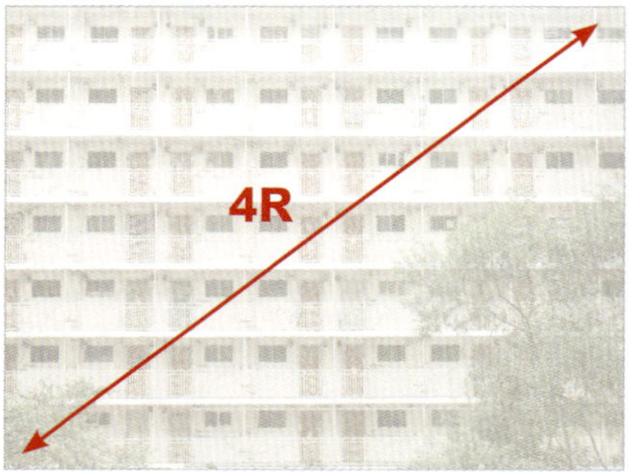

▲把各设定下的影像以 **608dpi 输入密度**打印成约 4 英寸 x 6 英寸的 4R 相片，然后陈列拼贴各图中约 2.8cm x 2.8cm 的裁放范围比较。

测试分析

从模拟打印至细小的 4R 相片的局部裁放图片可见，E-3 的大部分不同感光度设定都没有明显的噪声出现，只有当使用最高的 ISO 3200 和关闭内置 NR 功能后，才会有点发现。

感光度噪声 A4 大尺寸相片模拟打印效果测试

测试器材 | Olympus E-3 + ZUIKO DIGITAL ED 9-18mm f/4.0-5.6

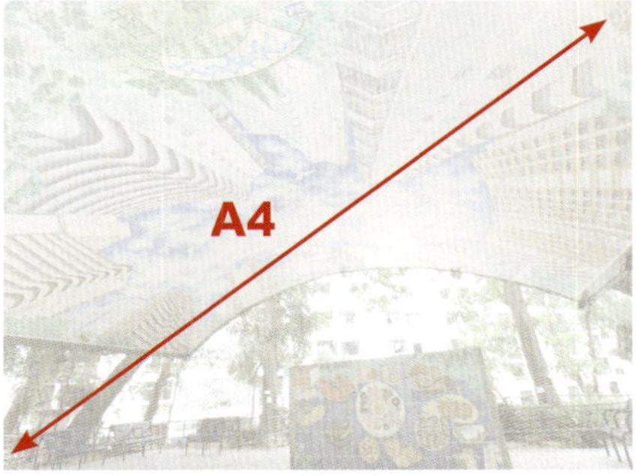

▲把各设定下的影像以 **312dpi 输入密度**打印成约 21cm x 29.7cm 的 A4 相片，然后陈列拼贴各图中约 2.8cm x 2.8cm 的裁放范围比较。

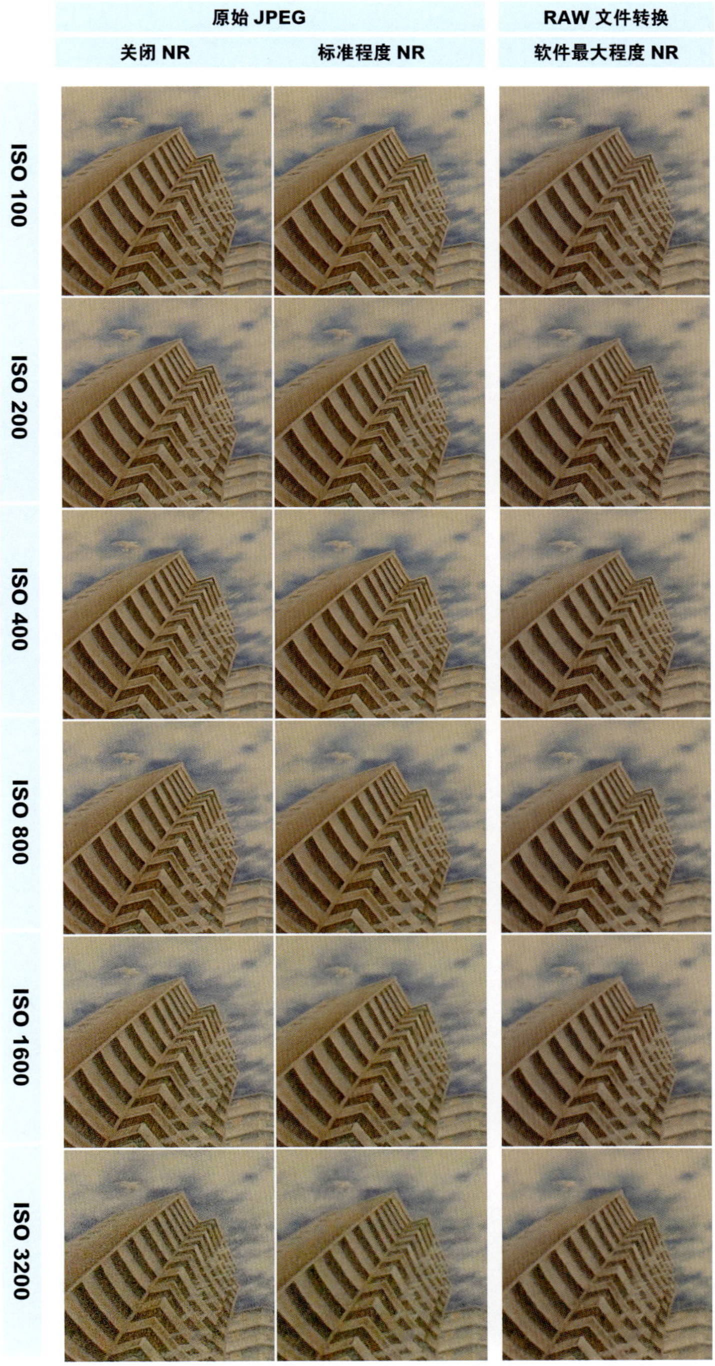

测试分析

当打印尺寸增大至 A4 大小，E-3 的高感光度噪声出现情况会变得较为明显。预设下，约在 ISO 1600 已可以看到颗粒，需要更强力的 NR 功能协助。

Olympus E-3 性能参数

机身卡口环	4/3 系统
可使用镜头	4/3 系列
感光元件	17.3 × 13mm Live MOS
焦距转换率	2X
有效像素	1,010 万
相片最高解像度	3648 x 2736
感光度	ISO 100 - ISO 3200
快门速度	60-1/8000 秒、支持 B 快门
闪灯同步快门	1/250 秒
对焦系统类型	光学相位侦测
光学对焦点数目	11（全双十字型感应器）
闪光灯系统	内置、外接热靴、光控无线闪光灯
测光模式	49 区域数码 ESP 测光、中央重点平均测光、重点测光（占画面约 1%）、高光位点测光、暗位点测光
连拍模式	H 高速连拍：每秒 5 张， L 低速连拍：每秒 1 至 4 张， 最多连拍 16 张 RAW/ RAW+JPEG 及无限张 JPEG
取景模式	反光式光学取景器、LCD Live View
光学取景器	100% 范围、1.15X 放大
LCD 显示屏	2.5 英寸扭动式 23 万像素
除尘系统	有
防震系统	感光元件位置偏移补偿式
机身储存媒体	CF Type I/II（支持 UDMA 技术）、xD-Picture
传输界面	USB 2.0 High Speed
影音端子	NTSC 或 PAL 制式
电源	BLM-1 锂离子充电电池（1500mAh、10.8Wh）
体积	约 142.5 x 116.5 x 74.5mm
净重量	约 810g

编辑述评 Olympus E-3

极限 • 诚意 • 无惧之作

拿着 E-3，感觉和一般的 4/3 系统机身很不同，质量感和专业感十足。操作上亦有很多高级的设定可能。配合高阶的镜头，更是最佳防护和最快 AF 系统的组合。但价钱和便携性亦是 E-3 的弱项，因为不少用户选择 4/3 系统都是受它的入门产品的价廉和超轻便所吸引。在 E-3 推出了快将两年的今天，其 1,010 万像素和单一 Live View AF 模式系统，亦令 E-30 比 E-3 更吸引。始终对于能够买上 SWD 超声波马达镜头的用户并不是最大群，反而全双十字型号 AF 系统更是任何一支镜头都能受惠。不过，如果是有意前往那些极地和危险地方拍摄，E-3 的超级保护性能设计，始终是很难找到替代品。

耐用度：	★★★★★	拍摄功能：	★★★★★	Live View AF 系统：	不适用
便携性：	★★★	噪声控制：	★★★★	影片画质：	不适用
外型吸引度：	★★★★	色彩与白平衡：	★★★★★		
专业度：	★★★★★	光学 AF 系统：	★★★★★		

下放最强 D-SLR 功能
Olympus E-30

E-3 的强悍绝对令人拜服和向往，但并不是每一位摄影者都需要面对沙尘滚滚或漫天豪雨的极端场合。为了吸引更多技术型用户，甚至乎初入门摄影者，拥有 E-3 的 8 成拍摄功能，但低一点门槛的 E-30 便应运而生。

Gallery of Olympus E-30

拍摄者：Sam YAU
机身：Olympus E-30
镜头：ZUIKO DIGITAL ED 14-35mm f/2 SWD
光圈：f/2
快门：1/80 秒
感光度：ISO 320
白平衡：Auto WB
影像效果：柔焦效果 ART FILTER
镜头焦距：35mm
相对焦距：70mm

Olympus E-30
机身设计

CHECKPOINTS

- 4/3 制式
- 专业机身外型
- 1,230 万像素
- ISO 100 至 ISO 3200
- 5 级机身防震
- 11 点全双十字型 AF 系统
- 内置遥控闪光灯操控功能
- Live View 双轴水平仪
- 6 种 ART FILTER 效果
- 2.7 英寸扭动式 LCD
- CF、xD-Picture 双卡插槽

ray! 参考售价：
机身
14-42 镜头套装
14-54 镜头套装
请致电：4006-987-666
* 资料由锐意于 2010 年
10 月 15 日提供

▲对于女性用户，单机身的大小设计已足够完全握持；但对于男性用户加上专用电池手柄 HLD-4 后手感更佳。

▲采用 CF 及 xD-Priture 双插卡设计。

▲全新电源开关设计。

▲采用转盘选择拍摄模式，不同于 E-3 的选择方法，而且已加入 ART FILTER 功能。

▲可扭动 LCD 屏幕加上双轴电子水平仪功能，是 Live View 下完美架设水平角度的方法。

▲内置闪光灯不但提供急救用的照明方案，而且提供遥控闪光灯功能，方便一机一灯的多角度光源拍摄技法。

Olympus E-30 取景器实拍效果

取景器观看效果

拍摄功能设定画面

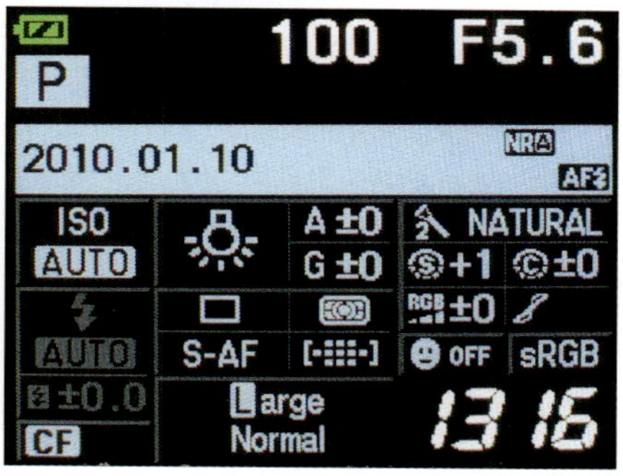

影像效果模式画面

◀ SCN 场景自动模式

◀ ART FILTER 数码滤镜应用模式

目录界面

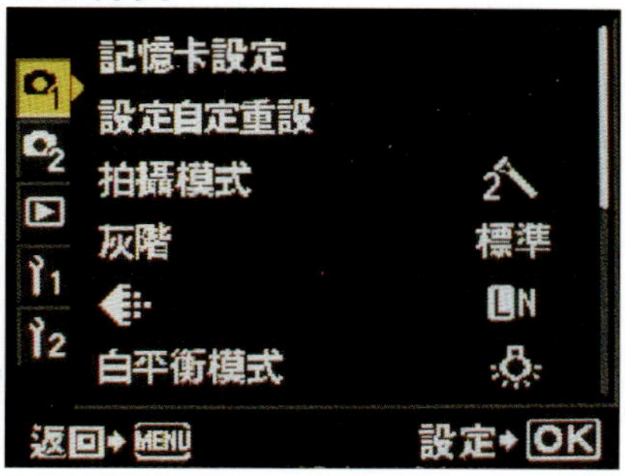

◀ 一般拍摄设定

◀ 自定义功能设定

Live View 预视构图画面

◀ 一般拍摄效果

◀ 曝光分布图模式

◀ 对焦点位置自选及局部放大显示模式

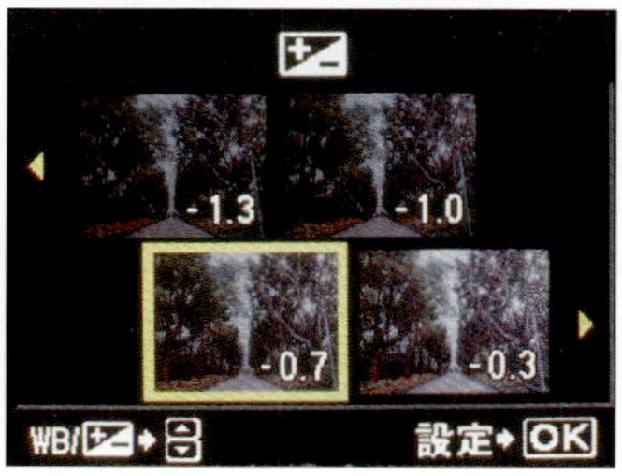

◀ 曝光偏移／白平衡效果预视模式

◀ 网格辅助模式

◀ 双轴电子水平仪显示模式

Olympus E-30 技术特点

▲ E-30 率先使用一枚最新规格的 4/3 英寸 1,230 万像素 High-Speed Live MOS 感光元件。

比 E-3 还要高像素的感光元件

虽然 E-30 有不少地方都未及"大哥"E-3 般强，但受惠于推出时间晚约一年，令 E-30 的感光元件用上了一枚最新规格的 4/3 英寸 1,230 万像素高速 Live MOS，文件输出密度比 E-3 还要高。在影像处理过程中，E-30 的 TruePic III 处理器同样负起重要职责，为用户准确还原拍摄影像的真实效果和丰富的色彩渐变细节，亦为各种 Art Filter 数码滤镜效果，作出效果的添加。

全 11 点双十字型高速对焦系统

由 E-3 所做出的"世界最快对焦相机系统"，最重要部分莫过于其机身光学相位侦测 AF 系统，而 E-30 亦把这个出色系统继承了。在 E-30 的 98% 覆盖率、1.02 倍放大的明亮观景窗中，我们可以看到 11 颗对焦点框整齐地排列，覆盖着各个最常用构图的主体位置。每一颗对焦点中，其实隐藏着水平与垂直感应器各一，而且两者都采用双十字型设计。也就是说，E-30 的对焦系统共有 22 组十字型对焦感器，是业界最高的规格。实际使用，会发现每一点的感应能力都十分敏锐，能在极低亮度下运作自如。

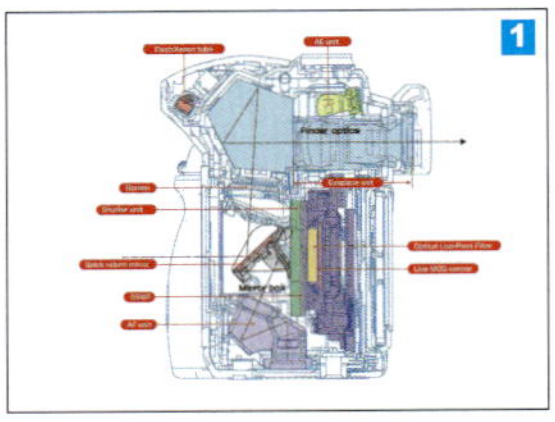

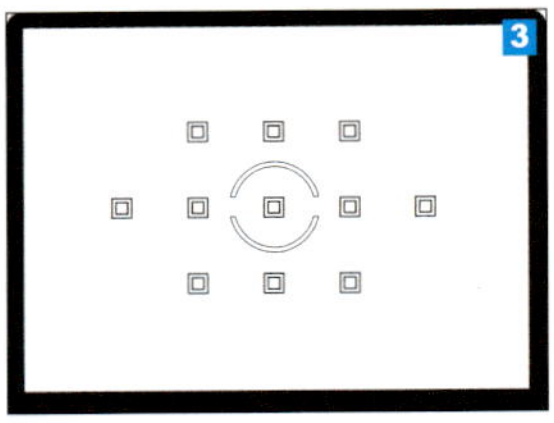

1. 透过反光镜能同时作出反射和折射的结构，把影像光线送至上方的取景器和下方的 AF 感应模组。
2. E-30 的取景器使用了一枚大型高透光五棱镜，提供 98% 取景覆盖和 1.02 倍的放大效果。
3. E-30 的 11 颗对焦点位置与 E-3 的相同，其位置编排是经过设计师悉心设计，参考过数以千幅优秀相片的主要拍摄角度和位置。
4. 位于反光镜箱下方的就是 E-30 的光学相位侦测 AF 感应模组。
5. E-30 的 AF 感应模组与顶级的 E-3 所用的相同，同样是在全部 11 颗对焦点上设有两组能对应水平和垂直的十字型感应器，也就是共有 22 组十字型感应器，属世界最多的型号。

创意无限的拍摄效果

要把平凡的景物拍成有趣和特别，除了使用各种镜头外，运用 E-30 内置的各种影像效果功能同样出色，而且完全免费。E-30 新增了 6 种艺术滤镜（Art Filter）影像效果，可以把面前的景物效果变得焕然一新。比较特别和好评的有针孔相机和浓化色调效果。透过 Live View 功能，用户更可以预视将要拍下的景物，加上 Art Filter 后的效果，方便取景和构思。除此以外，E-30 更提供多达 9 种画面比例，若对原味的 4:3 比例有点厌闷，可以尝试各种比例效果，例如 16:9 的可以做出宽银幕电影的相片效果。E-30 提供的多重曝光功能比其他品牌的特别易用，因为系统会把之前拍摄的 RAW 影像资料以半透明形式显示于 LCD 的 Live View 画面上，协助用户估计多重曝光的效果，一张完成影像可由最多四张影像合成得来。

▲只要把机顶的转盘扭至 ART FILTER 模式，便能够选择 6 种影像效果，分别是浓化色调、柔焦、淡化加光、柔光、黑白粗粒子及针孔相机效果。

▲透过 Live View 的即时预视功能，能够清楚估计到 ART FILTER 的效果，再进行构图和设定的调校。

▲除了预设最大的 4：3 影像比例外，还加入多种新选择，当中以 16：9 最为热门和追新。

▲若透过 Live View 使用 E-30 的多重曝光功能，在拍下第一幅影像后，会在 Live View 画面中以半透明显示，有助用户准确把第二幅影像放在适合位置，才与第一幅影像合成重叠。

高科技拍摄功能

E-30 除了有高速和准确的光学相位侦测 AF 功能外，它的 Live View 预视和数码对比度侦测 AF 功能同样出色。透过长时间升起反光镜，让 Live MOS 感光元件不断撷取即时影像，用者就能够在机背可扭动 LCD 上作出各式其式的构图和刁钻的拍摄角度。除此以外，因改用了数码 AF 功能，所以每个对焦位置的弹性也较大，还提供面部侦测功能，能同一时间认出画面中最多 8 张面孔，然后选择主体，作出准确的 AF。除了有人像辅助功能，对于风景拍摄，E-30 的 Live View 还提供格线和电子水平仪功能，协助用者快速架设相机和拿到准确的水平线效果。

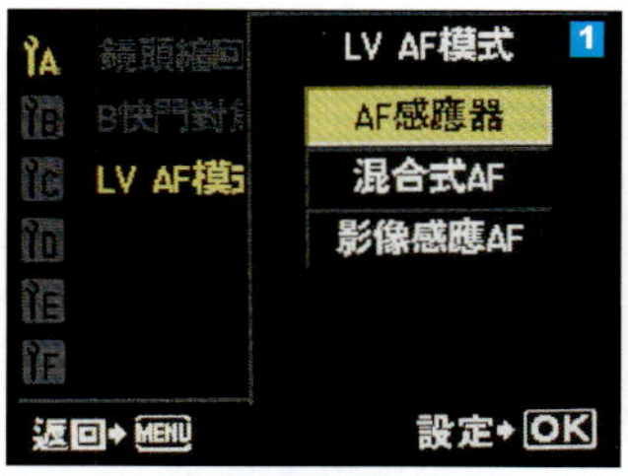

1. E-30 的 Live View 功能提供三种 AF 模式，各有特色。
2. 第一种是 AF 感应器模式，沿用 11 点光学对焦系统，使用上比较精准和高速，但必须让主体位处细小的对焦点上。
3. 第二种混合式 AF 模式，在构图时会使用 Image AF 的数码 AF 功能，令预视画面变成合焦，在全按拍摄时会再多进行一次 AF Sensor 的光学对焦，务求令拍摄出来的影像得到合焦认证。
4. 第三种是纯数码 AF 功能的影像感应 AF 模式，提供 11 个框架范围，用者可以自由选择主体所在位置，因每个框架的空间都十分宽阔，主体有充足的位置弹性。而且 E-30 还提供能找出最多 8 张面孔，作出自定义锁定 AF 的功能。
5. 只要按下 INFO 数次，就能够在 Live View 模式中打开电子水平仪，不但有水平倾斜程度，还支持垂直感应，用者便可以一边看着景物，一边准确设定机身的水平状况。

除了Live View 外，E-30 的拍摄系统还有各种优化功能提供，例如机身内置了能补偿高达 5 级快门速度的 i.S. 感光元件位置偏移防震系统，为拍出稳定影像作出重大贡献。电子除尘系统可说是 Olympus 的看家本领，E-30 亦同样在感光元件前的低通滤镜上装有强力的 SSWF 超声波震动系统，透过每秒发出 3 万次震动，令影像无污洁净。作为多功能 D-SLR 的表率者，E-30 的内置闪光灯不但能提供最简单的照明功能，还能引发和控制最多三组同厂离机闪光灯，自动输出拍摄。

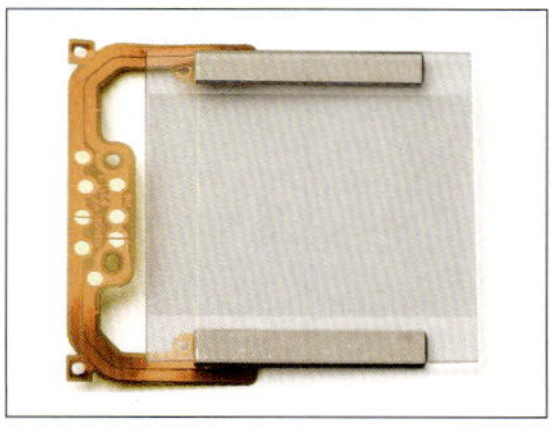

▲ 在 E-30 的 Live MOS 感光元件前的低通滤镜上装有强力的 SSWF 超声波震动系统，透过每秒发出 3 万次震动，令尘埃脱落，不影响影像效果。

▲ 除了 SSWF 除尘系统外，在 E-30 的感光元件组件上，还设有 i.S. 感光元件位置偏移防震系统，不论使用任何镜头都能补偿高达 5 级快门速度。

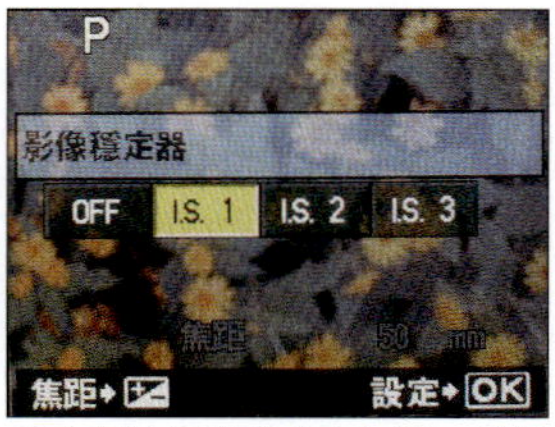

▲ 只要按下机背的 i.S. 键，就能在 i.S.2 和 i.S.3 两种模式中选择。

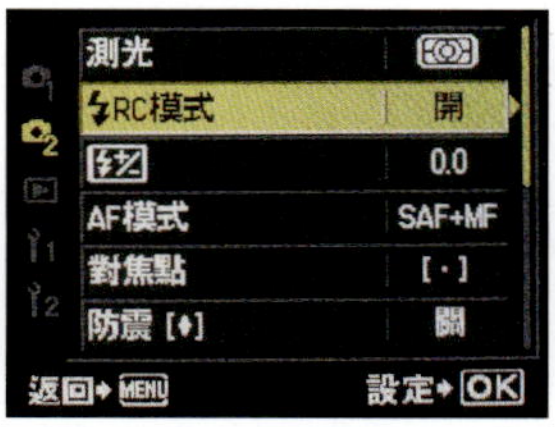

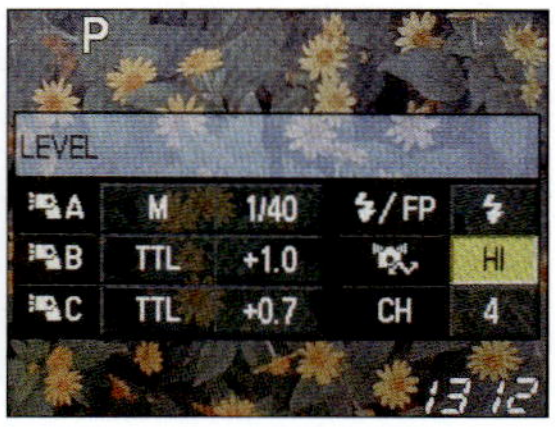

▲ E-30 备有 GN 13 的内置闪光灯，除了提供直接使用的照明效果外，更可以作为控制台，遥控最多 3 组 FL-50R 或 FL-36R 闪光灯作出自动离机闪灯拍摄。

Olympus E-30 测试与分析

色彩与自动白平衡控制测试

测试解说 | 请翻至 P.16 之详细测试设定解释

测试器材 | Olympus E-30 + ZUIKO DIGITAL 25mm f/2.8

户外阳光下

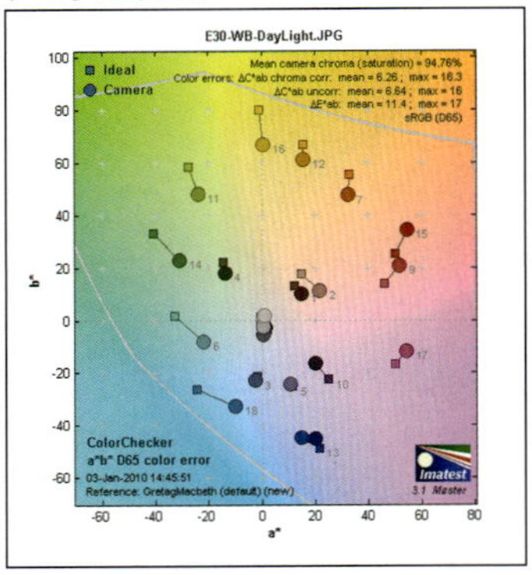

▲色彩平均偏差：6.26（正常）；
色彩平均饱和度：94.76%（略淡）

室内商场中

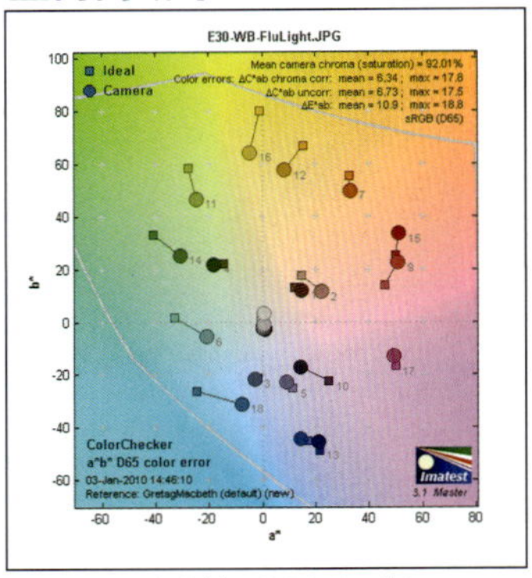

▲色彩平均偏差：6.34（正常）；
色彩平均饱和度：92.1%（略淡）

餐厅灯光下

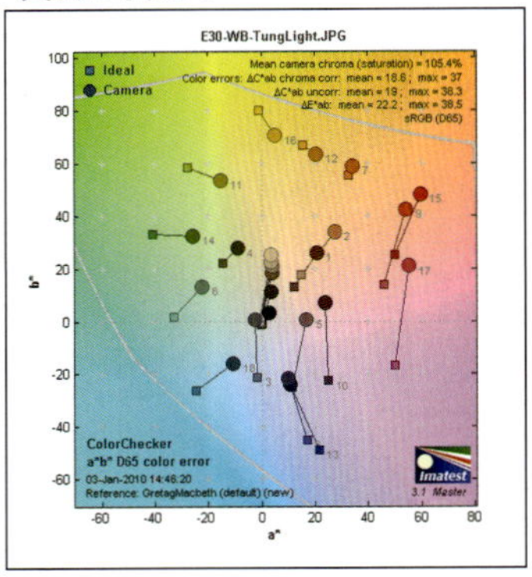

▲色彩平均偏差：18.6（严重）；
色彩平均饱和度：105.4%（正常）

测试分析

从软件分析的测试结果图表，可看到 E-30 在户外和商场室内的自动白平衡能有效纠正和重现正确的色彩效果。在餐厅的暖黄灯泡光下，和大部分数码相机一样出现严重的偏色现象。从测试中亦发现 E-30 的预设下色彩浓度不高，属于略淡的属性。

自动对焦系统效能测试

测试器材 | Olympus E-30 + ZUIKO DIGITAL ED 14-35mm f/2.0 SWD + ZUIKO DIGITAL ED 14-42mm f/3.5-5.6

光学相位侦测 AF 系统

使用 ZUIKO DIGITAL ED 14-35mm f/2.0 SWD 拍摄 **（最大光圈为 f/2）**

环境亮度	EV -2.5	EV -2	EV -1.5	EV -1	EV -0.5
成功次数	5	5	5	5	5

使用 ZUIKO DIGITAL ED 14-42mm f/3.5-5.6 拍摄 **（最大光圈为 f/5.6）**

环境亮度	EV -2.5	EV -2	EV -1.5	EV -1	EV -0.5
成功次数	5	5	5	5	5

Live View 数码对比度侦测 AF 系统

使用 ZUIKO DIGITAL ED 14-35mm f/2.0 SWD 拍摄 **（最大光圈为 f/2）**

环境亮度	EV -2.5	EV -2	EV -1.5	EV -1	EV -0.5
成功次数	5	5	5	5	5

使用 ZUIKO DIGITAL ED 14-42mm f/3.5-5.6 拍摄 **（最大光圈为 f/5.6）**

环境亮度	EV -2.5	EV -2	EV -1.5	EV -1	EV -0.5
成功次数	0	0	0	5	5

测试分析

从测试结果，证实 E-30 的光学相位侦测 AF 系统的敏感度非常之高，在测试环境能做到的最低 EV -2.5 极暗环境，仍有着出色的表现，比大部分 D-SLR 更优秀。对于 Live View 的数码对比度侦测系统，虽然在配合只有 f/5.6 光圈的较少入光量的镜头，才有较差的表现，但与一般的 D-SLR 相当。

解像力变化测试

测试器材 | Olympus E-30 + ZUIKO DIGITAL 25mm f/2.8

感光度	**ISO 100**	**ISO 200**	**ISO 400**	**ISO 800**	**ISO 1600**	**ISO 3200**
解像力得分 *	2189	2171	2102	1969	1780	1687
与 ISO 100 得分差距		-1%	-4%	-10%	-19%	-23%

* 数值为 Imatest 分析结果，单位为 LW/PH，分数愈高为愈好

测试分析

从测试显示，E-30 的解像度得分凭着 1,230 万高像素关系，能够拿到属于高分的级别。在感光度提升的同时，解像度亦同时下降。预设下，在 ISO 800 或更低的感光度的解像力下跌情况不算严重，当感光度提升至 ISO 3200 时，才有较明显的 23% 得分下降。

感光度噪声 4R 小尺寸相片模拟打印效果测试

测试器材 | Olympus E-30 + ZUIKO DIGITAL ED 14-35mm f/2.0 SWD

▲把各设定下的影像以 **672dpi 输入密度**打印成约 4 英寸 x 6 英寸的 4R 相片，然后陈列拼贴各图中约 2.8cm x 2.8cm 的裁放范围比较。

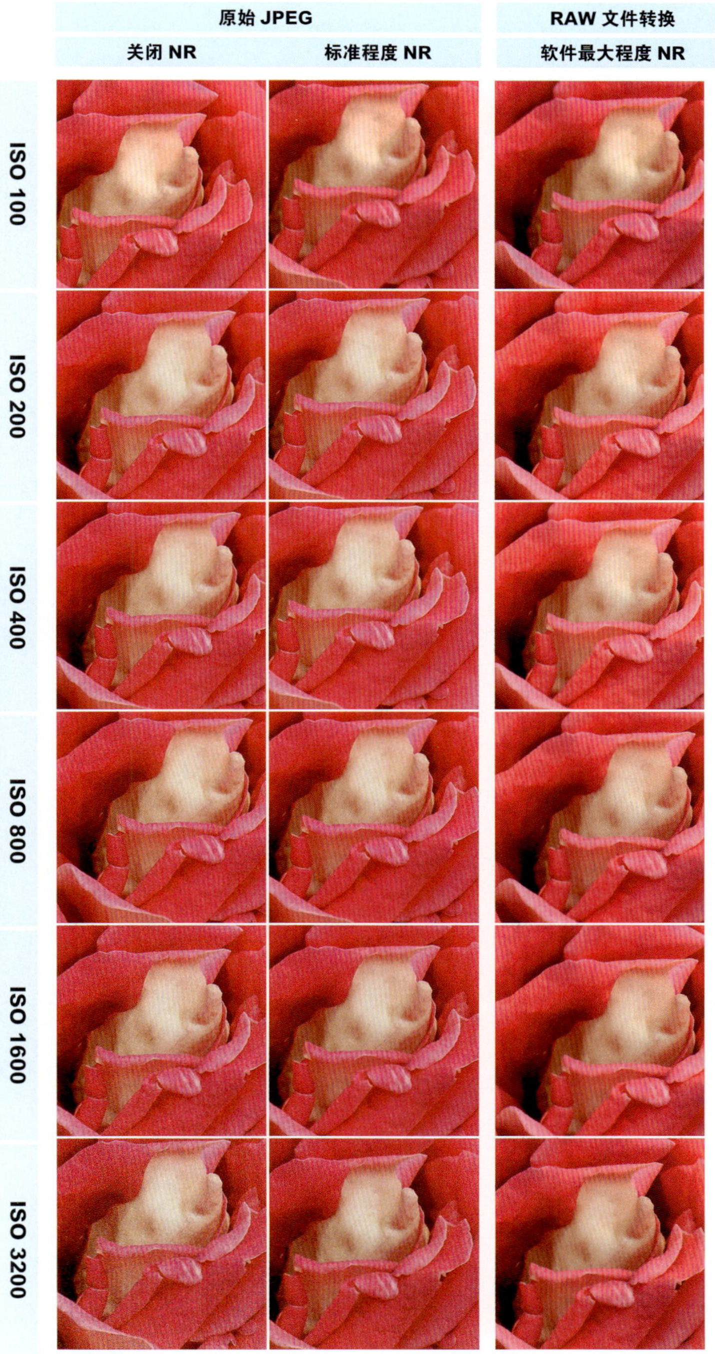

测试分析

从模拟打印至 4R 尺寸的测试相片的放大局部看到，E-30 在预设下，各感光度设定都没有出现明显的噪声。但当关闭机身 NR 功能，ISO 3200 才有发现噪声颗粒出现。对于惯常只在 4R 和互联网的 1024x768 解像度下分享，E-30 的各感光度噪声表现十分良好。

感光度噪声 A4 大尺寸相片模拟打印效果测试

测试器材 | Olympus E-30 + ZUIKO DIGITAL ED 35-100mm f/2.0 SWD

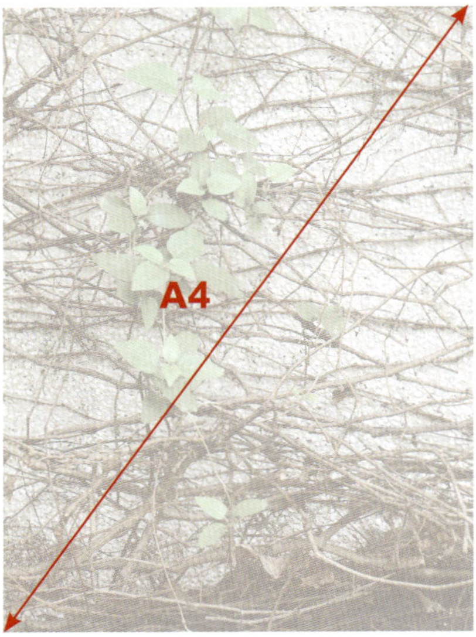

▲把各设定下的影像以 **340dpi 输入密度**打印成约 21cm x 29.7cm 的 A4 相片，然后陈列拼贴各图中约 2.8cm x 2.8cm 的裁放范围比较。

测试分析

若把 E-30 的相片打印成 A4 尺寸作比较，可看到在 ISO 1600 左右已看到噪声颗粒的出现，当感光度愈来愈高，噪声亦愈来愈多。但只要使用较大程度的 NR 功能，就能够消磨一定程度的噪声，但同时间，锐度亦会降低。

Olympus E-30 性能参数

机身卡口	4/3 系统
可使用镜头	4/3 系列
感光元件	17.3 × 13mm Live MOS
焦距转换率	2X
有效像素	1,230 万
相片最高解像度	4032 × 3024
感光度	ISO 100 - ISO 3200
快门速度	60-1/8000 秒、支持 B 快门
闪灯同步快门	1/250 秒
对焦系统类型	光学相位侦测、Live View 对比度侦测
光学对焦点数目	11（全双十字型感应器）
闪光灯系统	内置、外接热靴、光控无线闪光灯
测光模式	49 区域数码 ESP 测光、中央重点平均测光、重点测光（占画面约 1%）、高光位点测光、暗位点测光
连拍模式	H 高速连拍：每秒 5 张， L 低速连拍：每秒 1 至 4 张， 最多连拍 14 张 RAW/ RAW+JPEG 及 280 张 JPEG

取景模式	光学取景器、LCD Live View
光学取景器	98% 范围、1.05X 放大
LCD 显示屏	2.7 英寸扭动式 23 万像素
除尘系统	有
防震系统	感光元件位置偏移补偿式
机身储存媒体	CF Type I/II（支持 UDMA 技术）、xD-Picture
传输界面	USB 2.0 High Speed
影音端子	miniUSB（需使用转接器）
电源	BLM-1 锂离子充电电池（1500mAh、10.8Wh）
体积	约 141.5 × 107.5 × 75 mm
净重量	约 655g

编辑述评 Olympus E-30

Kidult 之物

对于 E-30 的强大拍摄功能，绝对能够媲美家族中的“大哥大”E-3。虽然 E-30 并没有用上完美防水设计，例如一体化全金属机身和各种胶边，但重量却得以保持在一个“好握平衡”的水平。加上各项细处的操作优化调整，使用上来很快就会手到擒来。在机内，E-30 还加入不少 E-3 所没有的软件功能，例如 Live View 面部侦测及数码对比度侦测 AF 系统，还有双轴水平仪及 ART FILTER 功能，这些都是十分实用但最受惠于为入门用户。这令 E-30 的定位比 E-3 来得客户群广阔不少，不只有技术有要求的用户喜爱，连入门用户都有兴趣选择 E-30。

Olympus 香港市务部副经理 Noble LEUNG 专访

A　Noble LEUNG

Q：本书编辑

Q：我们见到 Olympus 于 2009 年推出的第一部 D-SLR 将会是 E-30，同时亦是 Olympus 的第一部中阶 D-SLR，E-30 的开发目标及定位是什么？

A　其实很多品牌都已经拥有 3 款机款，分别为旗舰级、中档及入门级，E-30 在 Olympus E 系统上已经被期待了很久，因为一直都缺乏了这样的中档机款，E-30 的主要任务是填补这个空档位置，因此不论功能及价格上都能满足这个层次的用户。

Q：在日本方面，我们看到 E-30 选用了宫崎葵为代言人，还首次于 E 系统上搭载了艺术滤镜功能，E-30 的客户群是否面向消费用户为主？

A　其实这部机（E-30）并不一定面向消费群那边，的确，在很多方面她都照顾到入门用户的需要，但功能亦能满足到有要求的用户。

Q：嗯，我见到性能上（E-30）都跟 E-3 很接近。

A　对，除了防尘防滴之外，E-30 在很多方面都保留了 E-3 最好的特性。

Q：我见到 E-30 及 E-3 上的功能都比较接近，这会否是往后 Olympus 中档 D-SLR 的开发方向？

A　Olympus 跟其他品牌有些少不同，其他品牌在档次与档次之间在规格上相距很远，可能是为了分别不同阶层的机型，部分功能会被抽去，但 Olympus 则以客户的需要为先，每一部新机都会沿用以往旧机受欢迎的机能，务求用户可以体会到最佳的拍摄经验。

Q：Olympus 不断推出 Micro 4/3 系统的相机，会否担心跟现有的市场重叠？

A　对于 Olympus 而言，Micro 4/3 系统和 4/3 系统的客户群并不相同，Micro 4/3 系统主要面向一些以往使用 C-5050 Zoom 或 C-8080 Wide Zoom 等有要求的半专业用户，Micro 4/3 系统除了轻巧细小外，还能达到 D-SLR 的影像质量，故能满足到这一类型的用户。4/3 系统则主要是面向高质量影像、多配件支援等更专业的专业用户，而高端 DC 如 SP 系列就主打超远摄的“长炮”一族。

耐用度：	★★★★	拍摄功能：	★★★★★	Live View AF 系统：	★★★★
便携性：	★★★	噪声控制：	★★★★★	影片画质：	不适用
外型吸引度：	★★★★	色彩与白平衡：	★★★★★		
专业度：	★★★★★	光学 AF 系统：	★★★★★		

最全面的摄影学习机身

Olympus E–620

如果妳／你是一位报读了摄影课程的入门学员，希望在导师的指导下，走上一条更正统和全面的摄影之路，那么 SLR 相机可算是必然之选。在云云选择中，怎样的机身和功能，最适合学习摄影呢？除了不差的 AF 系统和各种自动功能外，更重要是连上一至三支镜头后，都不会太重，不会吓怕学员外拍的心，若有更多吸引人和富创作力的效果，便会更佳。这样，Olympus E–620 便十分适合了。

Gallery of **Olympus E–620**

拍摄者：Sam YAU
机身：Olympus E-620
镜头：ZUIKO DIGITAL ED 14-35mm f/2.0 SWD
光圈：f/4.5
快门：1/60 秒
感光度：ISO 400
白平衡：Auto WB
镜头焦距：35mm
相对焦距：70mm

Olympus E-620 机身设计

CHECKPOINTS

- 4/3 制式
- 小巧机身外型
- 1,230 万像素
- ISO 100 至 ISO 3200
- 5 级机身防震
- 7 点双十字型 AF 系统
- 中央 5 点双十字型 AF 系统
- 内置遥控闪光灯操控功能
- 内置 6 种 ART FILTER 效果功能
- 2.7 英寸扭动式 LCD
- CF、xD-Picture 双卡插槽

ray!参考售价：
机身
14–42 镜头套装：3959 元
请致电：4006–987–666
* 资料由锐意于 2010 年 10 月 15 日提供

▲机背可扭动 LCD 差不多是 Olympus 于 2009 年推出的全部新 D-SLR 的必然设计。

▲机背的按键设有背光灯，在漆黑的夜晚使用，除了有辅助性，亦十分美观。

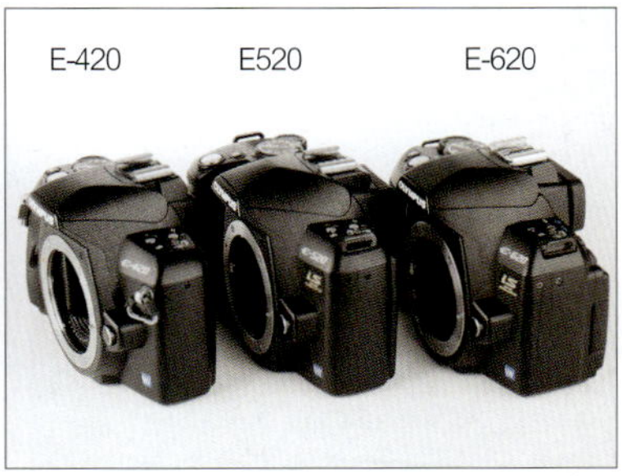

▲虽然加上了扭动式 LCD，但 E-620（右）体积和厚度仍相当纤薄，与前一代的 E-420（左）和 E520（中）相距不远。

▲继续支持 CF 和 xD-Picture 双插卡功能。

▲ E-620 的内置闪光灯兼有简易使用的遥控离机闪灯功能。

▲手柄内侧的白色圆点其实是外置白平衡感应器，是目前十分罕见的设备。

Olympus E-620 取景器实拍效果

光学取景器

拍摄功能设定画面

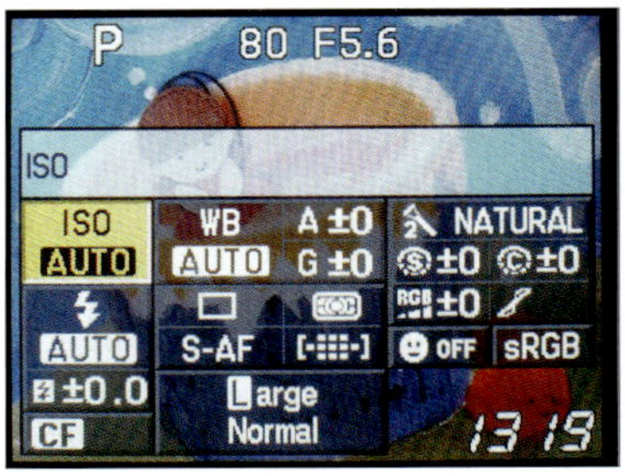

Live View 预视构图画面

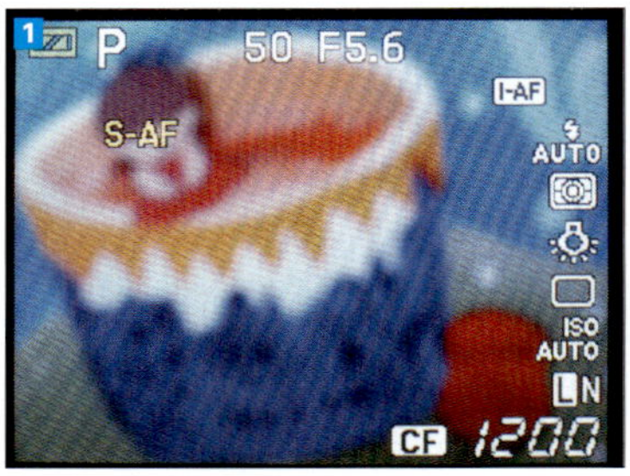

▲一般全影像显示模式

▲曝光直方图模式

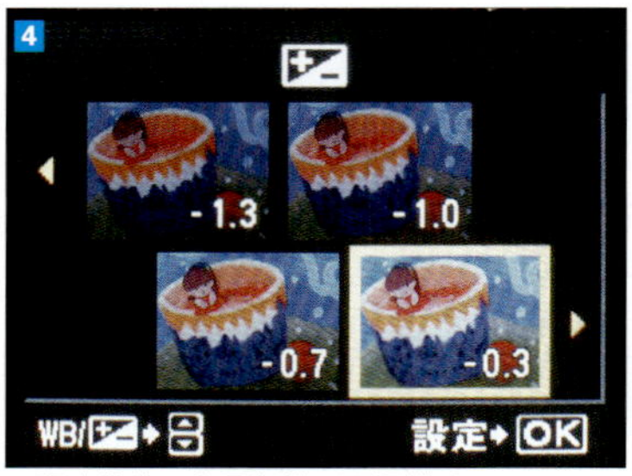

▲曝光偏移／白平衡效果预视模式

▲网格辅助模式

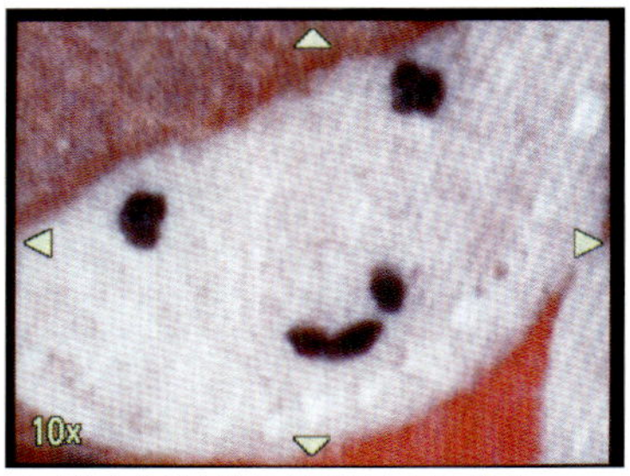

▲对焦点位置自选及局部放大显示模式

影像效果模式画面

▲ SCN 场景模式

▲ ART FILTER 选择模式

目录界面

▲一般拍摄设定

▲自定义功能设定

Olympus E-620 技术特点

高像素影像输出

E-620 是继 E-30 后，第二部 Olympus D-SLR 提供 1,230 万像素影像输出。不但使用同规格的 4/3 型 High-Speed Live MOS，影像处理器亦同样用上最新型号的 TruePic III 模组，提供高质量的 RAW 与 JPEG 的记录可能。除了影像产生模组外，E-620 还有 i.S. 防震系统和 SSWF 除尘系统，都是令其影像更臻完美的重要部件。

▲除了防震系统外，感光元件前的低通滤镜上，还装有可以发出每秒 3 万次震动的 SSWF 超声波除尘装置。

▲ E-620 使用一枚与 E-30 相同规格的 4/3 英寸 1,230 万像素 High-Speed Live MOS 感光元件。

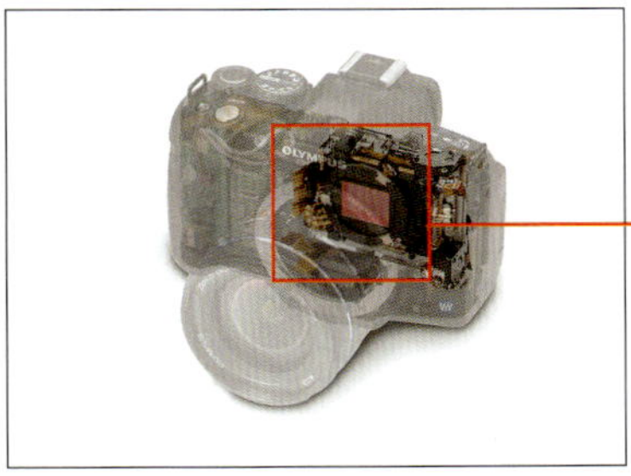

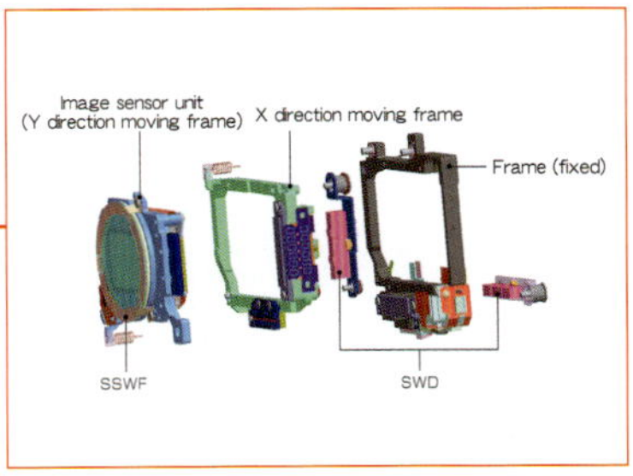

▲整个感光元件其实被 i.S. 防震系统所包围，当拍摄时出现震动现象，系统就会控制感光元件位置移位动作，抵销震动。不论使用任何镜头，E-620 都能补偿高达 5 级的快门速度。

把影像变得不平凡

为了吸引学习摄影的人有更强的兴趣去拍摄，厂方把很多影像效果功能加在 E-620 身上。首先是 6 种 Art Filter 数码影像滤镜效果。通过 Live View 功能，更有效果预视功能，方便构思滤镜的应用可能。除此以外，在影像比例上，E-620 有 4 种不同片幅比例可选，当中以可以做出广阔和富于电影感的 16:9 最受欢迎。透过 Live View 的协助，要在 E-620 上做到多重曝光效果，便更有把握和预算。

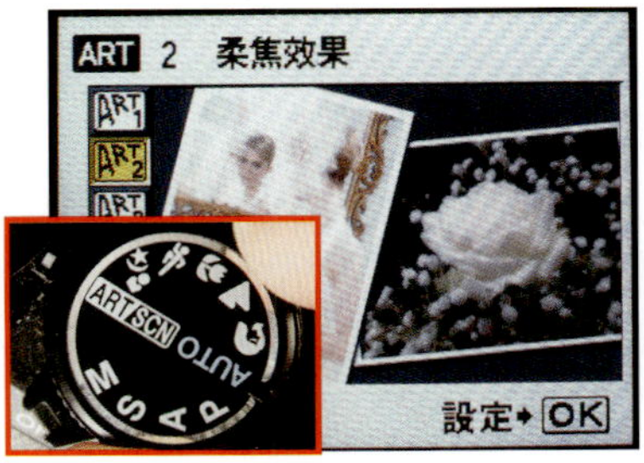

▲ E-620 内置了 6 种不同效果的 Art Filter 影像效果。

▲透过 Live View 功能，就能在未拍摄记录影像前便预知到 Art Filter 的应用效果，对于构思十分有帮助。

▲透过选择影像比例，就能在拍摄时做到不同感观效果的影像输出。

▲当使用 Live View 来拍摄多重曝光相片，系统会把原先已拍下的第一层影像重叠于即时画面之上，让用者更明了合成的效果。

好玩强力的拍摄功能

E-620 可说是集齐了最新的 E-30 的强大和旧款同级的 E-520 和 E-420 的轻细设计于一身。比较之下，会发现 E-620 比 E-520 / E-420 的光学 AF 系统进步很高，由过去只有 3 个 对焦点，变成现在的 7 点十字排列 AF 系统。而且更向着 E-30 有样学样，在中央 5 颗 AF 点上用上了双十字型 AF 感应器，在两旁的便用上了双垂直线性型感应器，亦即是在 E-620 的 AF 系统中，具有 24 颗感应器，同级中最多最强。加上 E-620 新增了 E-520 和 E-420 所没有的 HLD-5 竖拍电池手柄，不但提升 E-620 的手感，更方便拍摄直向人像相片。凭着细小的内置闪光灯，不但能照亮眼前景物，更可控制多至 3 组离机闪光灯，作出自动闪光功能。各方面都看到 E-620 的拍摄功能级别已跃升至半专业级。

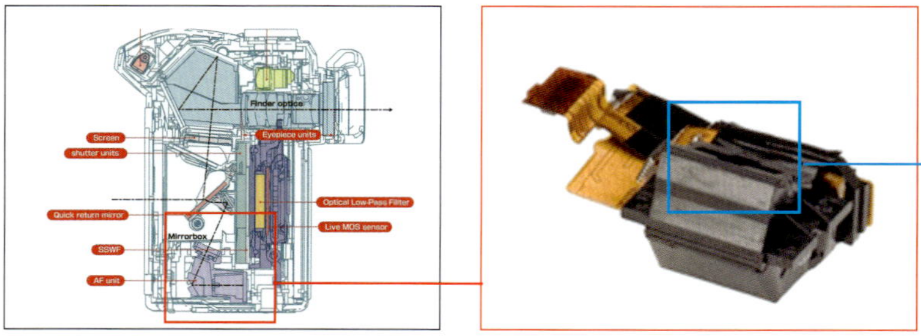

▲位于 E-620 的反光镜的底下方，便是其 7 点全双感应器的所在位置。

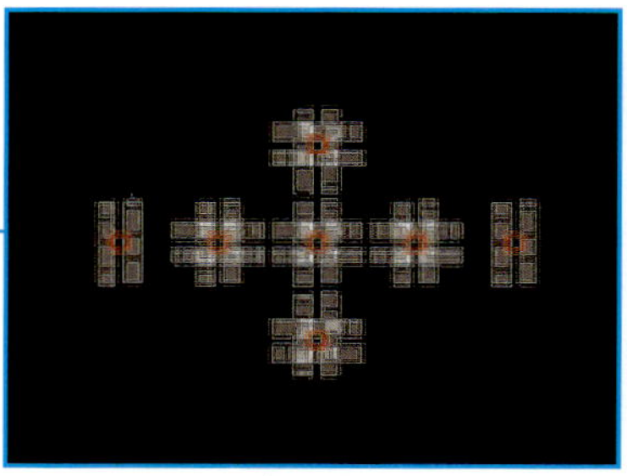

▲ E-620 的 7 颗对焦点中，中央 5 点使用了双十字对焦感应器，左右两边则使用了双垂直型感应器，全数共 24 组感应器。

▲ E-620 新增了 HLD-5 竖拍电池手柄，不但提升了手感和电池续航力，亦方便人像拍摄。

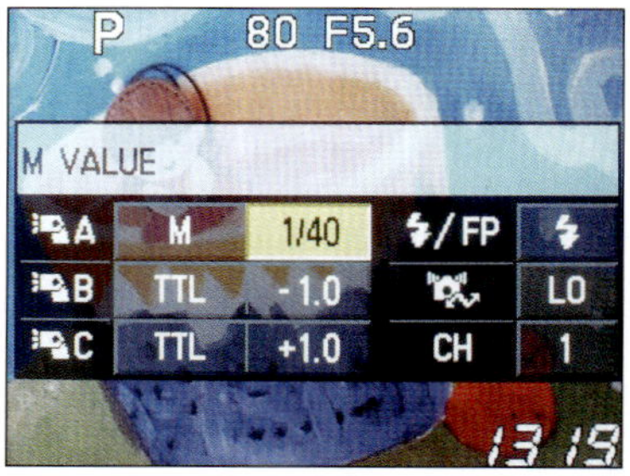

▲简单的一支内置闪光灯已可以控制复杂的多方向自动闪光灯系统，可见 E-620 的拍摄功能已升格至半专业级。

让 DC 用户过渡至 D-SLR 的 Live View 功能

为了令 DC 用户在转用 D-SLR 时有更熟识的操作环境，Live View 功能可说是相当重要。Olympus 可说是 Live View 功能的始祖，由第一部 Live View D-SLR E-300 至最新的 E-620，每一部都在进步。E-620 的 Live View 更提供系列中最好的预视和数码 AF 功能。透过机背可扭动 LCD，不但可以和一般 DC 一样远距离观看，不用再紧贴机身，而且可以作出各种新创意拍摄角度。除此以外，Live View 模式中提供数码 AF 功能，借着画面中的 11 个对焦框架，令 E-620 的 AF 功能更见广阔覆盖。而且提供了面部侦测功能，能一时间认出画面中最多 8 张面孔，再针对性锁定目标作出 AF。

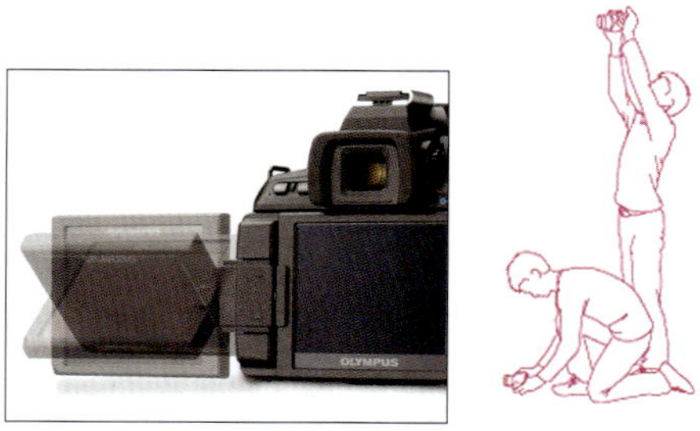

▲ E-620 的 2.7 英寸大型高密度 LCD 显示屏，提供可 270° 扭动翻转设计，方便用者做出各种拍摄角度。

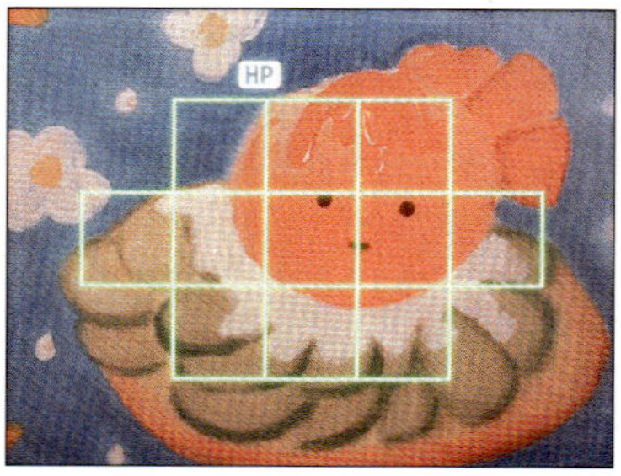

▲当使用 Live View 的 Image AF 功能，便会在画中显示 11 个对焦框架，除了可以自由选择位置外，只要主体位于宽大的对焦框架范围，亦能被锁上 AF。

▲当使用 Live View 的 Image AF 功能 E-620 的 Live View Face Detection AF 可以找出影像中最多 8 张面孔，然后锁上，等待随时曝光。

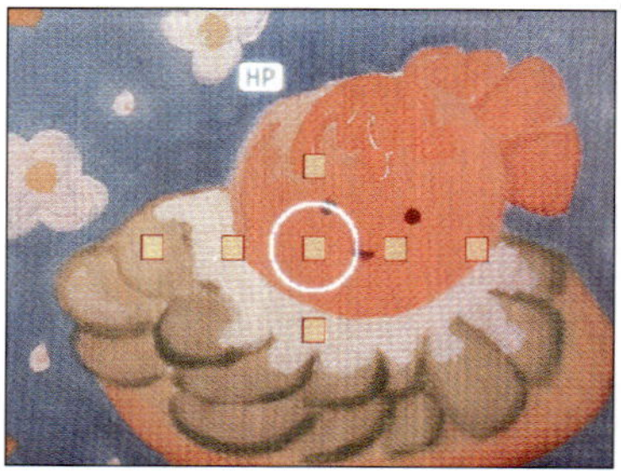

▲除了持续显示的 Image AF 功能外，E-620 同样拥有沿用光学对焦系统的 AF Sensor 功能。

Olympus E–620 测试与分析

测试解说 | 请翻至 P.16 之详细测试设定解释

色彩与自动白平衡控制测试

测试器材 | Olympus E-620 + ZUIKO DIGITAL 25mm f/2.8

户外阳光下

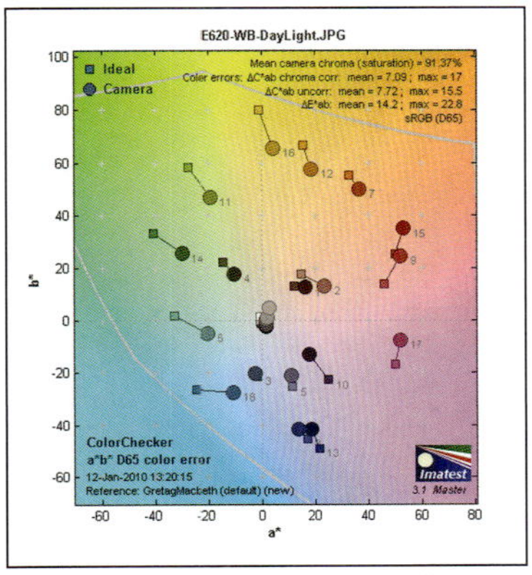

▲色彩平均偏差：7.09（正常）；色彩平均饱和度：91.37%（略淡）

室内商场中

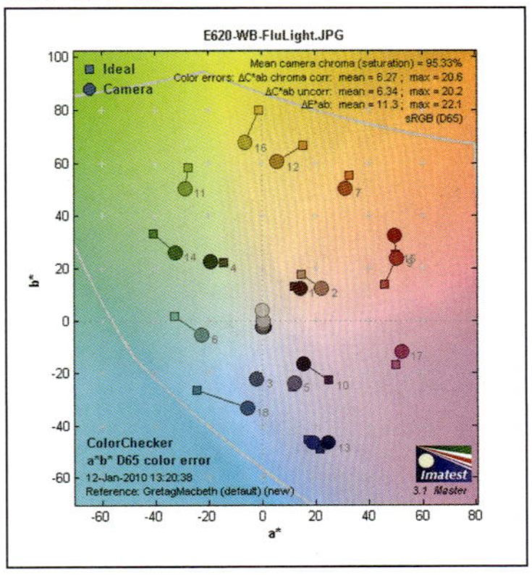

▲色彩平均偏差：6.27（正常）；色彩平均饱和度：95.33%（略淡）

餐厅灯光下

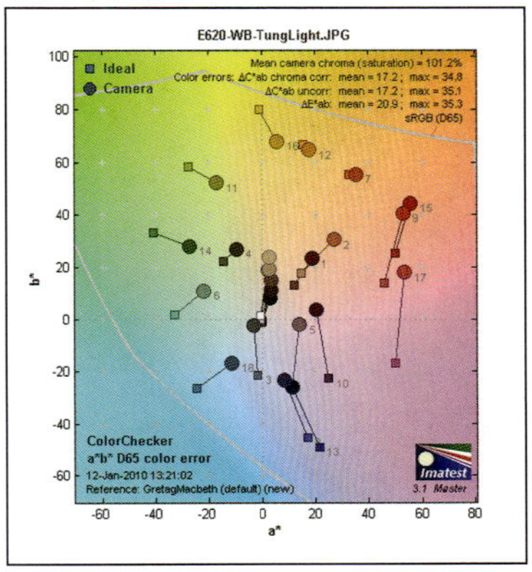

▲色彩平均偏差：17.2（严重）；色彩平均饱和度：101.2%（正常）

测试分析

从测试影像电脑软件分析，发现 E-620 的色彩饱和度略为偏低，这有助于减低偏色时的偏差幅度。在室内商场和室外太阳环境下，都未有严重的偏色情况，但 E-620 和很多 D-SLR 一样无可避免在灯泡的暖黄光线下，出现严重的偏色。

解像力变化测试

测试器材 | Olympus E-620 + ZUIKO DIGITAL 25mm f/2.8

感光度	ISO 100	ISO 200	ISO 400	ISO 800	ISO 1600	ISO 3200
解像力得分 *	2012	1997	1996	1874	1741	1300
与 ISO 100 得分差距		–1%	–1%	–7%	–13%	–35%

* 数值为 Imatest 分析结果，单位为 LW/PH，分数愈高为愈好

测试分析

从电脑计算的结果可看到，E-620 的最高解像力得分与其他 1200 万像素级数的机身相当。预设下，在感光度提升的同时，解像力得分亦相对下降，最高的 ISO 3200 感光度所得分数，大约是 ISO 100 的 65% 左右，跌幅颇为明显。

自动对焦系统效能测试

测试器材 | Olympus E-620 + ZUIKO DIGITAL ED 14-35mm f/2.0 SWD + ZUIKO DIGITAL ED 14-42mm f/3.5-5.6

光学相位侦测 AF 系统

使用 ZUIKO DIGITAL ED 14–35mm f/2.0 SWD（最大光圈为 f/2）以中央双十字型对焦点拍摄

环境亮度	EV -2.5	EV -2	EV -1.5	EV -1	EV -0.5
成功次数	5	5	5	5	5

使用 ZUIKO DIGITAL ED 14–35mm f/2.0 SWD（最大光圈为 f/2）以边缘十字型对焦点拍摄

环境亮度	EV -1.5	EV -1	EV -0.5	EV 0	EV +0.5
成功次数	0	3	5	.	5

使用 ZUIKO DIGITAL ED 14–42mm f/3.5–5.6（@42mm，最大光圈为 f/5.6）以中央双十字型对焦点拍摄

环境亮度	EV -2.5	EV -2	EV -1.5	EV -1	EV -0.5
成功次数	3	5	5	5	5

使用 ZUIKO DIGITAL ED 14–42mm f/3.5–5.6（@42mm，最大光圈为 f/5.6）以边缘十字型对焦点拍摄

环境亮度	EV -1.5	EV -1.5	EV -1	EV -0.5	EV -2
成功次数	0	0	5	5	5

Live View 数码对比度侦测 AF 系统

使用 ZUIKO DIGITAL ED 14–35mm f/2.0 SWD 拍摄（最大光圈为 f/2）

环境亮度	EV -1.5	EV -1	EV -0.5	EV 0	EV+0.5
成功次数	0	5	5	5	5

使用 ZUIKO DIGITAL ED 14–42mm f/3.5–5.6 拍摄（最大光圈为 f/5.6）

环境亮度	EV -1.5	EV -1	EV -0.5	EV 0	EV+0.5
成功次数	0	1	0	5	5

测试分析

从测试结果可看到，E-620 的中央双十字型对焦感应器比边缘位置的普通双线型感应器，有更强的亮度敏感度，能在测试环境可做到的最低 EV -2.5 下，仍然能全部命中，只是对焦速度颇慢。比较 Live View 的数码 AF 系统和传统的光学 AF 系统，Live View 的成绩不及光学的出色，但已足够在一般室内外环境中使用。

Gallery of Olympus E-620

拍摄者：Sam YAU
机身：Olympus E-620
镜头：ZUIKO DIGITAL ED 14-35mm f/2.0 SWD
光圈：f/2.8
快门：1/60 秒
感光度：ISO 400
白平衡：Auto WB
镜头焦距：35mm
相对焦距：70mm

感光度噪声 4R 小尺寸相片模拟打印效果测试

测试器材 | Olympus E-620 + ZUIKO DIGITAL ED 14-35mm f/2.0 SWD

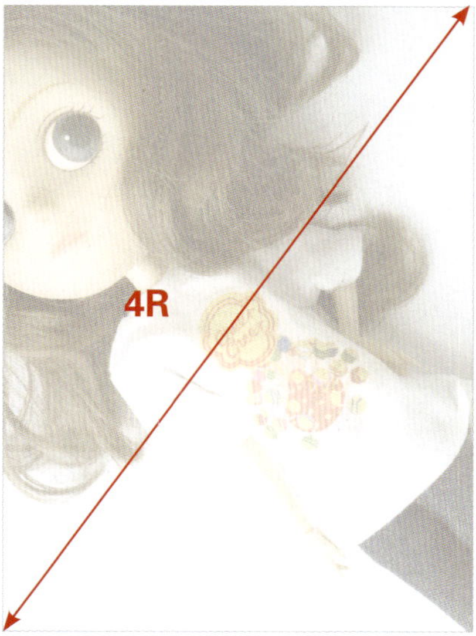

▲把各设定下的影像以 **670dpi 输入密度**打印成约 4 英寸 x 6 英寸的 4R 相片，然后陈列拼贴各图中约 2.8cm x 2.8cm 的裁放范围比较。

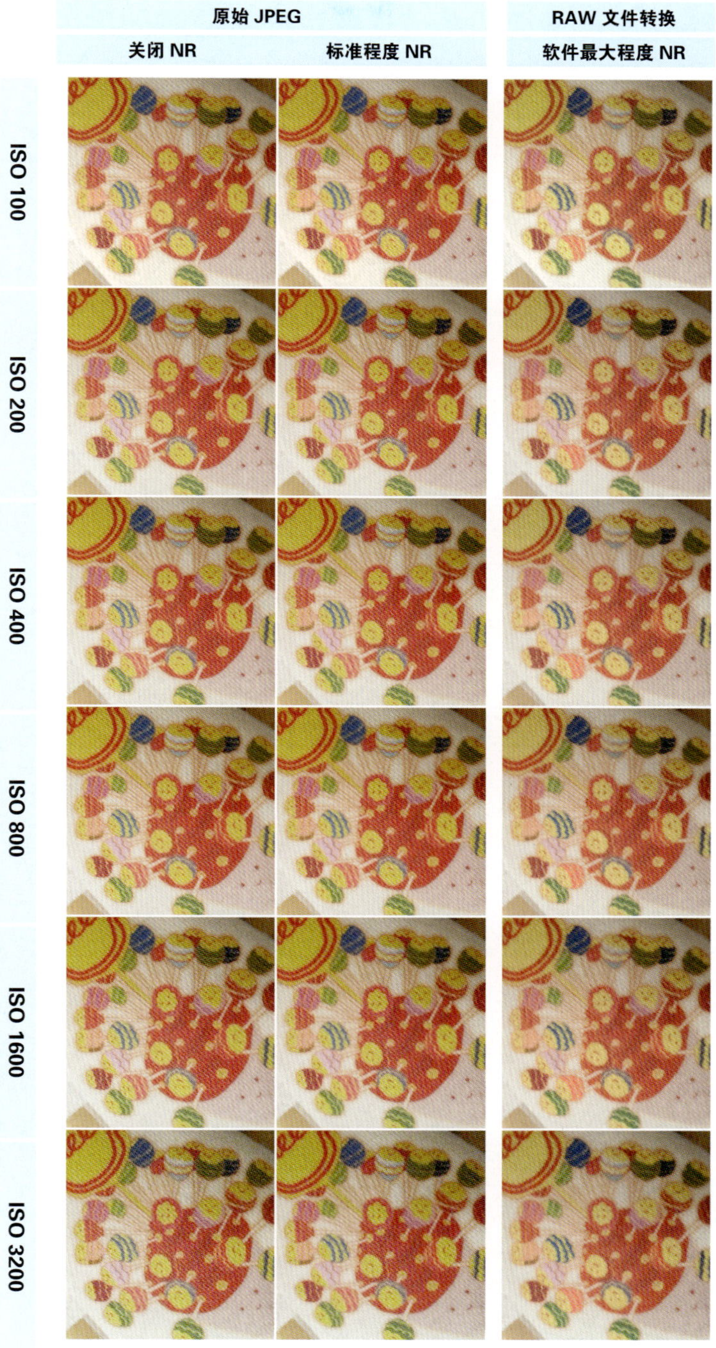

测试分析

从测试图片可见，若输出至 4R 或计算机桌面墙纸等的细小尺寸观看，E-620 的各感光度噪声都并不明显，锐度亦不容易看到分别。

感光度噪声 A4 大尺寸相片模拟打印效果测试

测试器材 | Olympus E-620 + ZUIKO DIGITAL ED 14-35mm f/2.0 SWD

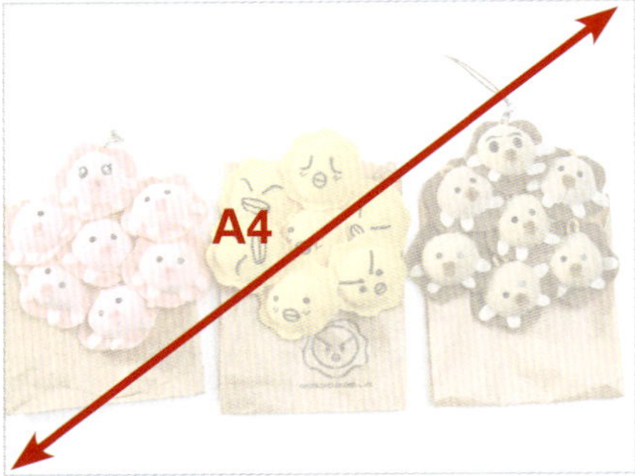

▲把各设定下的影像以 **340dpi 输入密度**打印成约 21cm x 29.7cm 的 A4 相片，然后陈列拼贴各图中约 2.8cm x 2.8cm 的裁放范围比较。

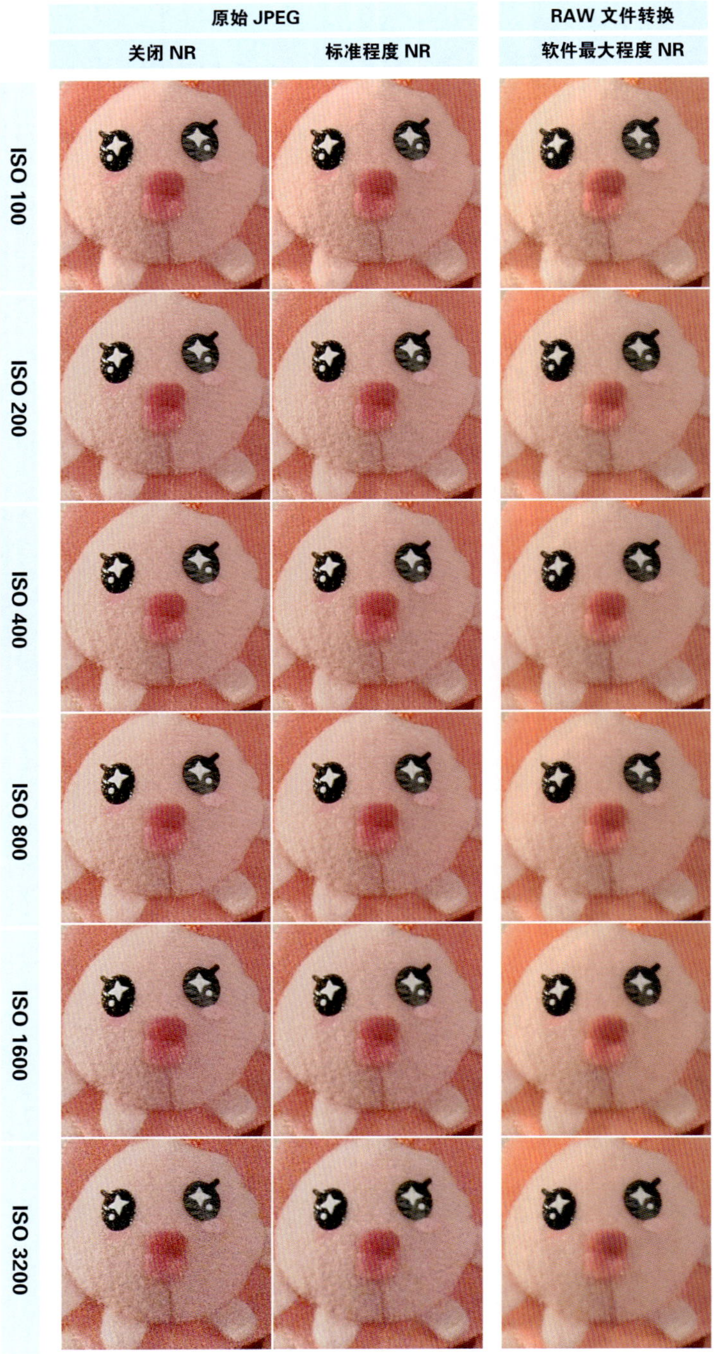

测试分析

相对而言，当输出至大尺寸的打印品，如 A4 或更大的海报，高感光度下的噪声颗粒便会更明显。对于 E-620，噪声主要在 ISO 800 后出现，当使用极高的 ISO 1600 和 ISO 3200 便有需要使用机身内置或软件的减 NR 功能，借着降低锐度来消除颗粒。

Olympus E-620 性能参数

机身卡口	4/3 系统
可使用镜头	4/3 系列
感光元件	17.3 × 13mm Live MOS
焦距转换率	2X
有效像素	1,230 万
相片最高解像度	4032 × 3024
感光度	ISO 100 - ISO 3200
快门速度	60-1/4000 秒、支持 B 快门
闪灯同步快门	1/180 秒
对焦系统类型	光学相位侦测、Live View 对比度侦测
闪光灯系统	内置、外接热靴、光控无线闪光灯
测光模式	49 区域数码 ESP 测光、中央重点平均测光、重点测光（占画面约 1%）、高光位点测光、暗位点测光
连拍模式	H 高速连拍：每秒 4 张，L 低速连拍：每秒 1 至 3 张，最多连拍 5 张 RAW/RAW+JPEG 及无限张 JPEG
取景模式	光学取景器及 LCD Live View
光学取景器	95% 范围、0.96X 放大
LCD 显示屏	2.7 英寸 23 万像素扭动式 LCD
除尘系统	有
防震系统	感光元件位置偏移补偿式
机身储存媒体	CF Type I/II（支持 UDMA 技术）、xD-Picture
传输界面	USB 2.0 High Speed
影音端子	miniUSB（需使用转接器）
电源	BLS-1 锂离子充电电池（1150mAh、8.3Wh）
体积	约 130 × 94 × 60 mm
净重量	约 475g

编辑述评 Olympus E-620

性价比极高

虽然 E-620 没有 E-3 或 E-30 的超强光学 AF 系统，但亦比同级的对手用多了很多 AF 感应器，中央的更是罕见的双十字型。而且加入可扭动式 LCD 的同时，机身厚度仍属十分纤薄，对于有意购买一部 D-SLR 来用的摄影课程学生，E-620 可算十分适合。而且品牌首次在入门级机身之上，加上竖拍手柄的另购选择，无疑方便了男性用户。内置的 ART FILTER 功能，虽未增加至 E-P2 独有的浅景深和反转片负冲 效果，但其 6 种效果都十分适合年轻一代和创意十足的人。但有趣的是，若比较较高级的 E-3 和 E-30 的规格和功能，其实 E-620 并不算是太过入门。因为三机的很多功能其实都十分接近。这令选购 E-620 的入门用户受惠不少。

在此特别鸣谢网络绘本作者思诗公主借出其作品和画作以供拍摄之用

思诗公主的生活绘本 Yahoo! BLOG
http://hk.myblog.yahoo.com/hkhamstershk

耐用度：	★★★★	拍摄功能：	★★★★	Live View AF 系统：	★★★★
便携性：	★★★★	噪声控制：	★★★★	影片画质：	不适用
外型吸引度：	★★★★	色彩与白平衡：	★★★★		
专业度：	★★★★	光学 AF 系统：	★★★★		

轻细双生儿
Olympus E-520 & E-420

Olympus 的 E-System 每隔一年便会有一个十分明确的系列印象带给各位摄影人，初代的 E-1 可说是 D-SLR 系统先驱，之后慢慢发展出 E-300 等机身的独特的外型和反光镜横向设计。时至 E-420 和 E-520 便好明显的是向着全球最轻小 D-SLR 出发。

Gallery of **Olympus E-420**

拍摄者：Sam YAU
机身：Olympus E-420
镜头：ZUIKO DIGITAL ED 35-100mm f/2.0
光圈：f/2
快门：1/25 秒
感光度：ISO 100
白平衡：Auto WB
镜头焦距：76mm
相对焦距：152mm

Olympus E-420 机身设计

CHECKPOINTS

- 4/3 制式
- 全球最轻小 D-SLR 型号 *
- 1,010 万像素
- ISO 100 至 ISO 1600
- 三模式 Live View AF 模式
- Live View 面部识别 AF 系统
- 内置遥控闪光灯操控功能
- 每秒 3.5 张连拍
- 49 区数码 ESP 测光系统
- CF、xD-Picture 双卡插槽
- 只重 380g

ray! 参考售价：
E-420 套机
请致电：4006-987-666
* 资料由锐意于 2010 年 10 月 15 日提供

Olympus E-520 机身设计

CHECKPOINTS

- 4/3 制式
- 轻小便携机身设计
- 1,010 万像素
- ISO 100 至 ISO 1600
- 5 级 i.S. 机身防震系统
- 三模式 Live View AF 模式
- Live View 面部识别 AF 系统
- 内置遥控闪光灯操控功能
- 每秒 3.5 张连拍
- 49 区数码 ESP 测光系统
- CF、xD-Picture 双卡插槽

ray! 参考售价：
E-520 加 14-42 镜头套装
请致电：4006-987-666
* 资料由锐意于 2010 年 10 月 15 日提供

Olympus E-520 & E-420 取景器实拍效果

取景器观看效果

Live View 预视构图画面

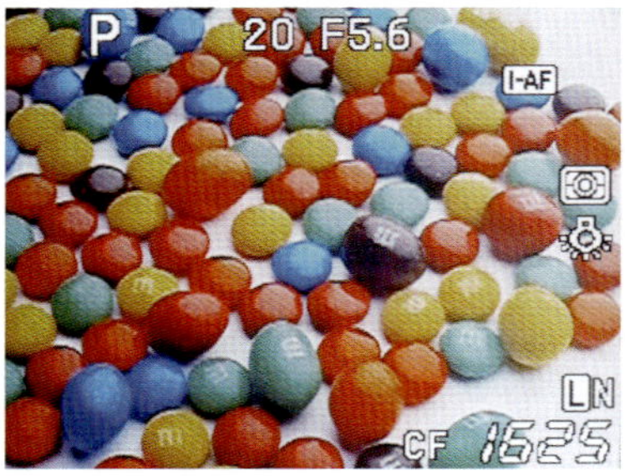

▲一般全影像显示模式

▲曝光分布图模式

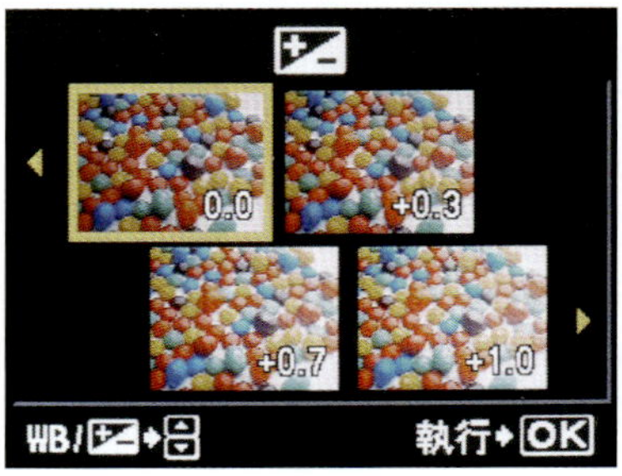

▲曝光偏移／白平衡效果预视模式 p

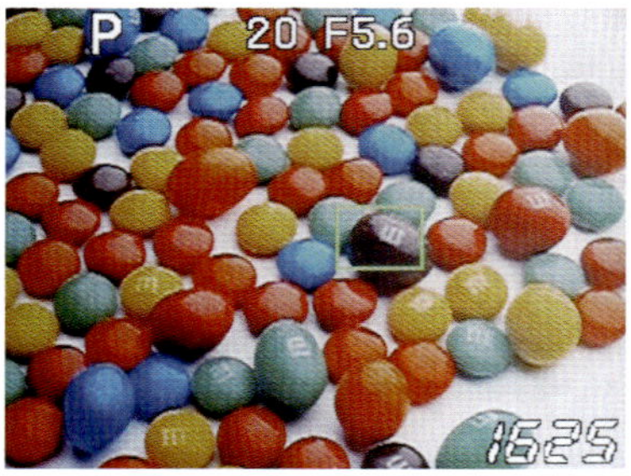

▲对焦点位置自选及局部放大显示模式

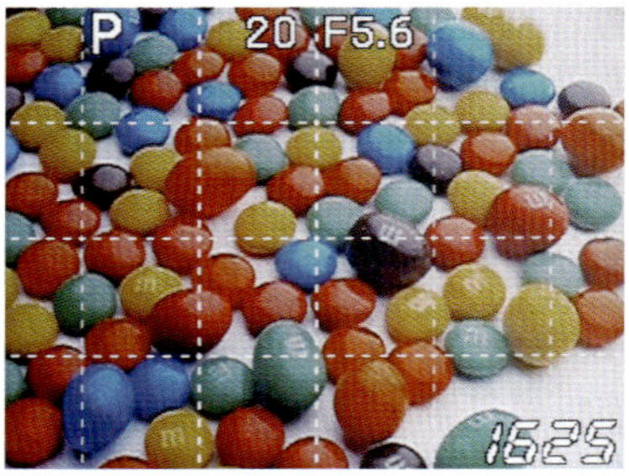

▲网格辅助模式

拍摄设定界面

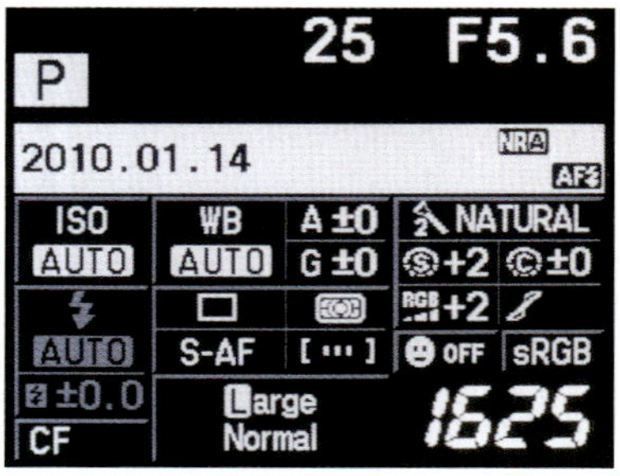

▲使用光学取景器模式

▲使用 Live View 即时预视模式

影像效果模式画面

▲ SCN 场景自动模式

目录界面

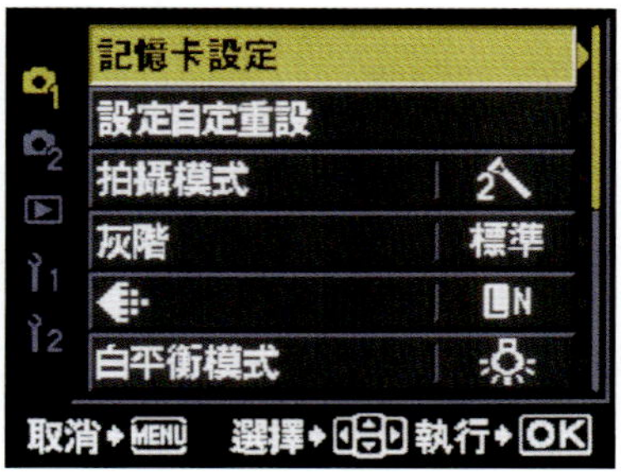

▲一般拍摄设定

▲自定义功能设定

Olympus E–520 & E–420 技术特点

全球最轻小 D–SLR 佳绩

两机都是在 2008 年推出，但以 E-420 早约两个月推出。两机虽然十分相似，但论功能、定位和设计，均以 E-520 较高档一点，犹如双生儿的哥哥般。先不说两机的功能，作为弟弟的 E-420 先拿下了最轻最小的 D-SLR 美誉 *，只有 51mm 的厚度和 380g 的重量，相比品牌大哥 E-3 和二哥 E-30，真的如大人和小孩专用的分别。同期，Olympus 更推出一支同样纤薄轻巧的 ZUIKO DIGITAL 25 mm f/2.8 Pancake 镜头，可谓与 E-420 是绝配之作。

* 调查结果于 2008 年 3 月进行

▲令人一看难忘的宣传照，E-420 和 ZD 25 mm f/2.8 Pancake 镜头组装在一起，居然可以这么纤薄。

简单传统的 AF 系统

若与其他较新款的 Olympus D-SLR 相比，E-520 和 E-420 的取景窗和 AF 系统最令 Olympus 的资深发烧友回味。两机沿用多年的取景窗左边放置拍摄资料显示方法，对焦系统仍然是 3 点横向排列式系统。配合 4/3 系统的 4:3 比例取景范围，自然而舒服。当启动两机新增的 Live View 功能后，更可以继续使用这三点 AF 系统，而且可以自由加上格线、曝光分布图和模拟包围曝光效果。

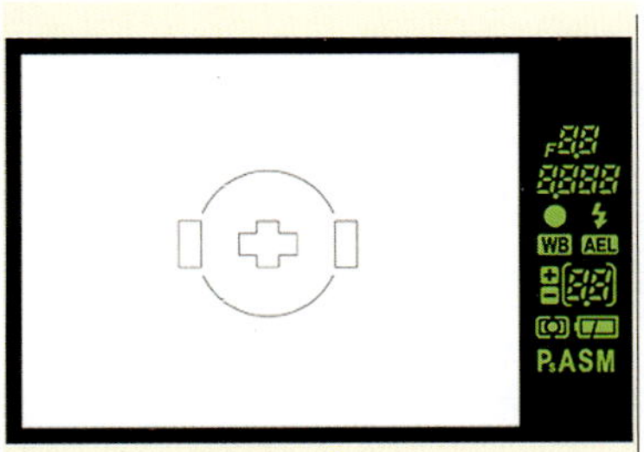

▲望进 E-520 和 E-420 的取景窗中，可以看到令人熟识，在 E-System 沿用多时的资料右放和 3 点横排 AF 系统。

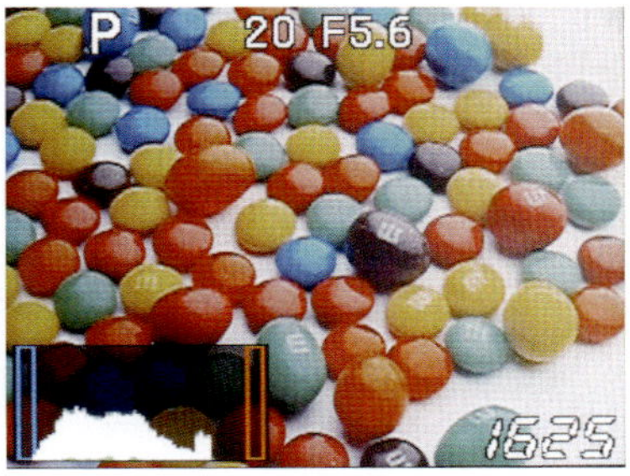

▲两机的 Live View 功能，除了可以显示取景构图外，还可以加上格线、曝光分布图和模拟包围曝光效果，加强每一张相片的精度，降低补拍的需要。

除了光学 AF Sensor 系统，两机的 Live View 功能还提供数码 Imager AF 系统，一经转用，Live View 上的对焦点数目立即增加至 11 个，而且平均分布在画面上。再加上第三种对焦模式 Hybrid AF，先使用数码 Imager AF 系统，一边构图一边半按快门先来个简单的全时 AF，在全按快门后但曝光拍摄前，再来一次精准的光学 AF Sensor 系统的快速重对，大大降低失焦的机会。

Live View 功能 AF 三模式

影像感应器模式

▲属于数码对比度侦测 AF 系统。系统会分析和找出 Live View 影像中代表合焦的最高反差水平位置。由于是数码制式，所以反光镜无需下放，Live View 亦无需暂停。AF 点增加至 11 个之多，构图时更具弹性。

AF Sensor 模式

▲虽然是启用了 Live View，但 AF 系统仍旧使用光学制式，所以当 AF 进行时，反光镜必先放下还原位置，Live View 亦会暂停更新，以最后画面持续至完成 AF，再次显示 Live View 画面。虽然 Live View 会被打断，但 AF 速度会是最快。

Hybrid AF 模式

▲这是一个混合模式，在 Live View 时半按快门会先以数码的 Imager AF 功能进行对焦，然后当全按快门键后，在快门帘幕打开之前再进行一次光学的 AF 传感器功能，检查和确认焦点位置的合焦情况。虽然对焦点数目和位置会变回光学式的 3 点，但对于只想用 Live View 来构图，数码 AF 系统只用来"令 Live View 画面保持清晰"，真正用来拍摄对焦的仍是依靠快速准确的光学 AF 系统。

加持无线闪光灯遥控功能

虽然两部机身都属于最低端的入门系列，但都分别设有支持 TTL 系统的机顶热靴自动闪光灯功能，此外还加入内置闪光灯的遥控离机闪灯能力。只要选购支持遥控功能的 FL-50R 或 FL-36R 闪光灯，就能够简单快捷地遥控最多三组闪光灯自动输出。对有提升空间实力的拍摄者而言十分有挑战性和可塑性。

▲只要弹起手上的 E-520 或 E-420 的内置闪光灯，再凭简单的操作设定，就能遥控不远处的 FL-50R 或 FL-36R 闪光灯，自动输出正确光量的闪光。

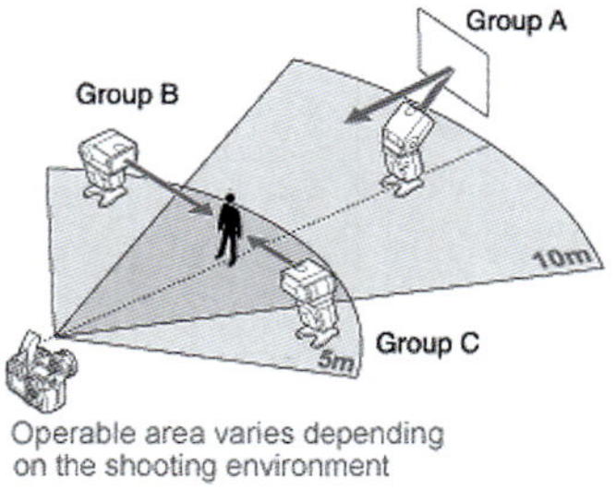

▲两机都能够同一时间控制最多 3 组闪光灯，作出不同亮度的输出效果。

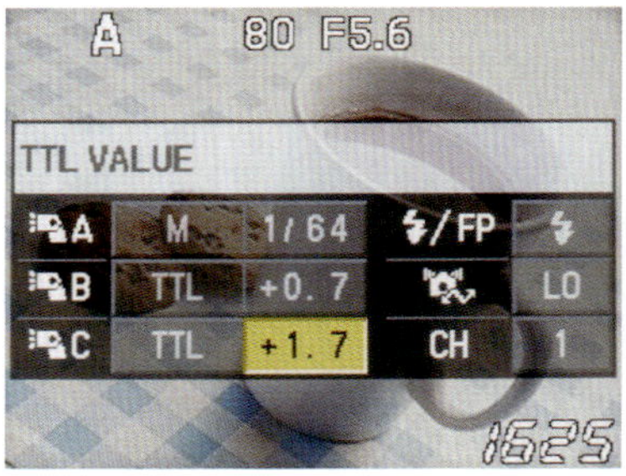

▲即使是复杂的多灯无线操控，界面仍然是清晰易明。

49 区 Digital ESP 测光系统

为了拍出准确曝光的影像，E-520 和 E-420 都配备了有 49 个平均分区测光感应器的 Digital ESP 测光系统，加上精细至只有画面的 1% 感应范围的重点测光，两机共有 5 个不同应用范畴的测光模式。而且还对暗部作出测光优化的功能。

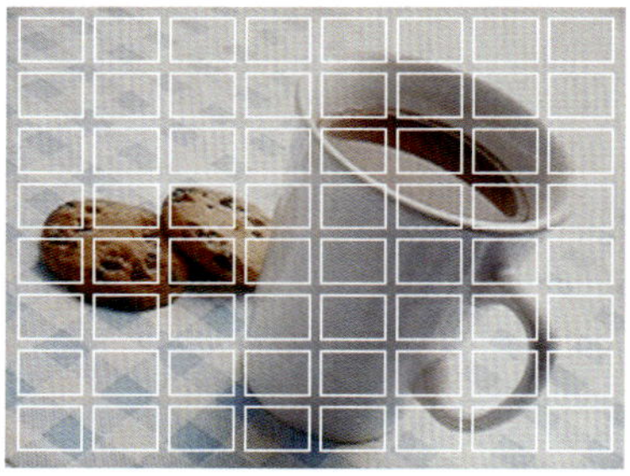

▲ E-520 和 E-420 的 Digital ESP 测光模式提供 49 个分区测光，能照顾各个区域的影像亮度外，还可以平均分配，稳定测光效果。

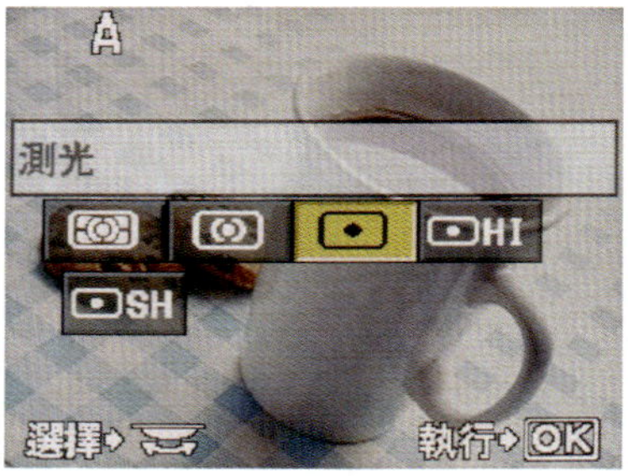

▲除了范围广阔的 49 区测光模式外，还有针对中央 1% 的精准重点测光模式。

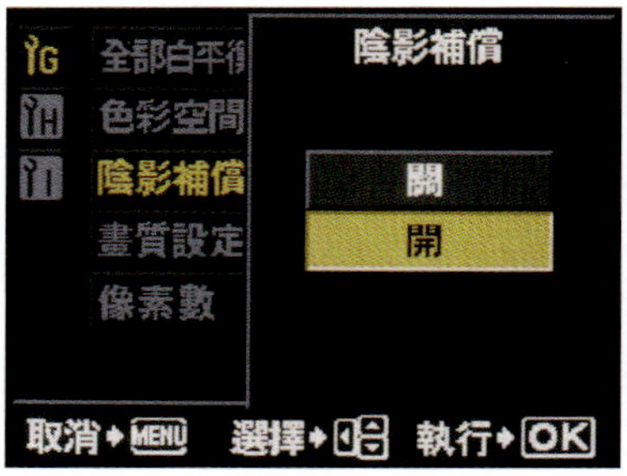

▲当使用自动灰度调校功能后，能针对暗部效果作出优化。

出色的影像撷取系统

说到影像撷取系统，两机都采用了 1,000 万像像素 Live MOS 和高效能 TruePic III，还加上电子除尘系统，为用户提供高质量的 RAW 和 JPEG 文件输出。两机之中，E-520 更特别提供能补偿 4 级快门的 i.S. 感光元件超声波加速装置位置偏移防震系统，大大减低手震的机会。

▲两机都使用了像素达 1,000 万的 Live MOS 和高效能影像处理器 TruePic III，负责提供高质量的影像文件输出。

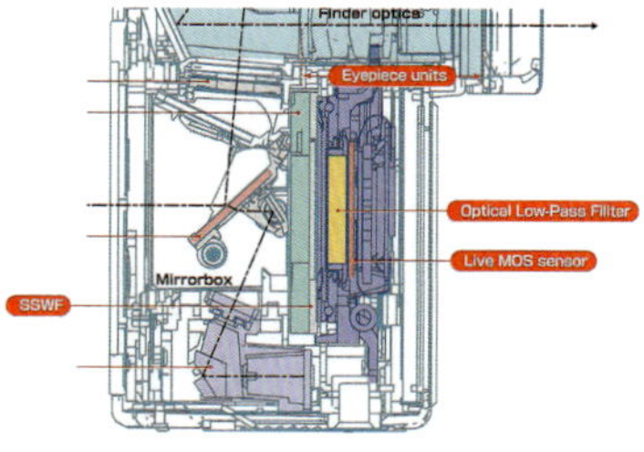

▲在感光元件前的低通滤镜加装了能发出每秒超过 3 万次超声波震动的 SSWF 系统，去除大部分尘埃。

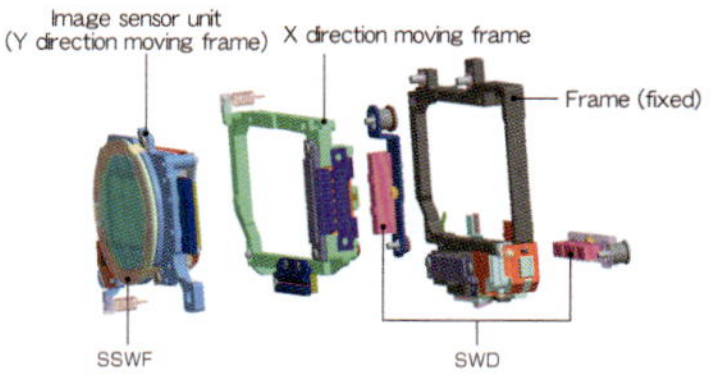

▲虽然两机都有除尘装置，但只有 E-520 兼有 i.S. 防震系统，透过能发出高频率超声波的驱动装置，令感光元件在感应到机身出现震动时，作出相应程度的位置偏移，提供高达 4 级的快门防震效果。

感光度噪声 4R 小尺寸相片模拟打印效果测试

测试器材 | Olympus E-520 & E-420 + ZUIKO DIGITAL ED 14-35mm f/2.0 SWD

◀把各设定下的影像以 **610 dpi 输入密度**打印成约 4 英寸 x 6 英寸的 4R 相片，然后陈列拼贴各图中约 2.5cm x 2.5cm 的裁放范围比较。

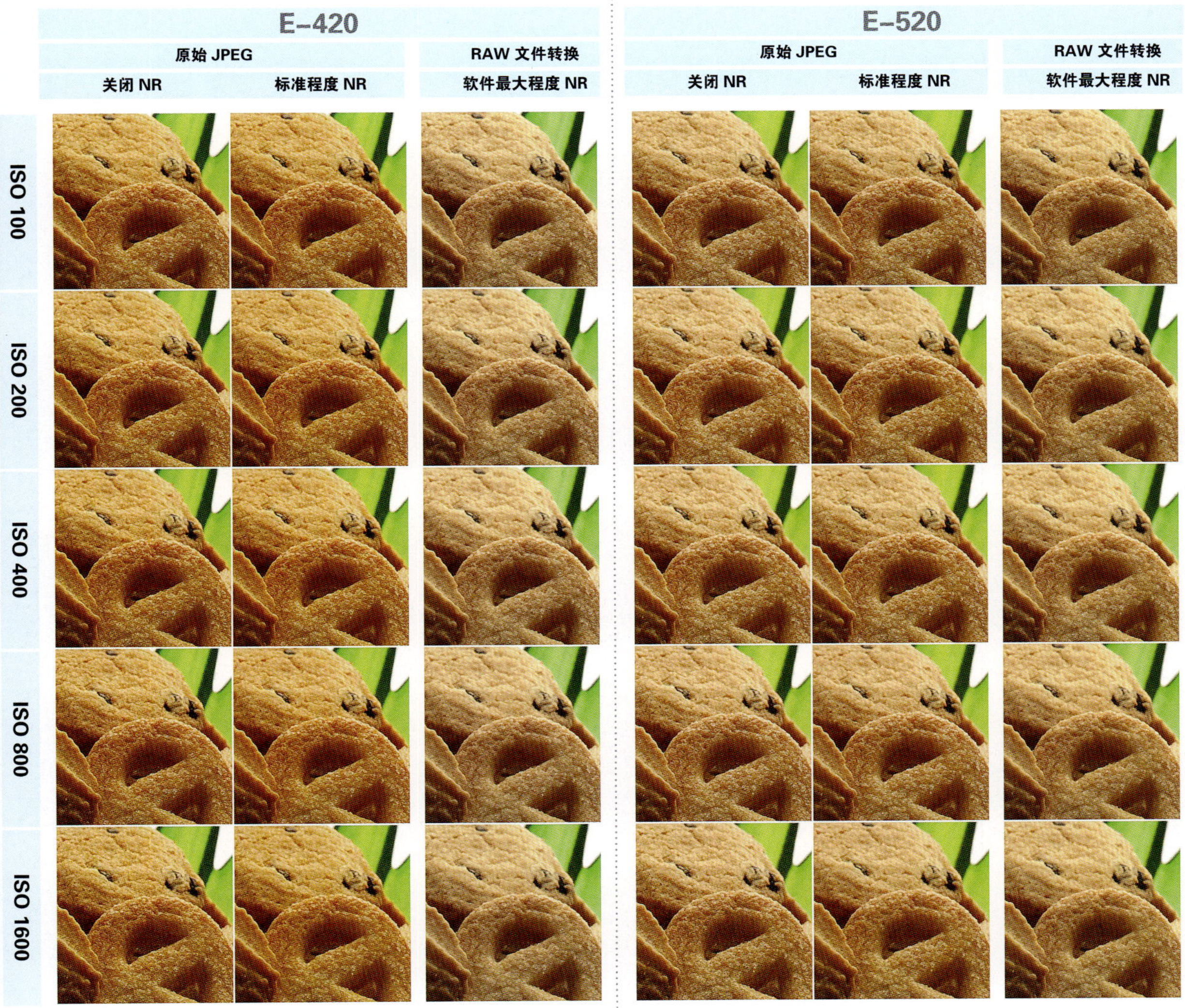

感光度噪声 A4 大尺寸相片模拟打印效果测试

测试器材 | Olympus E-520 & E-420 +ZUIKO DIGITAL ED 35-100mm f/2.0

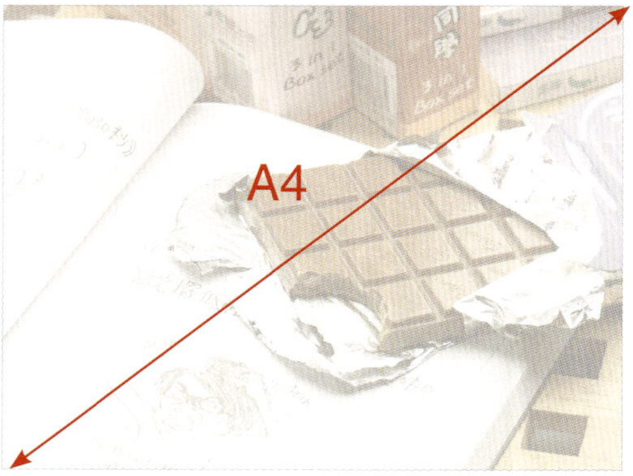

◀把各设定下的影像以 **312dpi 输入密度**打印成约 21cm x 29.7cm 的 A4 相片，然后陈列拼贴各图中约 2.5cm x 2.5cm 的裁放范围比较。

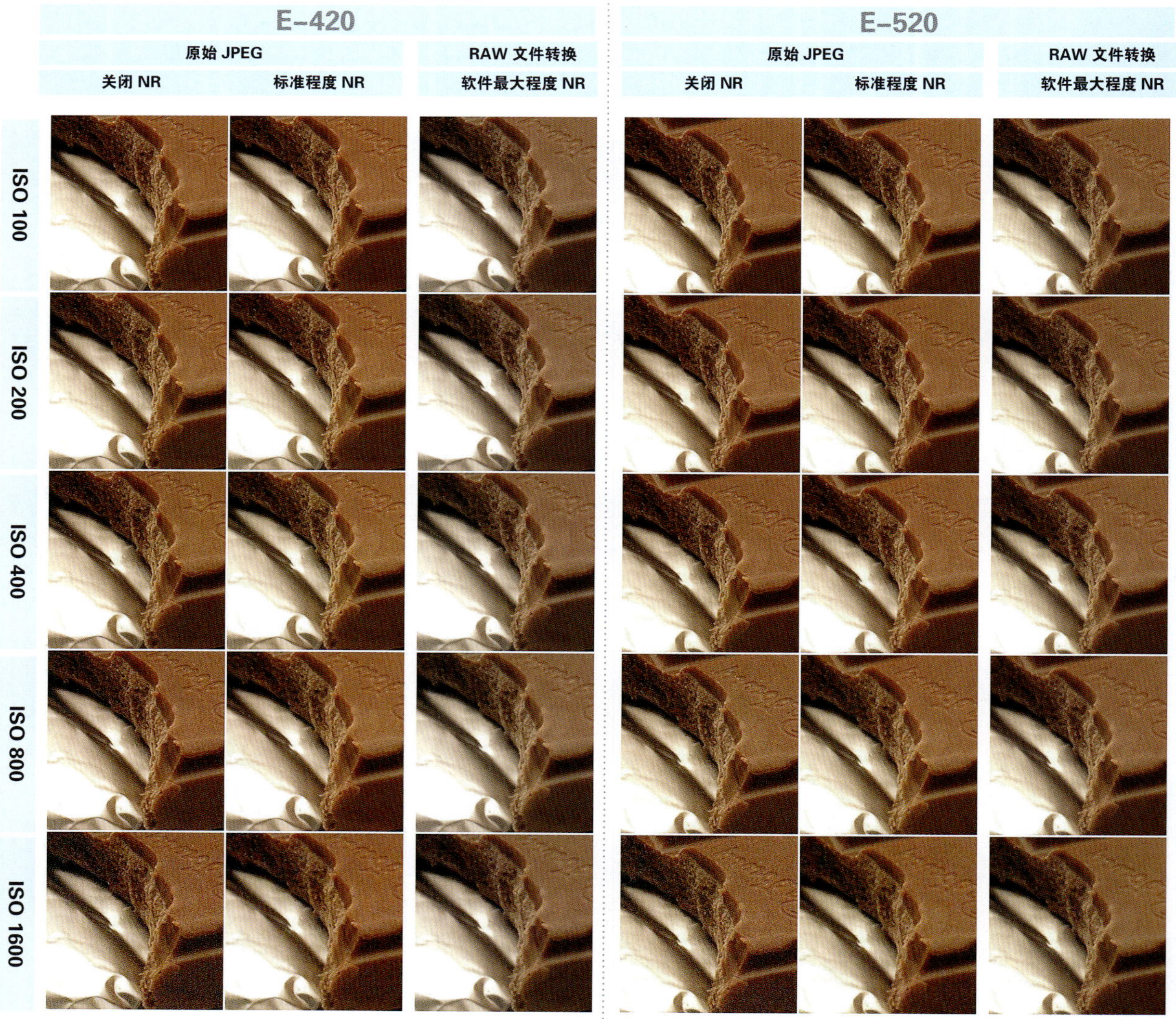

感光度噪声相片模拟打印效果

测试分析

就前页的两种不同尺寸模拟打印效果，可看到 E-420 和 E-520 凭着相当的像素总值和相同的感光元件尺寸，加上同级的影像处理系统，所拍下的效果亦非常相近。就以 4R 等的小尺寸输出的情况来看，即使是最高的 ISO 1600 都未有明显的噪声出现。但在较大的打印尺寸上，却看到明显不少的噪声颗粒。较为优质的是 ISO 400 与更低的感光度，当感光度愈来愈高，相对需要愈强的 NR 功能作出协助。

色彩与自动白平衡控制测试

测试器材 | Olympus E-520 & E-420 + ZUIKO DIGITAL 25mm f/2.8

Olympus E-520

户外阳光下

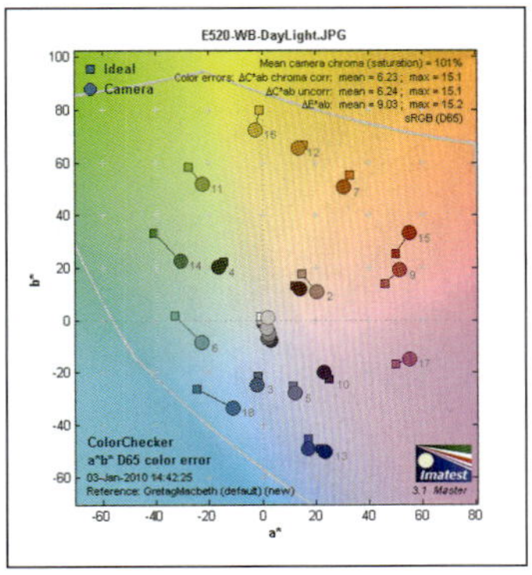

▲色彩平均偏差：6.23（轻微）；
色彩平均饱和度：101%（正常）

室内商场中

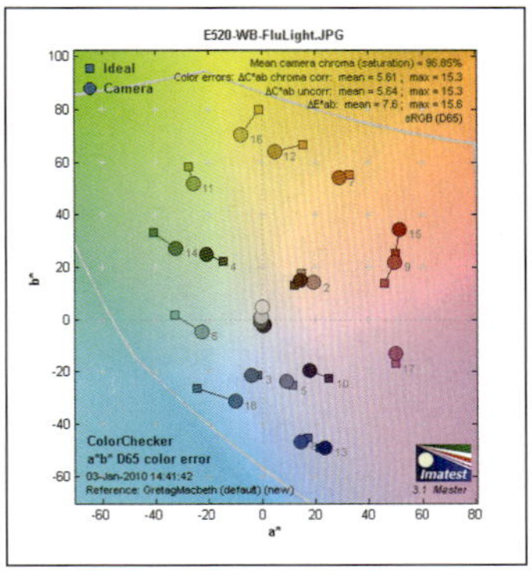

▲色彩平均偏差：5.61（轻微）；
色彩平均饱和度：98.85%（正常）

餐厅灯光下

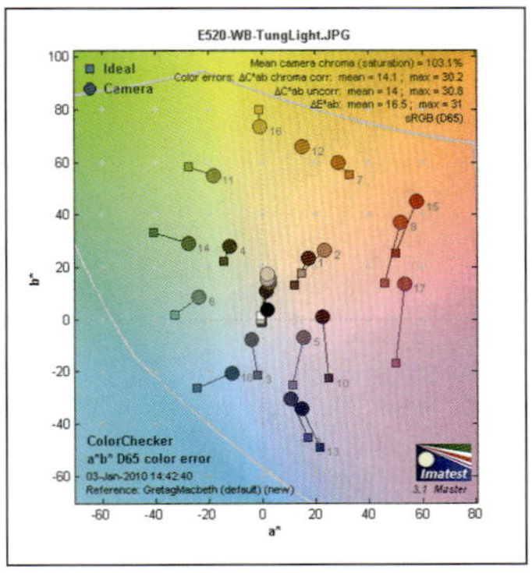

▲色彩平均偏差：14.1（严重）；
色彩平均饱和度：103%（正常）

Olympus E-420

户外阳光下

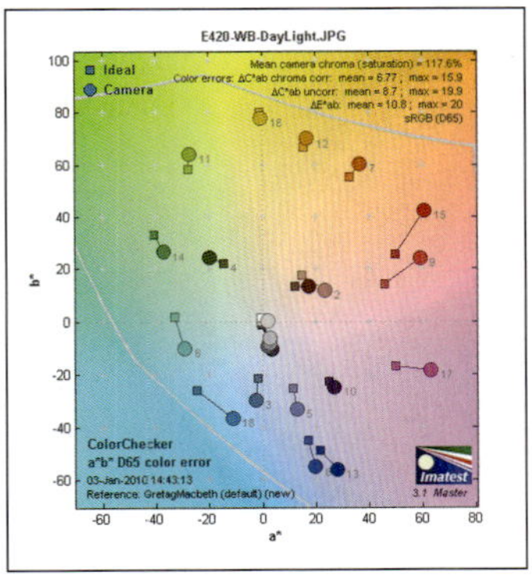

▲色彩平均偏差：6.77（轻微）；
色彩平均饱和度：117.6 %（较浓）

室内商场中

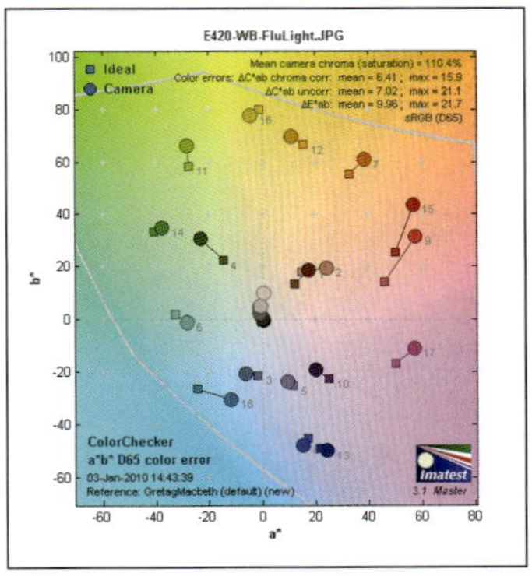

▲色彩平均偏差：6.41（轻微）；
色彩平均饱和度：110.4%（略浓）

餐厅灯光下

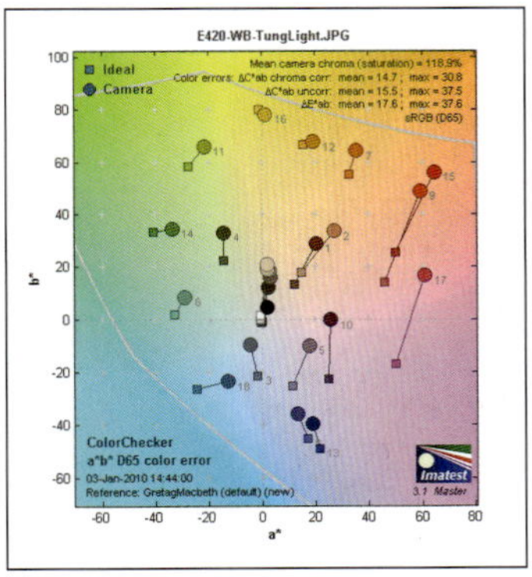

▲色彩平均偏差：14.7（严重）；
色彩平均饱和度：118.9%（较浓）

测试分析

从测试结果可看到，E-420 和 E-520 的自动白平衡纠正效果相当，在户外阳光下和室内商场中都有不俗的效果，但到了使用钨丝灯的餐厅中，与大部分 D-SLR 同样出现严重偏色的问题。虽然两机的自动白平衡效果相似，但它们的色彩浓度偏向，以 E-420 的较为浓郁，当有偏色问题出现时会较明显。

解像力变化测试

测试器材 | Olympus E-520 & E-420 + ZUIKO DIGITAL 25mm f/2.8

* 数值为 Imatest 分析结果，单位为 LW/PH，分数愈高为愈好

Olympus E-520

感光度	ISO 100	ISO 200	ISO 400	ISO 800	ISO 1600
解像力得分 *	1966	1897	1952	1890	1800
与 ISO 100 得分差距		–4%	–1%	–4%	–8%

Olympus E-420

感光度	ISO 100	ISO 200	ISO 400	ISO 800	ISO 1600
解像力得分 *	2087	2053	2103	2037	1788
与 ISO 100 得分差距		–2%	1%	–2%	–14%

测试分析

从电脑分析得分变化可看到，两机都在 ISO 400 时出现解像力得分逆向上升的情况，E-420 更是 ISO 400 反比 ISO 100 有高一点点的优势。但随之以后，当感光度愈来愈高，解像度便顺势下降。但两机的最高感光度与 ISO 100 的得分相差其实不太远。

Gallery of Olympus E–520

拍摄者：Sam YAU
机身：Olympus E-520
镜头：ZUIKO DIGITAL ED 14-35mm F2.0 SWD
光圈：f/22
快门：1/125 秒
感光度：ISO 100
白平衡：Auto WB
镜头焦距：35mm
相对焦距：70mm

Olympus E-520 性能参数

机身卡口	4/3 系统
可使用镜头	4/3 系列
感光元件	17.3 × 13mm Live MOS
焦距转换率	2X
有效像素	1,010 万
相片最高解像度	3648 x 2736
感光度	ISO 100-ISO 1600
快门速度	60-1/4000 秒、支持 B 快门
闪灯同步快门	1/180 秒
对焦系统类型	光学相位侦测、数码 Live View 对比度侦测
闪光灯系统	内置、外接热靴、光控无线闪光灯
测光模式	49 区域数码 ESP 测光、中央重点平均测光、重点测光（占画面约 1%）、高光位点测光、暗部点测光
连拍模式	每秒 3.5 张，最多连拍 8 张 RAW/ RAW+JPEG 及无限张 JPEG
取景模式	反光式光学取景器、LCD Live View
LCD 显示屏	2.7 英寸 23 万像素
除尘系统	有
防震系统	感光元件位置偏移补偿式
机身储存媒体	CF Type I/II（支持 UDMA 技术）、xD-Picture
传输界面	USB 2.0 High Speed
影音端子	NTSC 或 PAL 制式
电源	BLS-1 锂离子充电电池（1150mAh、8.3Wh）
体积	约 136 × 91.5 × 8mm
净重	约 475g

Specifications of Olympus E-420

机身卡口	4/3 系统
可使用镜头	4/3 系列
感光元件	17.3 × 13mm Live MOS
焦距转换率	2X
有效像素	1,010 万
相片最高解像度	3648 x 2736
感光度	ISO 100-ISO 1600
快门速度	60-1/4000 秒、支持 B 快门
闪灯同步快门	1/180 秒
对焦系统类型	光学相位侦测、数码 Live View 对比度侦测
闪光灯系统	内置、外接热靴、光控无线闪光灯
测光模式	49 区域数码 ESP 测光、中央重点平均测光、重点测光（占画面约 1%）、高光位点测光、暗部点测光
连拍模式	每秒 3.5 张，最多连拍 8 张 RAW/ RAW+JPEG 及无限张 JPEG
取景模式	反光式光学取景器、LCD Live View
LCD 显示屏	2.7 英寸 23 万像素
除尘系统	有
防震系统	无
机身储存媒体	CF Type I/II（支持 UDMA 技术）、xD-Picture
传输界面	USB 2.0 High Speed
影音端子	NTSC 或 PAL 制式
电源	BLS-1 锂离子充电电池（1150mAh、8.3Wh）
体积	约 129.5 × 91 × 53mm
净重	约 380g

编辑述评 Olympus E-520 & E-420

后浪推前浪

E-420 和 E-520 可说是 Olympus 主攻入门和女性用户市场的第一浪，以前的 E-300 系统，无疑是拥有十分独特的外型和结构，但重量和造型却不是太多女性摄影者的“那杯茶”。但到了 E-420，来个大解脱，换去重重的四方型机身，改以差不多是无手柄的设计及超纤薄的机身厚度。加上同期的 Z.D. 25mm f/2.8 Pancake 镜头组合，令人印象深刻。再经过 E-520 和 E-620 的推出，我想可以大胆地说 E-420 应该就是最薄 D-SLR 了。虽然 E-520 和 E-620 都不能有 E-420 那么薄和轻，但加入了 i.S. 防手震系统，始终会有较大的辅助性，尤其是对入门用户。

耐用度：	★★★	拍摄功能：	★★★★	Live View AF 系统：	★★★★
便携性：	★★★★	噪声控制：	★★★★	影片画质：	不适用
外型吸引度：	★★★★	色彩与白平衡：	★★★★		
专业度：	★★★★	光学 AF 系统：	★★★★		

50 年经典复刻转生

Olympus PEN E-P1

不要以为 Olympus 的数码机身一直走着年轻的路线，便以为品牌都是年轻一辈。它有着超过半个世纪的历史，而且所出产过的名机何其多。除了单反名机 OM 系统外，于 1959 年推出的 Olympus 的半格机身 PEN 亦是非常具有历史义意和任重道远。2009 年，除了是 PEN 的诞生 50 周年外，Olympus 更以 PEN 的外型和名义推出了全新 Micro 4/3 系统，无手柄超小巧机身和大量新功能、新科技，我们便观望着这部数码 PEN —— E–P1 会否再创下另一个神话。

Gallery of Olympus PEN E-P1

拍摄者：Sam YAU
机身：Olympus PEN E-P1
镜头：M.ZUIKO DIGITAL ED 14-42mm f/3.5-5.6
光圈：f/3.5
快门：1/200 秒
感光度：ISO 200
白平衡：Auto WB
ART FILTER：柔焦效果
镜头焦距：14mm
相对焦距：28mm

Olympus PEN E-P1 机身设计

CheckPoints

- Micro 4/3 制式
- 纤薄机身古典设计
- 1,230 万像素 Live MOS
- 720p 立体声影片
- ISO 100 – ISO 6400
- 4 级机身防震
- 6 种数码艺术滤镜效果
- 双轴电子水平仪
- 8 面部部识别 AF
- 设有光圈先决拍片模式
- SD/SDHC 记忆卡储存
- 339g 重量

ray! 参考售价：
14–42 镜头套装
17 镜头 / VF–2 电子取景器套装
请致电：4006–987–666
* 资料由锐意于 2010 年 10 月 15 日提供

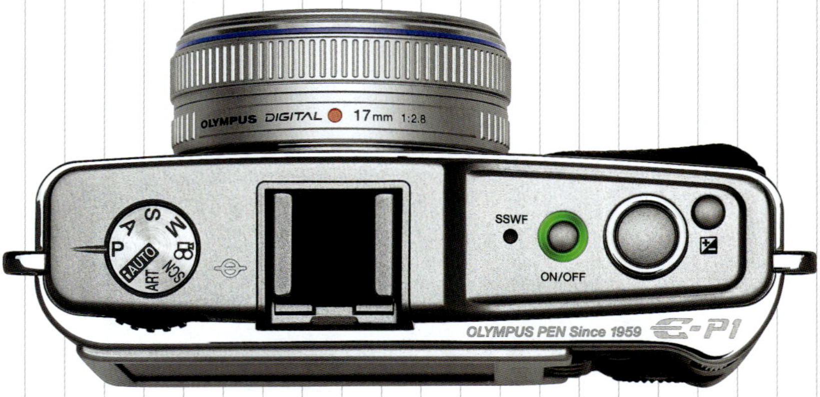

▲不论是手握着机身或是打开电池舱门观看内里结构，都不难发现E-P1充满的高级金属质感。

▲镜头的上方设有一对立体声收音 MIC，能有效接收和记录由前方传来的环境声效。

▲一颗简单易用的模式选择转盘，负责转换成摄影或录像、Normal 或 Art Filter 的效果。

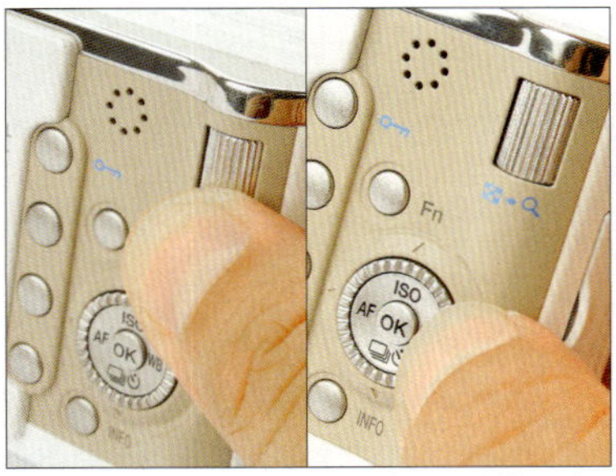

▲机背设有两组转盘，上方的使用滚轴设计，操作方便；下方的转盘连 4 方向控制器，虽然有多种功能，但较易误触。

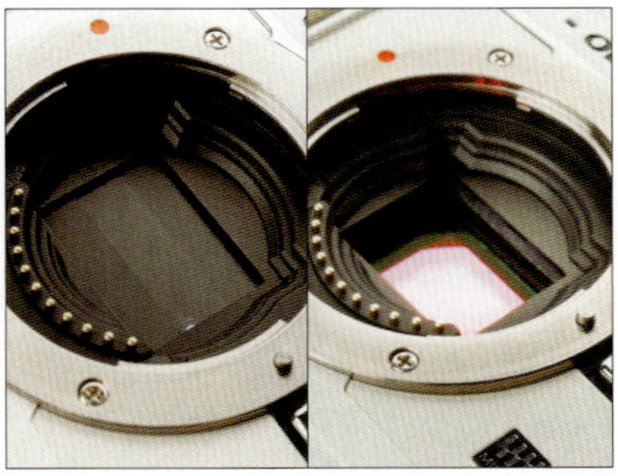

▲只要拆去镜头，就会看到一整块感光元件外露，使用时需多加留意小心。E-P1 的快门比较难看到，只有在拍摄的一刻，才会下来一刹那，然后打开计时曝光。

▲ E-P1 是 Olympus 机身第一次选用 SD/SDHC 类型记忆卡做储存。电池则选用与 E-420 及 E620 及相同的 1150mAh 电量，能输出 7.8Wh 的充电电池足够长时间使用 Live View 取景预视。

Olympus E-P1 取景器实拍效果

Live View 预视构图画面

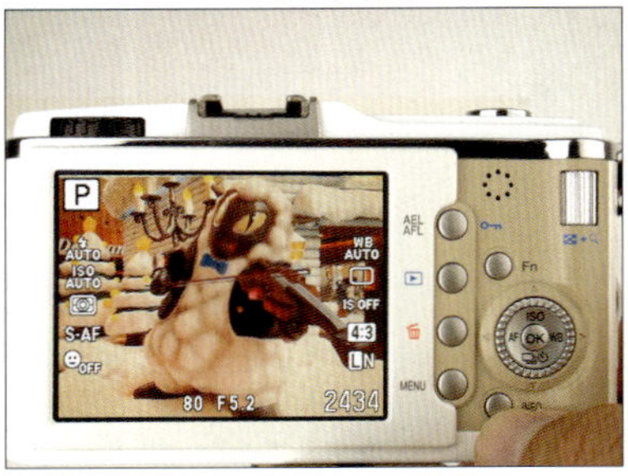

▲只要按下机背的 INFO 就能够转换显示模式。

▲曝光分布图模式

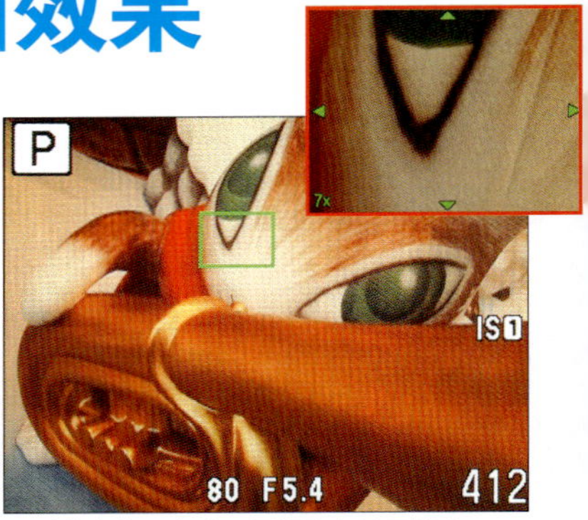

▲对焦点位置自选及局部放大显示模式

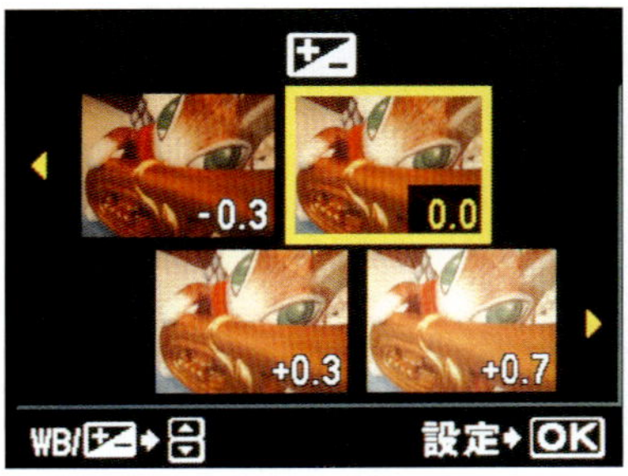

▲曝光／白平衡效果预视模式

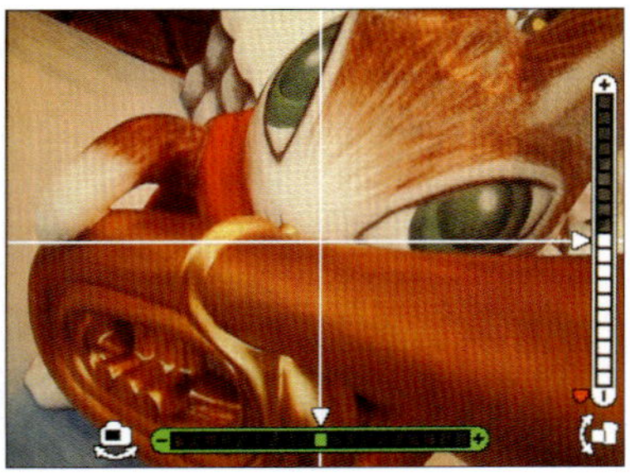

▲双轴电子水平仪显示模式

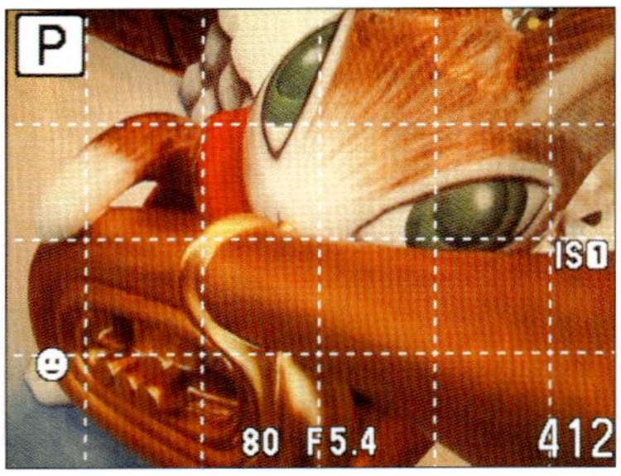

▲网格辅助模式

拍摄功能设定画面

◀在待机模式中，按下「OK键」进入。

◀再按「INFO键」就能转换为如E-30等D-SLR相同的设定选择界面。

影片模式画面

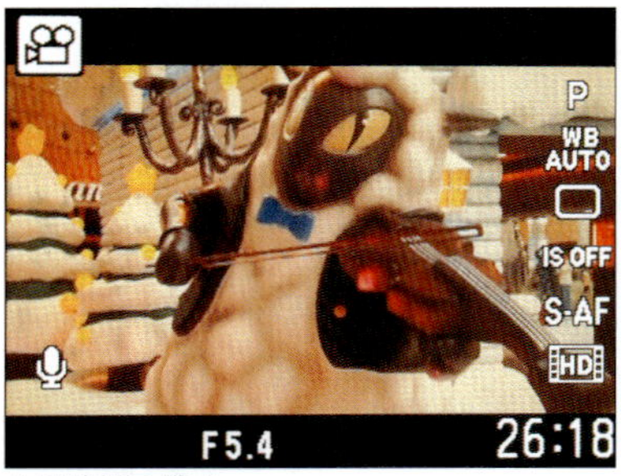

▲影片摄录模式

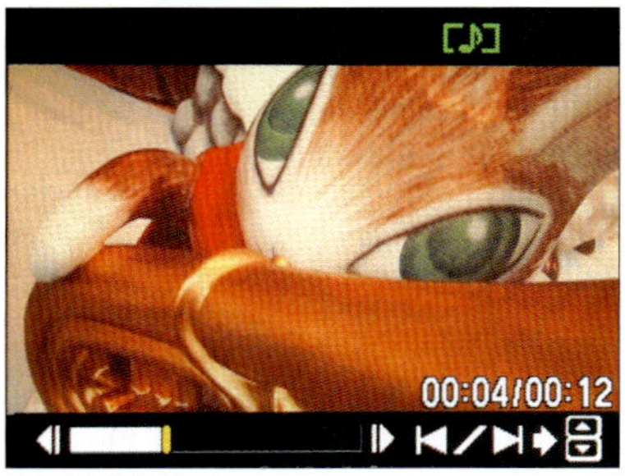

▲影片播放模式

效果使用模式画面

▲ SCN 场景自动模式

▲ Art filter 数码滤镜应用模式

目录界面

▲一般拍摄设定

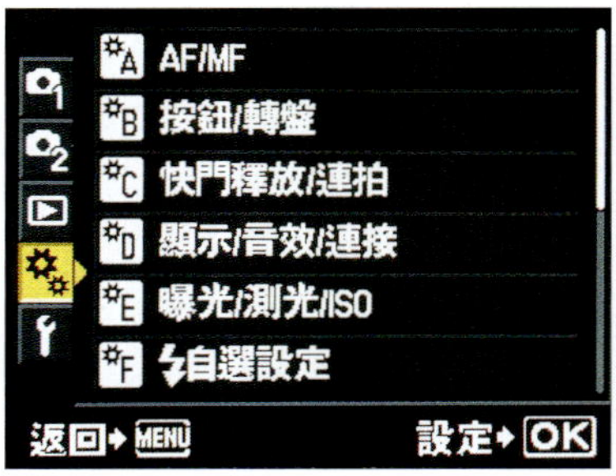

▲自定义功能设定

经历 50 年时光
带起民用摄影辉煌时代

故事要由 1950 年开始说起，以当时日本的国民生活水平，要买下一部拍照用相机绝不便宜，一部“普通的”都要约 20,000 日元售价，令摄影长期只属于专业用途。Olympus PEN 的诞生就是冲着“6,000 日元相机”这个极高难度出发。第一代 PEN 系列的设计师 Yoshihisa Maitani 米谷美久，花了 3 年时间终于把公司交给他的重要任务完成，创造出第一部半格片幅相机——PEN 系统。

要令一部相机成本大幅减省绝不容易。米谷美久首先由缩减镜头的体积和做工成本入手，然后发现还需要作出大幅度的机身结构改动，他把流行的 36x24mm 尺寸 135 底片，只用其一半，亦即是 18x24mm，作为每次曝光的影像记录范围，令每张相片由横向变成竖向。这方法不但大大减低镜头的光学做工成本，而且令本是一卷可拍 36 张的底片，变成了可拍出 72 张。这亦是由 1956 年开始研发、在 1958 年提出、再于 1959 年正式生产，不久之后更成为日本最当红的相机之一—— Olympus PEN 的精髓灵魂所在。在针对民用市场来看，这缩减技术不但没有对 4R 至 8x10 的一般相片冲印质量有大影响，而且做到了更小巧、更便宜的摄影系统。

回顾现在，PEN 的制造原理与现代的 APS 片幅机身不谋而合，但内里实际的精神——全新的机身和镜头设计、更小巧、更便宜的做工成本，却是由 4/3 系统完全承继。初代 PEN 的成功亦令米谷美久在 Olympus 研发部门的地位和相机界的名声更高更响。之后，米谷美久更带领设计团队开发出著名的 OM 单反相机系统。

回说由 1959 年开始，由 PEN 带起的一片非单镜头反光相机（SLR），亦非单格片幅机型的热潮，在日本市场的发展相当不俗。之后更有 PEN EE、PEN EES 和 PEN D 的出现，每一部都是在基于 PEN 的原型机上，加上各项自动功能。米谷美久和其开发团队，在 1963 年亦终于推出 SLR 结构版的 PEN，型号为 PEN F，这亦是相机工业史上第一部半格片幅 SLR。这部 Pen F 不但小巧轻盈，更采用反转式钛金属快门设计（4/3 系统的 E-330 便类似这形式），加上可更换的镜头数目高达 20 支，令其受欢迎程度更上一层楼。

随着 PEN F 的成功，Olympus 便开始为传统的全手动机械式操作结构加入各种自动功能，作出一部又一部的新机型。就好像 PEN F 推出后的两年，便有了电子式运作快门及自动回卷底片的 PEN EM。于 1966 年推出的最后一部型号 PEN FT 更拥有 TTL 式自动测光，为日后接力撑起 Olympus 的名声和市场的 OM 单反相机作出极大科技研讨和创新尝试。

▲ Olympus Pen (1959 年)，基于 6,000 日元限制而创作的首代 PEN。凭 D-Zuiko 镜头及卓越的便携性和价廉性，晋身成专业摄影师的备用机。

▲ Olympus PenEE (1961 年)，加入自动曝光的 EE，不论任何人只要按下快门，已可拍出美丽相片，不过售价就涨至 10,000 日元。

▲ Olympus PenEES (1962 年)，世界首款程序控制快门。快门速度会按光暗而调节到 1/30s 或 1/250s。

▲ Olympus PenD (1962 年)，为 PEN 系列中首部顶级机。加入多项专业功能，如镜头最大光圈增大至 f/1.9，快门速度亦达 1/500s，更内置了测光表。

▲ Olympus PenF (1963 年)，世上最初半格单镜头反光机，采用反转的钛金属快门（E-330 的反光镜设计便类似 PenF 的），加上可更换镜头达 20 支，因而成为 PEN 系列的最高杰作。

▲ Olympus PenEM (1965 年)，引入电子快门设计，令曝光时间由 1/500s 至 30s 不等，加上内置自动回卷底片，为日后电子相机定下新标准。

▲ Olympus PenFT (1966 年)，在 Pen F 基础上发展出来，亦是最后一部 PEN 系列作品，除了内置自拍功能外，更加入 TTL 测光表，令曝光更准确。

▲ Olympus Pen E-P1 和 E-P2 (2009 年)，继承 50 年前的 PEN 的外型和名义，加入全新 Micro 4/3 系统设计和大量新功能、新科技，作为新时代的转生之作推出。

精彩 PEN Story 短片网上看 http://www.youtube.com/user/PENStory

Olympus PEN E-P1 技术特点

大刀阔斧

就好像 1959 年推出的初代 PEN，E-P1 和 Micro 4/3 系统的出现，都是设计人员经过深思熟虑之后，来个大刀阔斧而成。E-P1 的构造把 SLR 相机的命脉心脏——反光镜箱和五棱镜省去，把预视、测光、AF 等功能，全部交给数码相机的新灵魂核心——感光元件及处理器。加上由 Olympus 创先在 D-SLR 上开始使用的 Live View 功能，全新的 PEN 系列首作，E-P1 便是这样诞生。

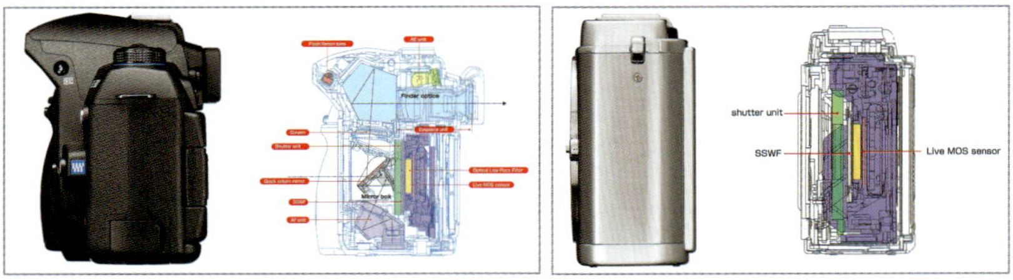

▲从外观和结构图的侧面观看，E-P1 比同门 D-SLR E-30 减省了对 SLR 非常重要的反光镜和五棱镜取景器。同时间，亦令 E-P1 的体积、厚度和重量都大大下降了。

糅合艺术的最新科技结晶

先不说 E-P1 的各项先进功能，从外观细看，已深感到它的定位和制造目标，绝不只想提供一部"轻便一点的相机"而已。机身由精制金属包围着，而且外型仿照有 50 年历史的 PenF，E-P1 的登场可谓艳压群芳。除了有充满传统味道的银色机身黑色皮革外，伴随推出的还有白色机身香喷金皮革款式选择。一银一白的设计，同时照顾了男性和女性的口味。加上原厂和副厂数不胜数的美化配件，只要有心为手上的 E-P1 打扮，都能令它变得与别不同。

▲ E-P1 以古典优美的造形，把 50 年前 Olympus 的经典在数码年代再次重现。

▲原厂已为新 PEN 提供了不同颜色的皮革底套、相机带和镜头盖子。

▲除了原厂，不少民间"补品"是 PEN 用户喜爱选购的，而且以手造的最受欢迎。

高质数码影像撷取

由外进入内，先是拆去镜头便能看见的一枚 1,230 万像素高速 Live MOS 感光元件，虽然 Micro 4/3 系统明显比 4/3 系统纤薄，但感光元件的尺寸却没有因此而减少，依然是 4/3 英寸设计。除了能输出足够打印 A4 或更大尺寸的 RAW 档或 JPEG 相片文件外，在影片摄录上亦提供了 1280 x 720 解像度 .AVI 输出，符合高清影片格式。不论是动或是静的影像，都必需经过全机核心的 TruePic V 影像处理器加工。不单提供 ISO 100 至 ISO 6400 的感光度选择外，还有各项的影像优化，例如 ART FILTER、影像效果模式和优化功能。

▲ E-P1 使用的一枚 1,230 万像素高速 Live MOS 感光元件，不但符合 4/3 系统的标准尺寸，而且属于目前最高像素型号。

▲为了提供全时的 Live View 画面处理、由 ISO 100 至 ISO 6400 的广阔感光度选择和高速 AF 效能，E-P1 用上一组由 TruePic V 处理器作核心的处理模组。

影像优化硬件装备

E-P1 秉承 Olympus 数码机身一贯使用的 SSWF 电子除尘装置和 i.S. 感光元件偏移防震装置，两者都为 E-P1 的高质量影像输出负起重要工作。尤其是能够补偿 4 级快门防震的 i.S. 系统，在 Live View 的常见远距离手持姿势和晚间拍照上，都负起十分重要的作用。

▲位于 E-P1 的感光元件四周，不但设有 SSWF 电子除尘装置，而且整个模组被 i.S. 防震系统包围和浮动。

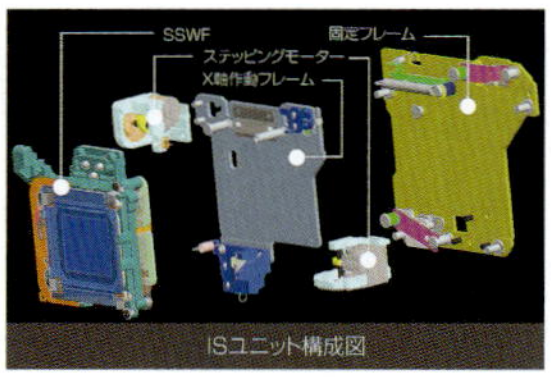

▲ i.S. 防震系统主要控制感光元件连同前面除尘低通滤镜，在感应震动时候整个组件作出相应的移动，借此抵销影像光线的偏差模糊。

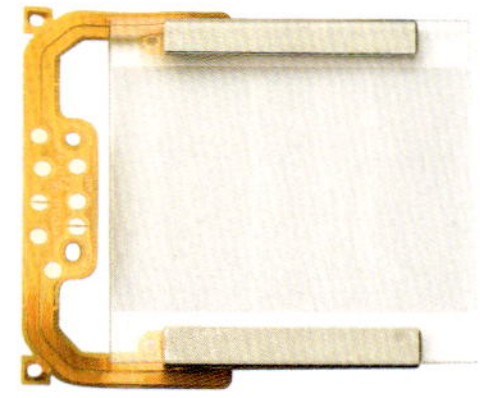
▲虽然 SSWF 除尘装置十分小巧，但已足够释出每秒 3 万次的超声波震动，让黏附在低通滤镜的尘埃一一脱落，让影像更洁净。

多用途辅助配件

除了美化用的外观配件，伴随 E-P1 推出的还有多项实用功能配件。首推的必是全新设计的 M.ZD 系列镜头，不但外型完全与 E-P1 柜称相衬，而且不再有反光镜的阻隔，令镜头镜片更贴近感光元件，令光学设计和效果更胜以前。除了 M4/3 系列镜头外，只要加装合适的转接环，E-P1 一样能够使用以往的大型和专业 4/3 镜头，做出各种所需效果。而且还有原厂和副厂推出的转接环能对应不同系列的手动中古镜头，如 OM、徕卡或卡尔 • 蔡司 ...... 虽然 E-P1 没有内置闪光灯，但机顶上的热靴支持全自动预闪式 TTL 闪光系统，要作出准确和全自动的闪光效果，绝非难事。

预计 2010 年中推出

17mm 14-42mm 9-18mm 14-150mm

▲虽然暂时市面只有两款直用专属 M4/3 M.ZD 镜头，但不久的将来便有更多不同类型和效果的 M.ZD 镜头推出。

◀只要装上 MMF-1 就能够在 E-PEN 上使用各式旧有 4/3 系统 ZD 镜头。换上 MF-2 后，更能够用上已停产多时的 OM 135 格式手动镜头。坊间更有不少副厂推出的转接环，让 E-PEN 能顺利接上各个牌子的手动镜头，如徕卡、卡尔 • 蔡司或尼康 ......

▲透过机顶热靴的数个电子接点，让 E-PEN 接驳各个新 E 系统对应自动闪光灯，不但有和 E-P1 同时推出的小巧 FL-14，还有旧有专业大功率 FL-50R。

富趣味性艺术效果

为了令本是寻常效果的 PEN，变得更吸引和更有创造性，加入 6 款新 ART FILTER 数码艺术滤镜功能，只要简单的设定步骤，就能把常见平凡的影像，变得更具独特性。当中以柔焦效果最受女性拍摄者欢迎，黑白粗粒子效果更可带出男性的刚阳和力量的感觉。这些效果更可以在影片拍摄模式中继续使用，为影片增添更多趣味。

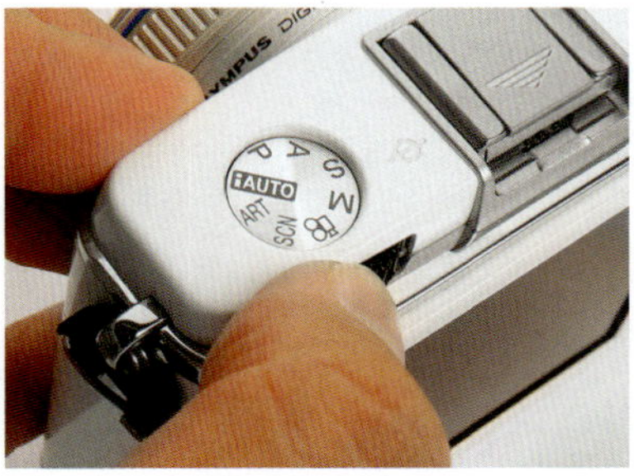

▲简单扭动机顶的模式转盘为 ART（ART FILTER）后，便能在 6 种效果明显和吸引的模式中，选择一个为平常影像添加艺术感觉。柔焦效果和黑白粗粒子效果更是女性和男性各自最喜爱的效果。

▲ E-P1 的 ART FILTER 不但能应用于相片拍摄中，在影片模式中同样能选用。但要小心当选用了后，便会失去 A 光圈先决所带来的影片景深控制能力，带有效果的影片亦会有一定程度的流畅度不足现象。

初学者也能一试便懂

若未懂得什么是 PASM 和光圈快门，iAUTO 和多达 19 种 SCN 场景模式都是入门用户获得最佳效果的门路。即使面对高反差，大光大暗或想做出更有情调的非主流效果，灰阶控制和阴影补偿功能，都只是一个设定便能运用的初学者窍门。

▲ E-P1 的影像效果拍摄模式提供了与其他专业 D-SLR 一样的 5 种影像属性效果，只要分析面前景物特性，选好模式，便能自动调节影像的各项参数设定，做出更富情调和更佳的拍摄效果。

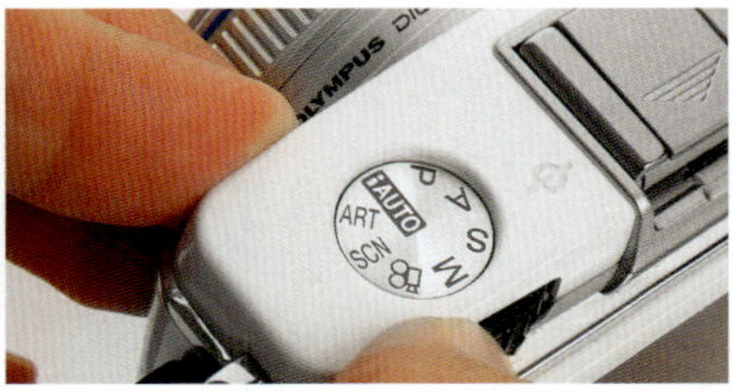

▲对于初尝拍摄的初入门人士，模式转盘中已设有 SCN 场景模式，只要拍摄前先拣选合适的，就能交给机身把最佳效果和最佳设计加在影像之上。

Olympus E–P2 测试与分析

测试解说 | 请翻至 P.16 之详细测试设定解释

色彩与自动白平衡控制测试

测试器材 | Olympus E-P1 + M.ZUIKO DIGITAL 17mm f/2.8

户外阳光下

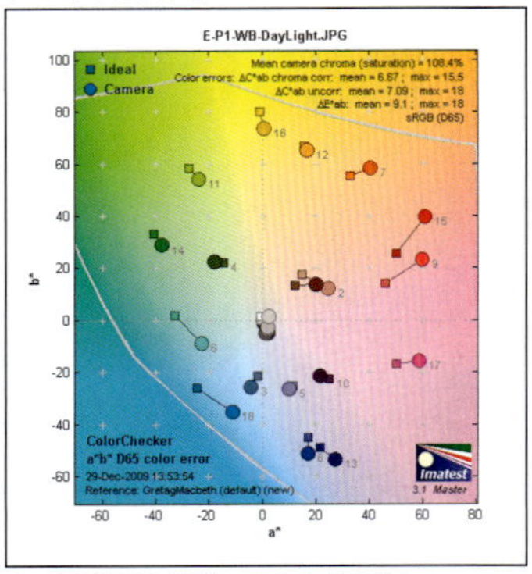

▲ 色彩平均偏差：6.67（正常）
色彩平均饱和度：108.4%（轻微偏浓）

室内商场中

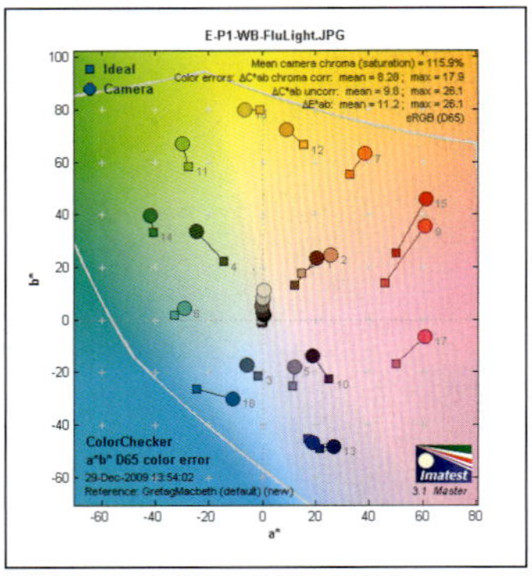

▲ 色彩平均偏差：8.28（正常）
色彩平均饱和度：115.9%（偏浓）

餐厅灯光下

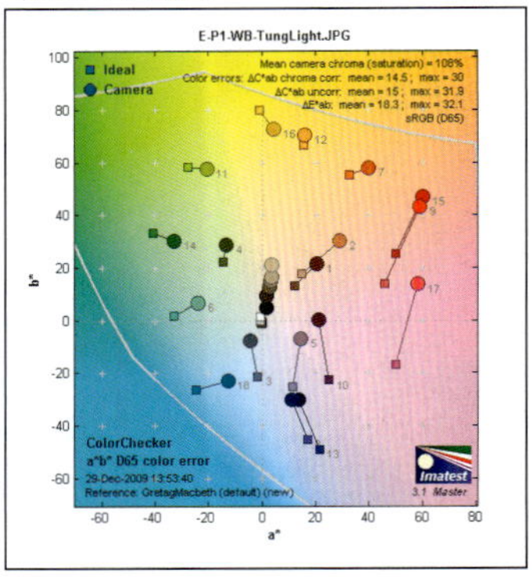

▲ 色彩平均偏差：14.5（明显偏色）
色彩平均饱和度：108.9%（轻微偏浓）

测试分析

以三种不同环境所拍下的测试影像和分析结果，可看到 E-P1 的自动白平衡系统表现出色和准确。就户外和室内的效果，E-P1 的影像普偏较为色浓和丰富。虽然面对大部分数码相机都能会出现严重偏色的暖黄钨丝灯环境，同样出现明显的偏色现象，但效果已属不俗。

自动对焦系统效能测试

测试器材 | Olympus E-P1 + M.ZUIKO DIGITAL 17mm f/2.8 + M.ZUIKO DIGITAL ED 14-42mm f/3.5-5.6

Live View 数码对比度侦测系统

使用 M.ZUIKO DIGITAL 17mm f/2.8 拍摄（**最大光圈为 f/2.8**）						
环境亮度	EV -3	EV -2.5	EV -2	EV -1.5	EV -1	EV -0.5
成功次数	0	0	2	5	5	5

使用 M.ZUIKO DIGITAL ED 14-42mm f/3.5-5.6（**@42mm，最大光圈为 f/5.6**）						
环境亮度	EV -1	EV -0.5	EV 0	EV +0.5	EV +1	EV +1.5
成功次数	0	1	4	5	5	5

测试分析

基于 E-P1 完全使用 Live View 的预视和 AF 系统，所以不论任何位置的 AF 效果都是相约，没有 D-SLR 的光学 AF 系统的中央强过边缘现象。当使用目前最大光圈的 Mirco4/3 专用 M.ZD 镜头，并以 f/2.8 光圈对焦时，能做出 EV -1.5 的最暗全对工作条件，但在照度轻微低于这个水平，亦有发生过数次能够合焦的成绩。当转用光圈只有 f/5.6 的镜头时，便需要加大环境照度至 EV +0.5 才能成功全部合焦。虽然两支镜头的成绩相差约 2 级（EV）亮度，但都足够日常的拍摄需要。

解像力变化测试

测试器材 | Olympus E-P1 + M.ZUIKO DIGITAL 17mm f/2.8

感光度	ISO 100	ISO 200	ISO 400	ISO 800	ISO 1600	ISO 3200	ISO 6400
解像力得分 *	2176	2159	2093	2087	1900	1846	1082
与 ISO 100 的得分差距		–1%	–4%	–4%	–13%	–15%	–50%

* 数值为 Imatest 分析结果，单位为 LW/PH，分数愈高为愈好

测试分析

从电脑软件分析的测试结果，可看到 E-P2 当使用 ISO 100 时，所得的解像力得分最高，当感光度一直递升的同时，因噪声的出现愈多愈大，自动 NR 功能亦愈来愈强亦令解像力愈来愈低。使用最高感光度时，更出现下跌 50% 的结果。

感光度噪声 4R 小尺寸相片模拟打印效果测试

测试器材 | Olympus E-P1 + M.ZUIKO DIGITAL ED 14-42mm f/3.5-5.6

▲把各设定下的影像以 **672dpi 输入密度**打印成约 4 英寸 x 6 英寸的 4R 相片，然后陈列拼贴各图中约 2.8cm x 2.8cm 的裁放范围比较。

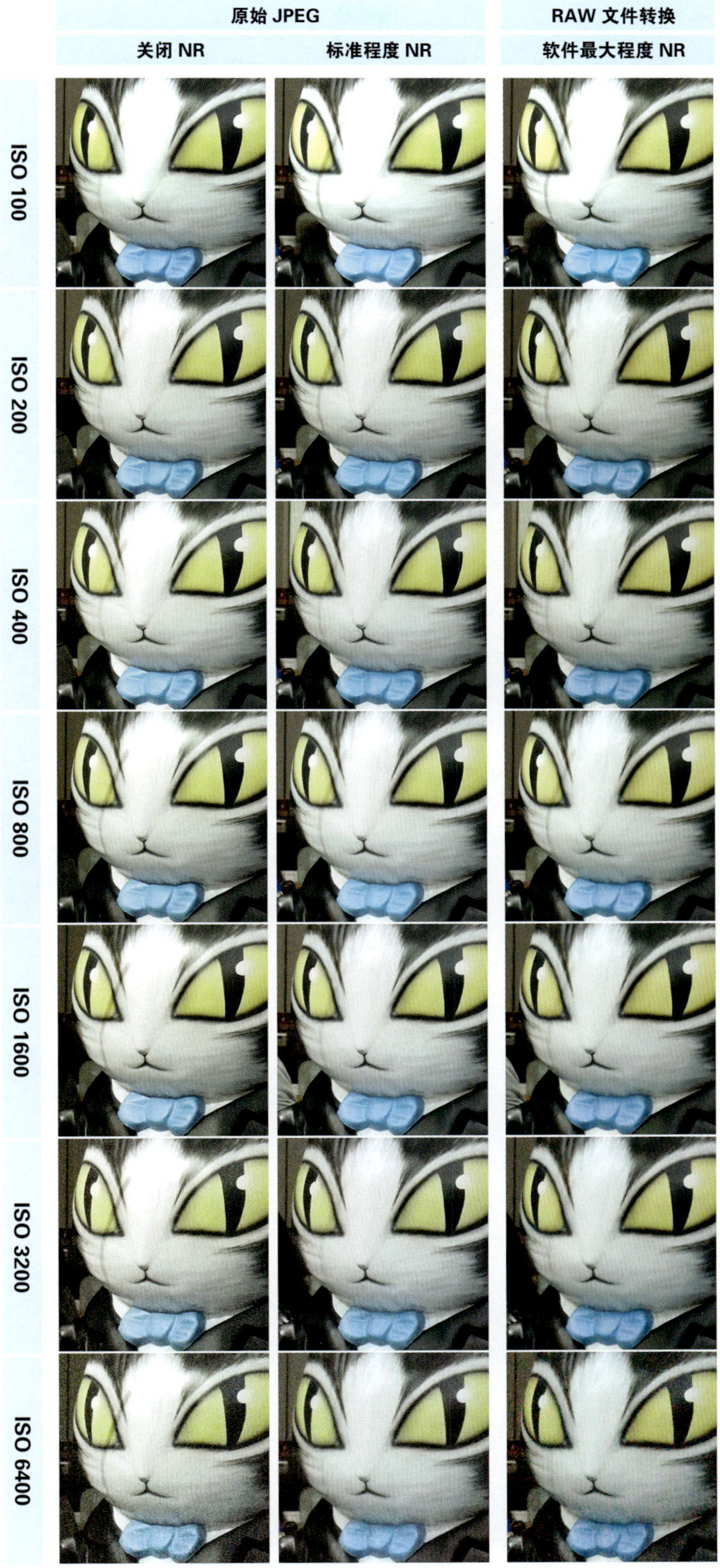

测试分析

从测试效果可看到当模拟输出至小尺寸，如测试中的 4R 或在网络上载的 1024x768 墙纸尺寸，E-P1 的噪声即使在极高的 ISO 3200 都不容易看到颗粒。只要开启及使用预设的噪声过滤（NR 功能），就能连 ISO 6400 的都可以接受，而且不易看出锐度的下降。

感光度噪声 A4 大尺寸相片模拟打印效果测试

测试器材 | Olympus E-P1 + M.ZUIKO DIGITAL ED 14-42mm f/3.5-5.6

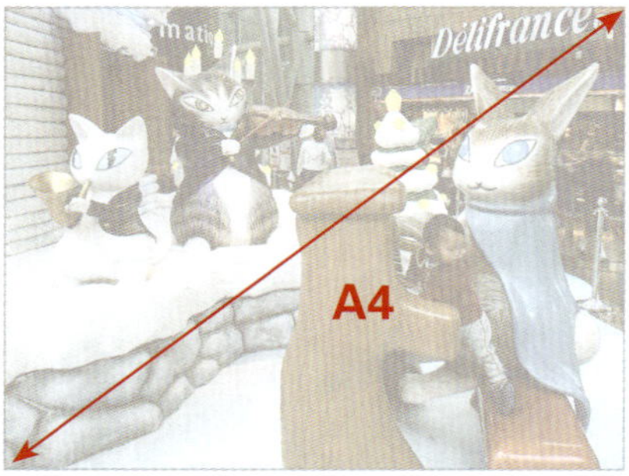

▲把各设定下的影像以 **345dpi 输入密度**打印成约 21cm x 29.7cm 的 A4 相片，然后陈列拼贴各图中约 2.8cm x 2.8cm 的裁放范围比较。

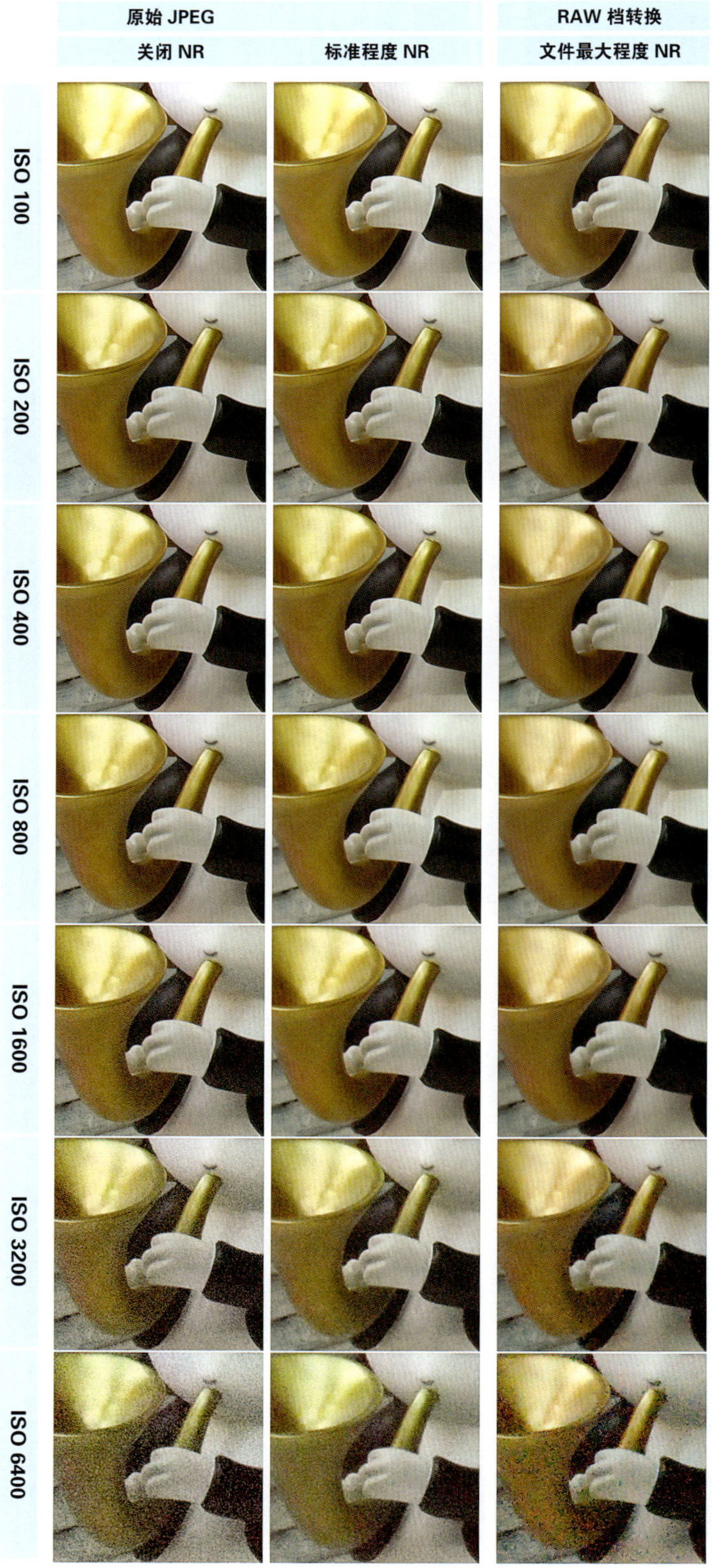

测试分析

从测试效果可看到当模拟输出至较大尺寸时，如测试中的 A4 相片格式，E-P1 的噪声出现便会明显不少，若关闭 NR 功能，即使是 ISO 1600 已有明显的噪声颗粒出现。开启了及使用着预设的噪声过滤（NR 功能）程度时，虽然能令噪声颗粒的出现推迟至约 ISO 3200 才较易发现，但明显看到在 ISO 1600 后的锐度有所下降。

Olympus E-P1 性能参数

机身卡口	Micro 4/3 系统
可使用镜头	4/3 系列（需转接环）、Micro 4/3 系列
感光元件	17.3 × 13mm Live MOS
焦距转换率	2X
有效像素	1,230 万
相片最高解像度	4032 × 3024
感光度	ISO 100 - ISO 6400
快门速度	60-1/4000 秒
最高闪灯同步快门速度	1/180 秒
对焦系统类型	Live View 对比度侦测
闪光灯系统	外接热靴闪光灯
测光模式	数码侦测：智能多区（144 区）、中央偏重、重点（约 2.7% 画面面积）
连拍模式	每秒 3 张 / 每秒 2 张，最多连拍 7 张 RAW/RAW+JPEG 及无限 JPEG
影片拍摄模式	P、A、6 种 ART FILTER 模式
影片档案格式	Motion JPEG（.AVI）
影片控制模式	全自动、景深先决模式

影片解像度	1280×720@30fps，640×480@30fps
音效收录模式	内置立体声收音 MIC
取景模式	外置光学取景器（另购）、内置 LCD Live View
LCD 显示屏	3 英寸固定式 23 万像素
除尘系统	有
防震系统	感光元件位置偏移补偿式
防震级数	4 级快门速度
机身储存媒体	SD/SDHC
传输界面	USB 2.0 High Speed
影音端子	Mini-HDMI、传统复合式端子
电源	BLS-1 锂离子充电电池（1150mAh、8.3Wh）
体积	约 120.5 × 70 × 35mm
净重	约 335g

编辑述评 Olympus E-P1

男生尊享

在比较 E-P1 和 E-P2 的时候，本人发现一件有趣事，就是没有深层的追踪追焦 AF Tacking 和 M 全手动影片操作功能的 E-P1，虽然很容易就找到全白色版本，但全黑版却不曾一见；而功能更强的 E-P2，一推出便已有全黑色的。这会否意味着，品牌方面希望以功能简化的白色 E-P1 来吸引高贵的女性买家，功能强大的黑色 E-P2 便用来吸引酷酷的男性用户呢？不论市场策略如何，但 E-P1 和 E-P2 上下两路（售价）夹攻，在市场占有率的争夺战中十分有效。

对于希望入手两部 Micro 4/3 PEN 的用户，十居其九都会选择连镜套装，但如何选择好呢？两款套装镜，各有特色。先是那支小巧可爱的饼镜，体积和做工真的与两机十分相称，奈何只有 f/2.8 光圈，却不到 f/1.4-f/2 的超大光圈级数。不过其 17mm 焦距（35mm 相对焦距）效果，十分适合单手举机自拍双人合照，裁位和范围刚刚好。但始终只是 f/2.8，与 14-45mm 变焦镜的广角最大光圈 f/3.5 相差很少，在阴暗环境和景深处理上相差不大。说到这支变焦镜，虽然构图有弹性，但其镜身设计，从伸出的镜筒和镜片大小估计当有更微型的 AF 马达科技，便可以造得更小。所以本人的建议是两支都要，但套装的选择决定，便基于是否需要或想要那个适用于 17mm“饼镜”的外置取景器。要便选择饼镜套装再另加变焦镜；如果不要，便选变焦镜套装再另加饼镜，会划算一点。

耐用度：	★★★★★	拍摄功能：	★★★★	Live View AF 系统：	★★★★
便携性：	★★★★★	噪声控制：	★★★★	影片画质：	★★★★
外型吸引度：	★★★★★	色彩与白平衡：	★★★★★		
专业度：	★★★★	光学 AF 系统：	不适用		

酷·男

Olympus PENE-P2

作为第一部Mirco4/3的PEN，E-P1于2009年6月出生，无疑成功做到“在市场上抢滩”的效果，加上各方的宣传效果，令其复古、简约、贵气的形象深入民心。但在科技制程上，总是“愈迟愈先进”，别家的GF1推出后，令不少候任用户都在盘算在两机的功能上。品牌便把更完美的电子功能赋于包装在传统外型中的PEN E-P2之上，更形成上下两路夹攻GF1的局面，希望吸纳不同预算的用户。只是相隔5个月的时间，便出现了第二代的E-P2。它以极具霸气的“黑金”造形，旋即成为男友们的至爱。

Gallery of Olympus E-P2

拍摄者：Sam YAU
机身：Olympus E-P2
镜头：Olympus M.ZUIKO DIGITAL 17mm f/2.8
光圈：f/2.8
快门：1/800 秒
感光度：ISO 400
白平衡：Auto WB
影像效果模式：VIVID
镜头焦距：17mm
相对焦距：34mm

Olympus PEN E-P2 机身设计

CHECK POINTS

- Micro 4/3 制式
- 无手柄纤薄古典设计
- 1,230 万像素
- 720p 立体声影片
- ISO 100 至 ISO 6400
- 4 级机身防震
- 3 英寸 LCD
- 外接 144 万色点 EVF
- 双轴电子水平仪
- SD/SDHC 记忆卡储存
- 339g 超轻巧重量

ray! 参考售价：
14–42 镜头套装：7199 元
17 镜头 / VF–2 电子取景器套装：7399 元
请致电：4006–987–666
* 资料由锐意于 2010 年 10 月 15 日提供

▲E-P2 的全黑机身外型，使用了大量发丝纹处理，加上手握部分用上了防滑真皮，予人高贵、成熟和耐用的感觉。

▲E-P2 的三大内部进步，分别是加入两款全新 ART FILTER 效果、M 全手动影片操作及追踪 AF 功能。

▲为了配合 E-P2 的全黑造形，套装的 M.ZUIKO DIGITAL ED 14-42mm f/3.5-5.6 镜头同样配以黑色版本。

▲拔去随机附送的特别形状热靴护盖，就会看到 E-P2 的新增组件连接口，同时支持外接电子取景器 EVF 和收音 MIC 接口。

▲E-P2 专用 EVF —— VF-2，不但拥有 144 万色点超高密度显示，而且可以作出最高 90° 的垂直扭动。

▲E-P2 的机身与 E-P1 一样使用了大量金属制造，SD/SDHC 记忆卡位置和电池型号同样不变。

Olympus PEN E-P2

Screen of Live View 预视构图画面

▲只要按下机背的 INFO 就能够转换显示模式。

▲曝光分布图模式

▲自选对焦点位置及局部放大显示模式

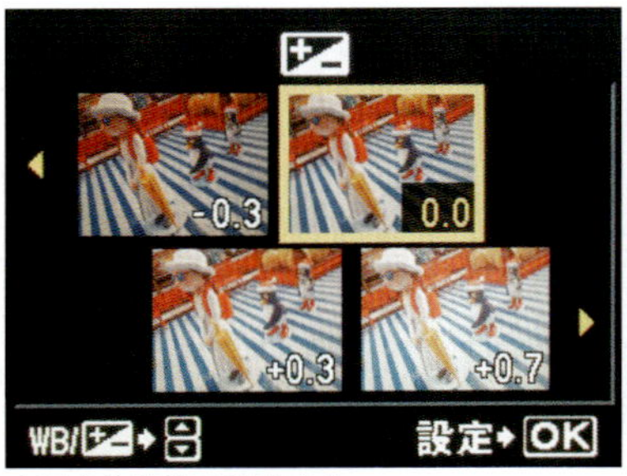

▲曝光偏移效果预视模式

▲网格辅助模式

▲双轴电子水平仪显示模式

拍摄功能设定画面

▲在待机模式中，按下「OK 键」进入。

▲再按「INFO 键」就能转换为如 E-30 等 D-SLR 相同的惯常设定选择介面。

影片模式画面

▲影片摄录模式

▲影片播放模式

效果使用模式画面

▲ SCN 场景自动模式

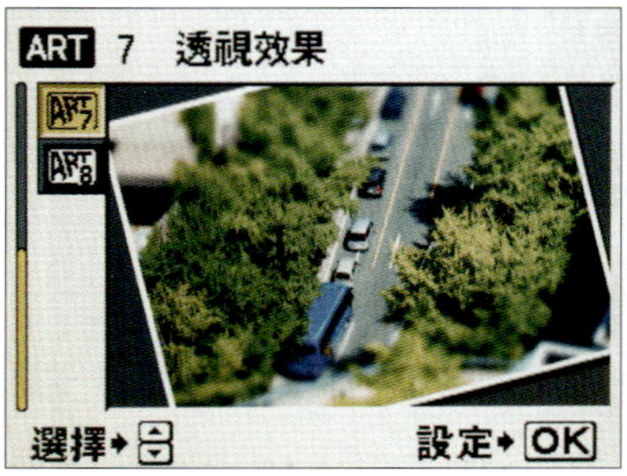

▲ Art filter 数码滤镜应用模式

目录界面

▲一般拍摄设定

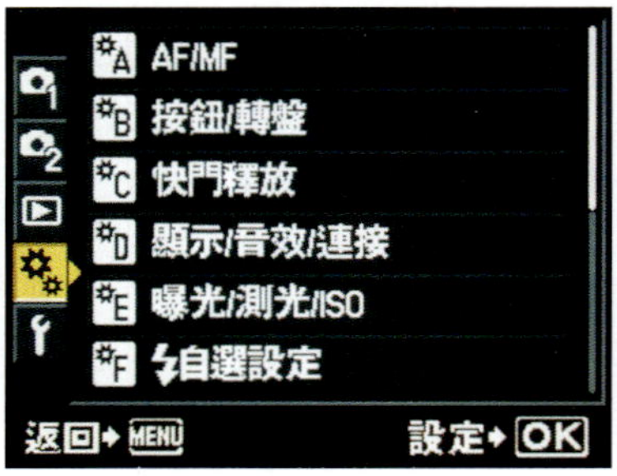

▲自定义功能设定

Olympus PEN E-P2 技术特点

小巧质高

凭着 Micro 4/3 系统的无镜箱设定，虽然令 E-P2 的体积大大缩小了，但内里使用的感光元件部件，和大型旗舰级 D-SLR —— E-3 都是同等的 4/3 制式，亦提供了 1,230 万像素影像输出，在打印 A4 至 A3 的大幅面相片时比小巧的 DC 有更优秀效果。透过一组 TruePic V 影像处理器，E-P2 不但能输出“原味”的 RAW 及多种压缩程度的 JPEG 文件的能力，而且能以 1280x720 和每秒 30 帧的高清格式录制长时间的 .AVI 影片。Olympus 数码机身一贯使用的 SSWF 电子除尘装置和 i.S. 感光元件偏移防震装置，亦为 E-P2 的高质量影像输出负起重要工作。尤其是能补偿 4 级快门防震的 i.S. 系统，在手持摄录影片和晚间拍照时，表现都十分明显。加上 E-P2 支持的多种镜头系列，令用户的创作空间更加广泛。

▲受惠于 Mirco 4/3 系统的无镜箱设计，E-P2 的机身能造得比 D-SLR 纤薄很多很多。麻雀虽小五脏俱全，内里仍然装置了大量高科技电子组件。

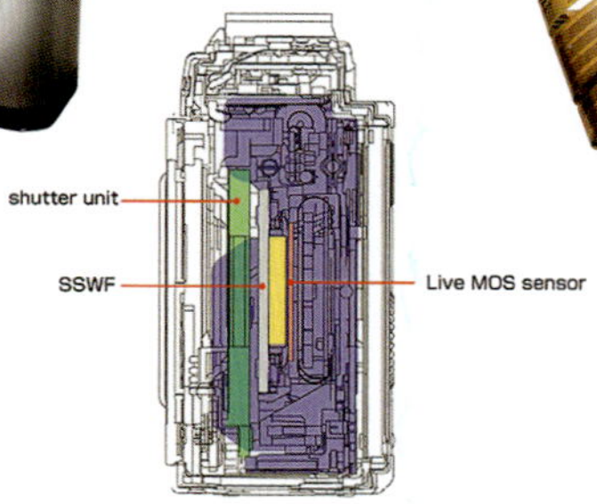

◀ E-P2 的高速 Live MOS 感光元件，与 E-30、E-620 和 E-P1 的同样是 1,230 万像素的最顶级 4/3 型号。

▶ 因为 Live View 是 Mirco 4/3 机身的主要运作系统，所以 E-P2 的 TruePic V 处理器必需提供全时高流量处理能力。

▲ E-P2 不但继续提供 1280x720@30fps 的高清影片格式外，还在 E-P1 已有的 P 自动和 A 光圈先决上，加入 M 全手动影片控制能力，能手动控制光圈、快门和感光度的选择。

▲和 E-P1 一样，一般情况下只会看到 E-P2 的卡口内出现一整块外露的感光元件，只有在拍摄的一刻，快门帘幕才会降下再打开，实现曝光计时。

▲在感光元件的整个组件上，已设有能释出高频率超声波的 SSWF 除尘系统，把粘附在低通滤镜上的尘埃震落。

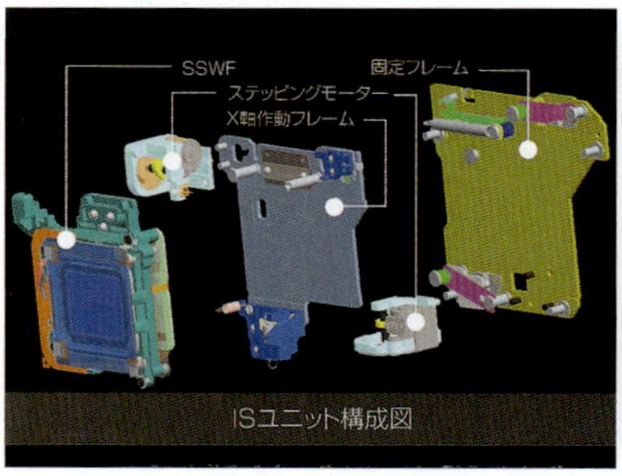

▲除了 SSWF，Olympus 的自家 i.S. 防震组件亦与 E-P2 的感光元件相连，提供能补偿 4 级快门速度的效果。

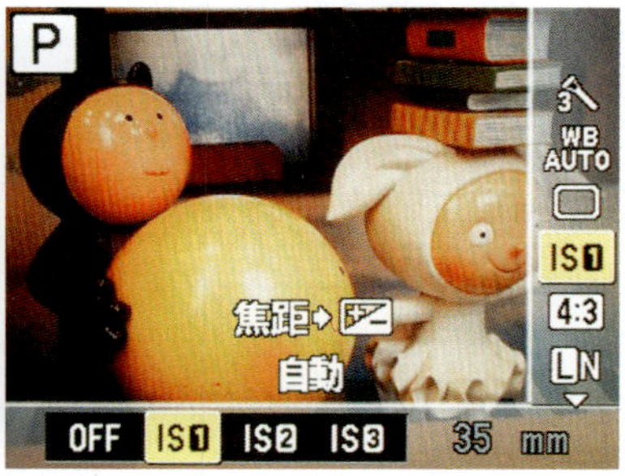

▲防震模式亦设有三种，一般拍摄下使用的 Mode 1 能自动感应上下左右方向的震动作出补偿，Mode 2 和 Mode 3 则分别纠正上下或左右摇镜（Pan 镜）的动作使用。

崭新影像艺术创造效果

为了令拿着PEN的用户不单有姿势和有形外，还可以随意做出艺术级的影像，令人和机都充满内涵。设计人员基于同门D-SLR原有的5种影像属性效果上，加入新模式i-ENHANCE的选择。亦于E-P1上已沿用的6款ART FILTER数码艺术滤镜上，加入以往只出现在大画幅机身加上移轴镜头，才能拥有的超短浅景深效果，做出模拟拍摄模型般的透视效果。E-P2上亦加入时下流行的正片负冲（E冲C）的效果。加上专业人士爱用的各种影像优化功能，如针对光暗效果的灰阶控制和解决明暗反差太强的阴影补偿功能，只要配合适合的景物和场合，要拍出有别于他人的独特效果，已无什么难度。

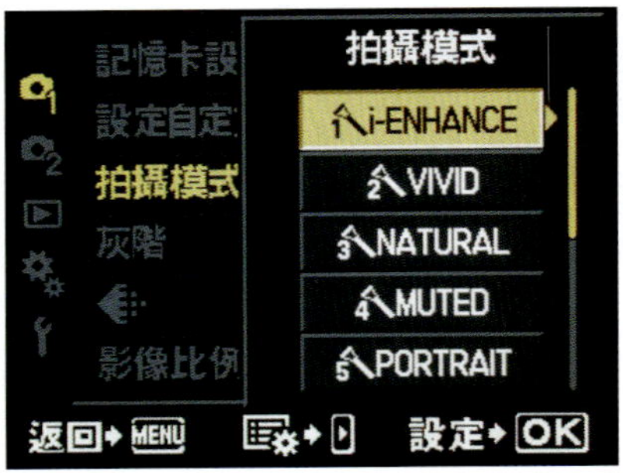

▲E-P2的拍摄模式除了提供与其他同门D-SLR一样的5种影像属性效果外，还加入新模式i-ENHANCE。它能分析面前的景物，再自动调节影像的各项参数设定，做出更富情调和更佳的拍摄效果。

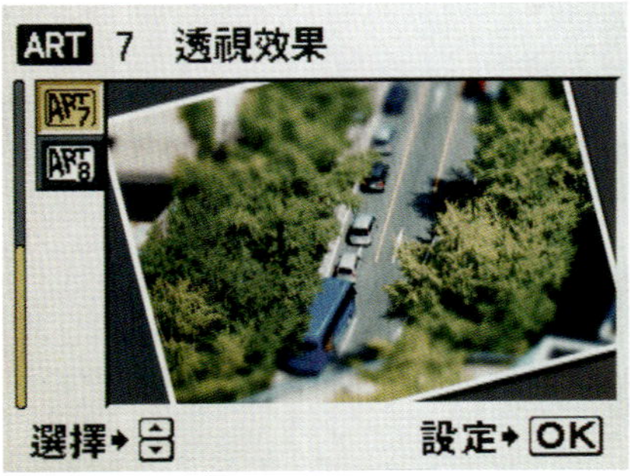

▲只要简单转动机顶的模式转盘为ART（ART FILTER）后，便能轻易选用各种影像效果，最为特别的是新增了E-P1所没有的模拟拍摄细小模型般的透视效果和由Lomo相机带起的E冲C正片负冲效果。

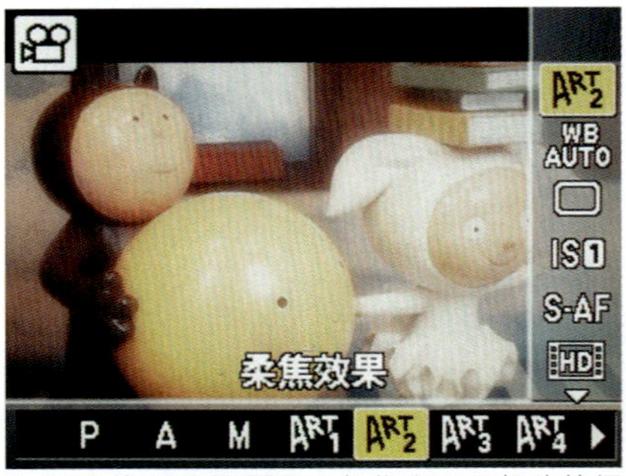

▲E-P2的ART FILTER不但能应用于相片拍摄中，在影片模式中同样能选用。但当选用了ART FILTER后便会失去M手动拍片控制功能，影片流畅度亦会受到一定程度影响。

▲对于不善拍摄的初入门人士，E-P2的模式转盘中已设有SCN场景模式，只要拍摄前先挑选合适的，如能令面部肌肤变得幼滑的完美人像和突显高级餐馆用膳时的气氛情调。

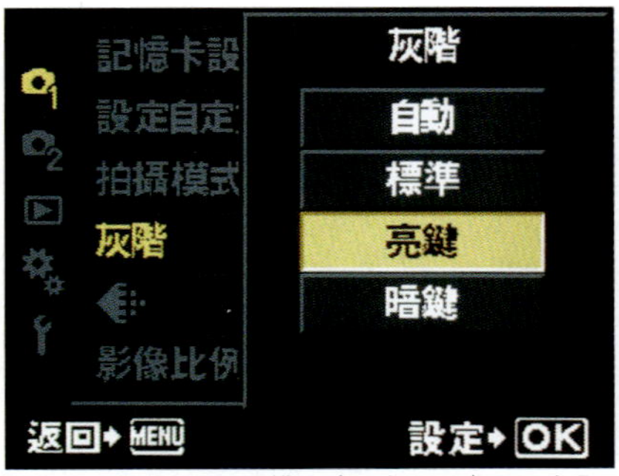

▲除了使用SCN场景模式外，专业用者只要在P、A、S、M模式中更改目录中的灰阶效果，就可以拍出高调明亮的效果或低调黑漆的气氛。

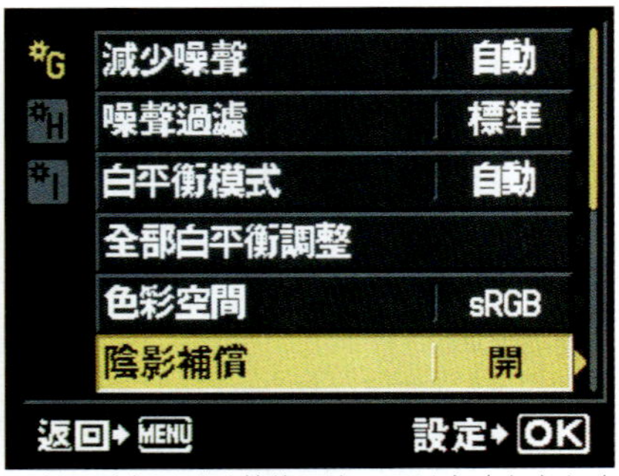

▲当面对有强烈反差的环境，可以启动自定义功能目录中的阴影补偿，针对阴暗的部分作出亮度优化。

全新拍摄辅助功能

正因为 E-P1 是 Olympus 的 Mirco 4/3 系统的首作，所以大量人士，不论是已买了的、想买入的、报道和测试工程师都对其发表了多篇报道和分析，不但对它的优点大肆宣扬，亦令各用户对它的改进建议也提出了不少。用了数月时间搜集各方资料，研发人员在 E-P2 之上加入各种实用和独到的修改，制成了一部更出色的多功能拍摄机种。

首先不可不提的是在收藏在闪光灯热靴底部的一个小小电子接口，令 E-P2 能够接驳一枚全新高解像电子取景器 EVF，不但有了另一个效果更佳的观赏和操控媒介，亦令手持拍摄能更稳定和多变。同时间，这个小接口亦可改为连接外置音效输入配件，除了一般的外接定向收音 MIC 外，其他的音效输出装置同样可以经 3.5mm 接口接驳，令 E-P2 的影片有更佳的视听效果。

▲在闪光灯热靴底下，加入了一枚小小的电子接口，令 E-P2 能加装多种功能配件。

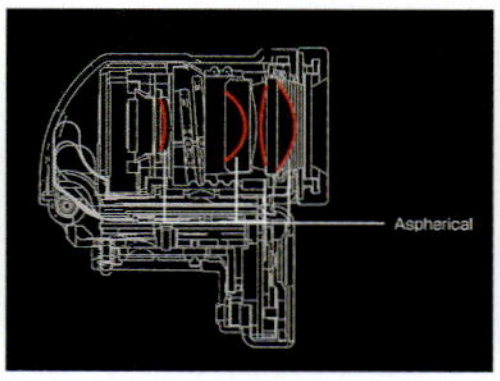

▲第一样新增的配件是电子取景器 VF-2，设有银黑两色选择。它不但是 E-P2 的第二个画面显示方案，而且密度非常之高，达 144 万色点，比机背 LCD 的效果更佳。

▲第二样支持 E-P2 配件接口的是外接音效输入装置 SEMA-1。

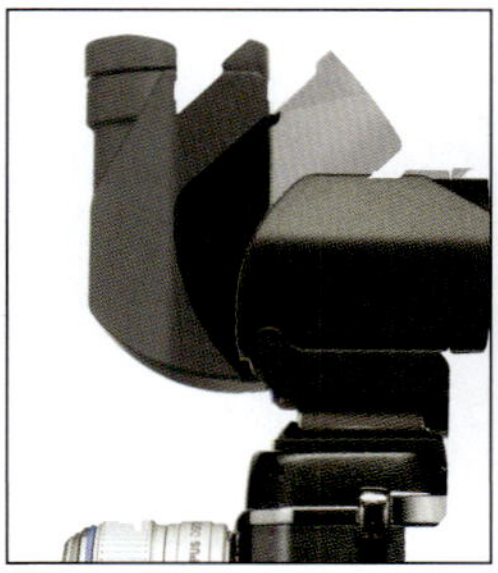

▲除了像素密度极高外，VF-2 还能够作出最大幅度的 90° 垂直扭动，令拍摄角度更富弹性。

▲装置上的 3.5mm 接口，除了能连接 SEMA-1 附随的原装收音 MIC 外，还对应各类音效输出装置，让 E-P2 能收录如会场音响或更仔细精确的定向收音 MIC。

作为一部以 Live View 作操控主导的机型，它的 AF 方法会比使用传统光学相位侦测的 D-SLR 更多变和弹性。E-P2 的 AF 功能，除了有类似 E-3 的 11 点既定位置选择外，更可以透过对焦点自由移动模式，在大部分画面中游走，加上能随时大倍率放大画面显示，要做出精细的构图和对焦控制，十分方便，尤其对于喜爱配搭旧式中古镜头的用户，10 倍预视放大和 4 级防震都是选用 E-P2 的最佳理由。即使选用新式的 M. ZD AF 镜头，E-P2 的系统亦给予了最佳的优化，就好像新加入的追踪追焦 AF Tracking 功能，只要预先锁定目标和关闭快门优先功能，就算是移动不定的被摄体，都能轻易拍下一张张对焦准确的相片。

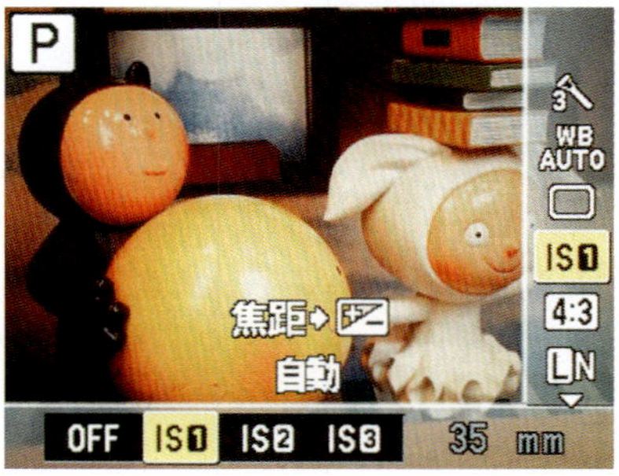

▲加上能补偿 4 级快门的 i.S. 感光元件位置偏移防震系统，即使是全机械式的中古镜头都立即享有最新防震科技的优惠。

▲当使用如 OM 或徕卡等的旧式中古镜头时，Live View 模式中的 7 倍／10 倍预视放大功能便十分有用，能把手动操作的对焦效果清晰显示。

Olympus PEN E-P2 测试与分析

测试解说 | 请翻至 P. 16 之详细测试设定解释

色彩与自动白平衡控制测试

测试器材 | Olympus E-P2 + M.ZUIKO DIGITAL 17mm f/2.8

户外阳光下

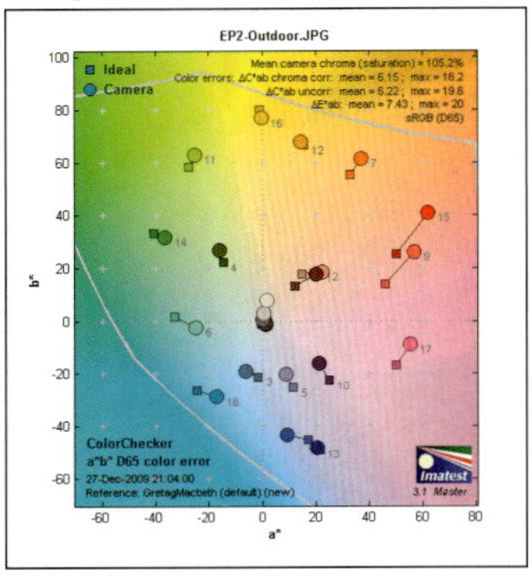

▲色彩平均偏差：6.15（正常）；色彩平均饱和度：105.2%（正常）

室内商场中

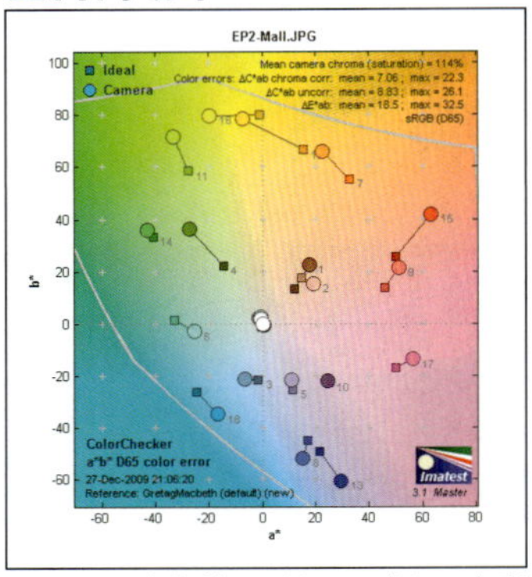

▲色彩平均偏差：7.06（正常）；色彩平均饱和度：114%（偏浓）

餐厅灯光下

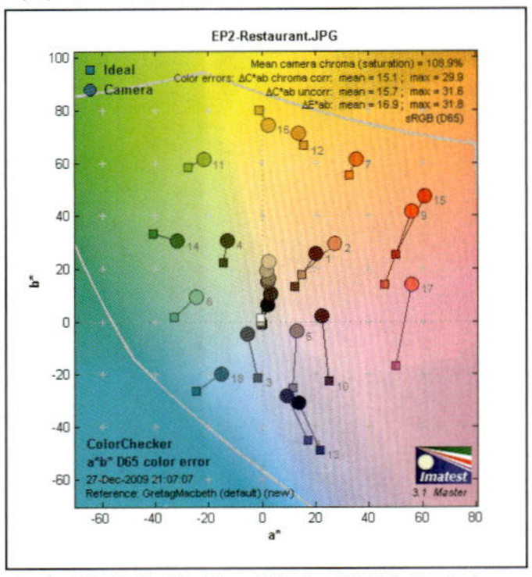

▲色彩平均偏差：15.1（明显偏色）；色彩平均饱和度：108.9%（偏浓）

测试分析

以三种不同环境所拍下的测试影像和分析结果，可看到 E-P2 的 AUTO 自动白平衡系统表现出色和准确，虽然面对大部分数码相机都不能自动纠正的暖黄钨丝灯环境，E-P2 同样出现明显的偏色现象，但因这时候的饱和度不算太高，所以偏黄现象未算严重。

自动对焦系统效能测试

测试器材 | Olympus E-P2 + M.ZUIKO DIGITAL 17mm f/2.8 + M.ZUIKO DIGITAL ED 14-42mm f/3.5-5.6

Live View 数码对比度侦测系统

使用 M.ZUIKO DIGITAL 17mm f/2.8 拍摄（**最大光圈为 f/2.8**）

环境亮度	EV -3	EV -2.5	EV -2	EV -1.5	EV -1	EV -0.5
成功次数	0	1	2	4	5	5

使用 M.ZUIKO DIGITAL ED 14-42mm f/3.5-5.6（**@42mm，最大光圈为 f/5.6**）

EV 值	EV -1	EV -0.5	EV 0	EV +0.5	EV +1	EV +1.5
成功次数	0	0	3	5	5	5

测试分析

基于 E-P2 完全使用 Live View 的预视和 AF 系统，所以不论任何位置的 AF 效果都是相仿，没有 D-SLR 的光学 AF 系统的中央强过边缘现象。当使用现时最大光圈的 Mirco 4/3 M.ZD 镜头，并以 f/2.8 光圈对焦时，能在 EV -2.5 至 EV -1.5 之间做出零星的成功合焦成果，亦做出 EV-1 的最暗全合焦工作条件。当转用光圈只有 f/5.6 的镜头时，便需要加大环境亮度至 EV +0.5，才能做出全部成功合焦。两款镜头的条件相差约 1.5 级（EV），虽然差距颇大，但都已足够在光亮的夜间如常进行拍摄。

解像力变化测试

测试器材 | Olympus E-P2 + M.ZUIKO DIGITAL 17mm f/2.8

感光度	**ISO 100**	**ISO 200**	**ISO 400**	**ISO 800**	**ISO 1600**	**ISO 3200**	**ISO 6400**
解像力得分 *	2280	2266	2247	2183	1890	1845	1081
与 ISO 100 得分差距		–1%	–1%	–4%	–17%	–19%	–53%

* 数值为 Imatest 分析结果，单位为 LW/PH，分数愈高为愈好

测试分析

从电脑软件分析的测试结果，可看到 E-P2 当使用 ISO 200 时，所得的解像力得分最高，当感光度一直递升的同时，因噪声的出现愈多愈大，亦令解像力愈来愈低。使用最高感光度时，更出现下跌 53% 的结果。

感光度噪声 4R 小尺寸相片模拟打印效果测试

测试器材 | Olympus E-P2 + M.ZUIKO DIGITAL 17mm f/2.8

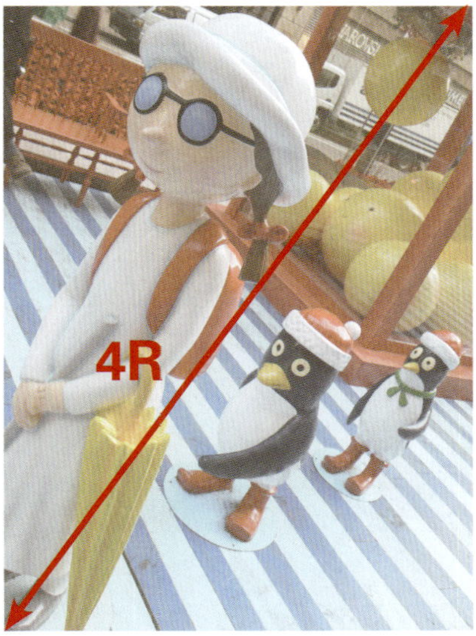

▲把各设定下的影像以 **672dpi 输入密度**打印成约 4 英寸 x 6 英寸的 4R 相片，然后陈列拼贴各图中约 2.8cm x 2.8cm 的裁放范围比较。

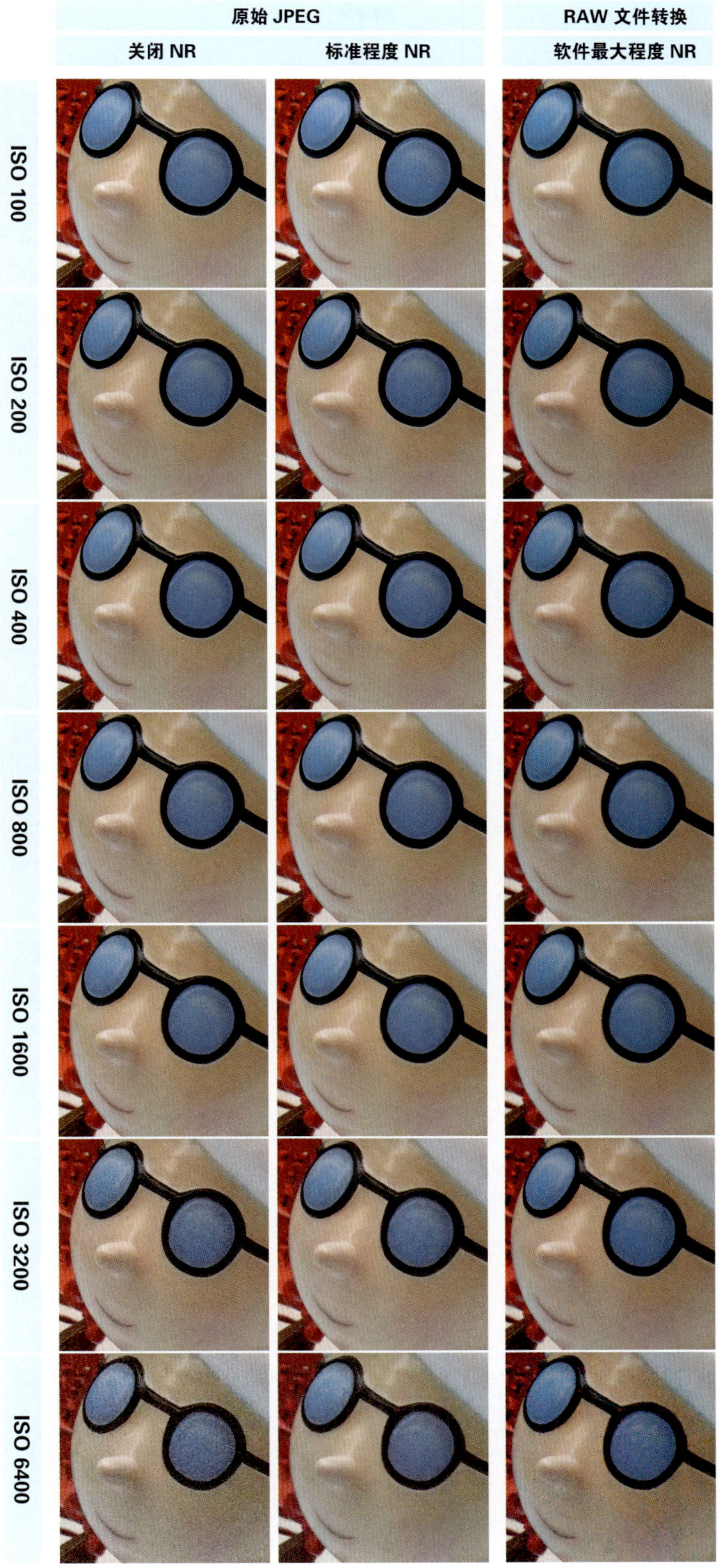

测试分析

从测试效果可看到当模拟输出至细小尺寸，如测试中的 4R 或在网络上载的 1024x768 墙纸尺寸，E-P2 的噪声即使在极高的 ISO 3200 都不容易看到噪声颗粒。只要开启及使用预设的噪声过滤（NR 功能），就能连 ISO 6400 的都可以接受，而且不易看出锐度的下降。

感光度噪声 A4 大尺寸相片模拟打印效果测试

测试器材 | Olympus E-P2 + M.ZUIKO DIGITAL ED 14-42mm f/3.5-5.6

▲把各设定下的影像以 **345dpi 输入密度**打印成约 21cm x 29.7cm 的 A4 相片，然后陈列拼贴各图中约 2.8cm x 2.8cm 的裁放范围比较。

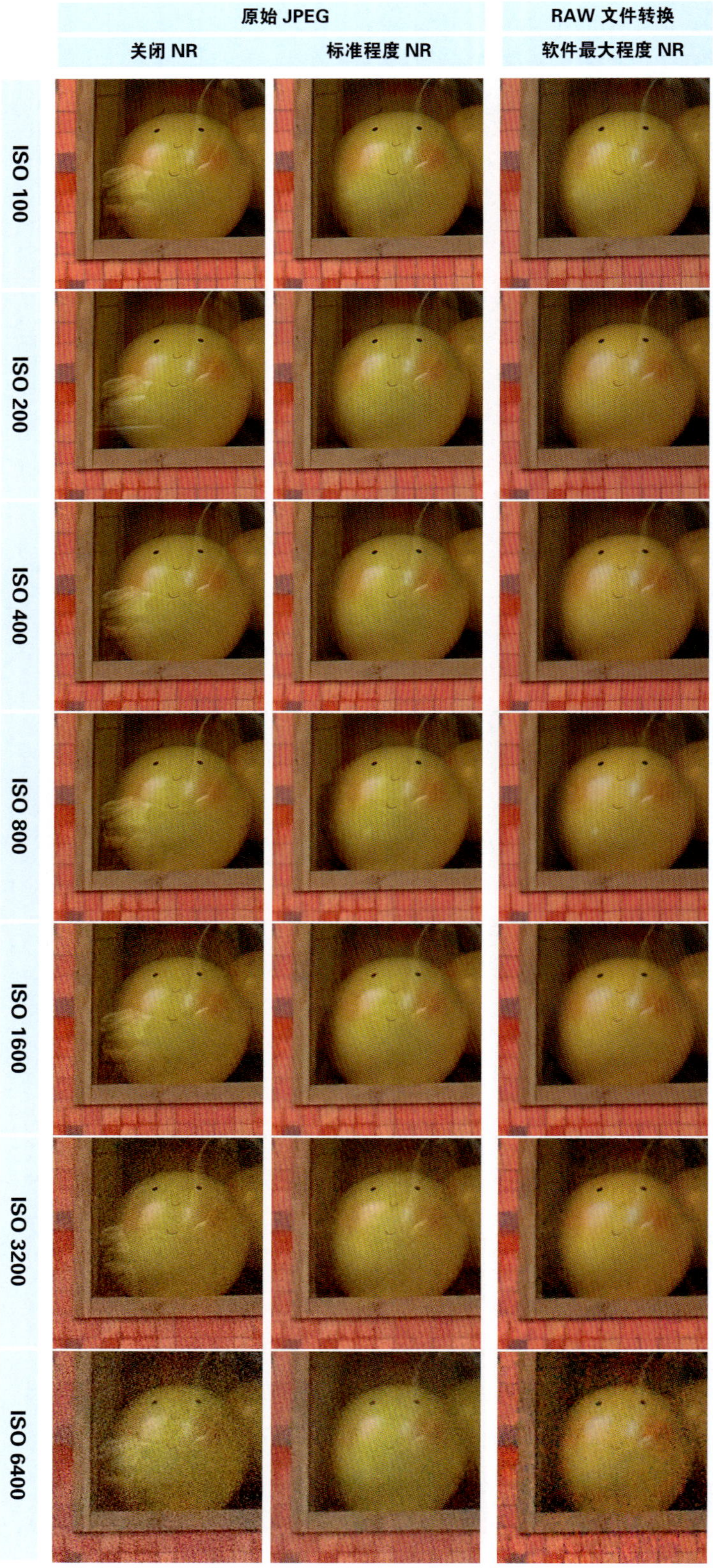

测试分析

从测试效果可看到当模拟输出至较大尺寸时，如测试中的 A4 相片格式，E-P2 的噪声表现便会明显不少，若关闭 NR 功能，即使是 ISO 1600 已有明显的噪声颗粒出现。开启了及使用着预设的噪声过滤（NR 功能）程度时，虽然能令噪声颗粒的出现推迟至约 ISO 3200 才较易发现，但明显看到在 ISO 1600 后的锐度有所下降。

影片噪声控制效果测试

测试器材 | Olympus E-P2 + M.ZUIKO DIGITAL 17mm f/2.8

640 x 480 影片格式

▲测试原图放大

▲ ISO 200

▲ ISO 400

▲ ISO 800

▲ ISO 1600

1280 x 720 影片格式

▲测试原图放大

▲ ISO 200

▲ ISO 400

▲ ISO 800

▲ ISO 1600

测试分析

从测试影片的撷取影像来看，不论是640x480的一般格式或是1280x720的高清格式，由最低的ISO 200至最高的ISO 1600，都未有出现明显的噪声颗粒。但随着感光度的使用值上升，影片的锐度却同时逆向下降，亦即愈低的感光度便会愈锐利。不过，若没有刻意的比较分析，单看ISO 1600的影片，都不会感到锐度太低的感觉，在实际的生活拍摄上，仍是可接受，用户能放心使用。

Olympus PEN E-P2 性能参数

机身卡口	Micro 4/3 系统制式
可使用镜头	4/3 系列（需转接环）、Micro 4/3 系列
感光元件	17.3 × 13mm Live MOS
焦距转换率	2X
有效像素	1,230 万
相片最高解像度	4032 × 3024
感光度	ISO 100 - ISO 6400
快门速度	60-1/4000 秒、支持 B 快门
闪灯同步快门	1/180 秒
对焦系统类型	Live View 对比度侦测
闪光灯系统	外接热靴闪光灯
测光模式	324 区域数码 ESP 测光、中央重点平均测光、重点测光、高光位点测光、暗位点测光
连拍模式	每秒 3 张， 最多连拍 10 张 RAW/ RAW+JPEG 及 280 张 JPEG
影片档案格式	Motion JPEG（.AVI）
影片控制模式	全自动、光圈先决、全手动控制
影片解像度	1280 × 720@30fps、640 × 480@30fps
音效收录模式	内置立体声收音 MIC、外接声效输入 (需使用接驳配件)

取景模式	外置数码 Live View 取景器、内置 LCD Live View
LCD 显示屏	3 英寸固定式 23 万像素
除尘系统	有
防震系统	感光元件位置偏移补偿式
机身储存媒体	SD/SDHC
传输界面	USB 2.0 High Speed
影音端子	Mini-HDMI、传统复合式端子
电源	BLS-1 锂离子充电电池（1150mAh、8.3Wh）
体积	约 120.5 × 70 × 35mm
净重量	约 335g

编辑述评 Olympus PEN E-P2

男生尊享

很多人都会质疑为何 E-P1 和 E-P2 的推出时间相距这么近。更有人会问为何 E-P1 没有在 E-P2 推出的同时便停止生产，被取而代之。若比较过两机之后，或会发现两机的主要功能十分相似，尤其是一般的拍摄方面。E-P2 的最大进步之处，必须是手动启动或选择后才能使用，就好像追踪追焦 AF Tacking 和 M 全手动影片操作功能。但这不代表新加功能不实用和不吸引，只是对于入门级用户或者是对很多女性用者，都不会太在意这些。反而对于男性用者，不论是资深有一定技术的，还是入门学习中的，不少都会注意这些。不论市场策略如何，E-P1 和 E-P2 的上下两路夹攻，在市场占有率的争夺战中十分有效。

说回另一样 E-P2 的新增功能—高质量 EVF，这绝对是冲着爱用中古镜头的用户而设。原因？如果你由 5 至 10 年前已开始使用胶卷相机拍照，你不觉得总是不惯用机背的 LCD 远远地边看边拍吗？不论是 D-SLR 或 PEN，总觉得要把机身贴着面来观看和拍摄，才会有安全感，才会觉得不易手震吗？而且把 EVF 翻起少许成 45° 观看，不是很有哈苏相机的感觉吗？在这数码的年代，如果感觉能愈似在使用胶卷机，便愈矜贵，小小的一个 EVF 无疑令 E-P2 比 E-P1 的使用趣味更大。

其实 E-P2 的新功能还不只以上的，新加的两款 ART Filter 在相片上的效果十分突出，感觉十分“潮”，看来都是向着年轻一辈着手。但比较可惜的是除了新加的两款 ART FILTER 外，连同其他原有的都是不能顺畅应用在高清拍片之中，添加后会令影片有顿挫现象。可能这反映了 E-P2 的处理器还需要再强化多一点。希望日后再推出的 E-P3 在这方面会有更好的表现，因为像模型化的超浅景深效果在影片上会是十分难造的，差不多是光学式的才能做到，但效果和感染力却何其强大。试想像一个个细小的“模型人”在移动做动作，超现实得不能形容。

耐用度：	★★★★★	拍摄功能：	★★★★★	Live View AF 系统：	★★★★★
便携性：	★★★★★	噪声控制：	★★★★	影片画质：	★★★★
外型吸引度：	★★★★★	色彩与白平衡：	★★★★★		
专业度：	★★★★★	光学 AF 系统：	不适用		

Gallery of Olympus PEN E-P2

拍摄者：Sam YAU
机身：Olympus E-P2
镜头：Olympus M.ZUIKO DIGITAL 17mm f/2.8
光圈：f/2.8
快门：1/60 秒
感光度：ISO 100
白平衡：Auto WB
影像效果模式：VIVID
镜头焦距：17mm
相对焦距：34mm

Simple is Beautiful

Olympus PEN Lite E-PL1

一路以来，比较受人追捧的摄影范畴都高技巧、专业、质素为先的影像，但自数码摄影愈来愈普遍，亦令摄影愈来愈受到各阶层人士喜爱，而且亦慢慢增生一股不问背后技术、不问器材，只求书面吸引，可以引发各种感觉和共鸣的摄影风格。很多人亦会称这简约或 Simple is Beautiful 的风格。这股风亦慢慢吹到来香港，而和这种风格相辅相成、完美佩合的还有 Olympus 的最新 Micro 4/3 机身 E–PL1。除了外表充满简约主义外，E–PL1 的机能亦十分面向入门和初阶人士，希望能帮助他们拍出令自己、令别人喜欢的相片。Olympus 在五十多年前所建立的“PEN 乃人民之相机也”亦完完全全由 E–PL1 的袖珍、易用、廉价、潮流而继承。

Gallery of Olympus PEN Lite E-PL1

拍摄者：Sam YAU
机身：Olympus PEN Lite E-PL1
镜头：M.ZUIKO DIGITAL ED 14-42mm f/3.5-5.6
光圈：f/8
快门：1/200 秒
感光度：ISO 200
白平衡：Atuo WB
镜头焦距：18mm
相对焦距：36mm

Olympus PENLite E-PL1 机身设计

POINTS

- Micro 4/3 制式
- 无手柄纤薄设计
- 1,230 万像素
- 720p 影片
- ISO 100 至 ISO 3200
- 3 级机身防震
- 2.7 寸 LCD
- 外接 144 万色点 EVF
- 手动或光圈先决拍片模式
- SD/SDHC 记忆卡储存
- 296g 超轻巧重量

ray! 参考售价：
14–42 镜头套装 :3899 元
黑色、金色、白色、红色、蓝色限量版请致电：4006–987–666
* 资料由锐意于 2010 年 10 月 15 日提供

▲外接闪光灯的热靴化前方设有一组现场收音 MIC，能平均接收和记录由前方传来的环境声效。

▲虽然定位和价钱上，E–PL1 比前作 E–P1 较低，却有着 E–P1 所没有的专业配件连接埠。

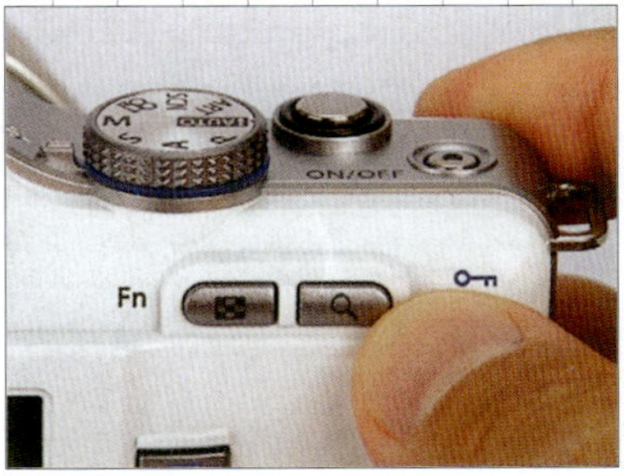

▲机背设有放大和缩小键，容易令人误会是自动变焦的按键。

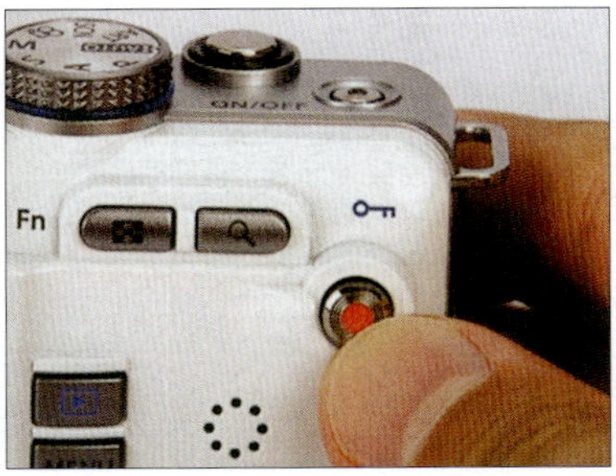

▲新增的红点按键，可快速控制拍片的开始和停止。

▲新增的内置闪光灯，能弥补 E–P1 和 E–P2 的不足之处。

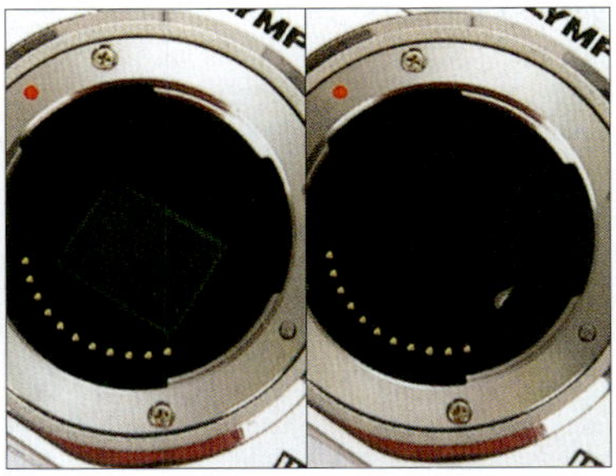

▲只要拆去镜头，就会看到一整块感光元件外露，使用时需多加留意小心。E–P1 的快门比较难看到，只有在拍摄的一刻，才会下来一刹那，然后打开计时曝光。

Olympus PEN Lite E-PL1 取景器

Live View 预视构图画面

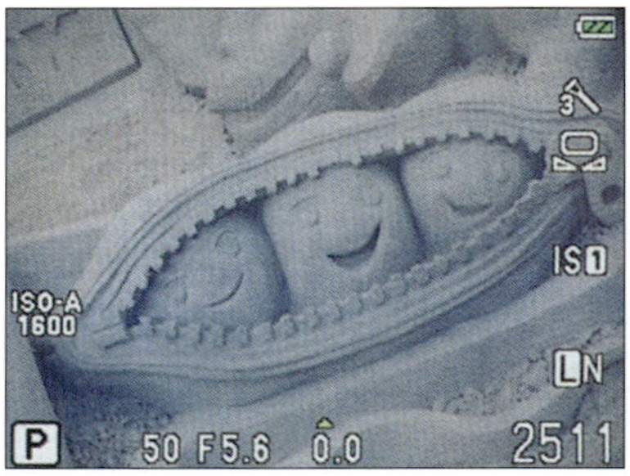

▲一般全影像显示

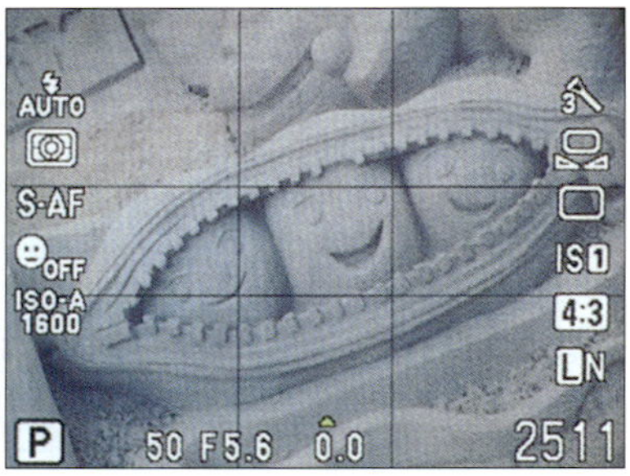

▲加入构图辅助框线和曝光分布图显示

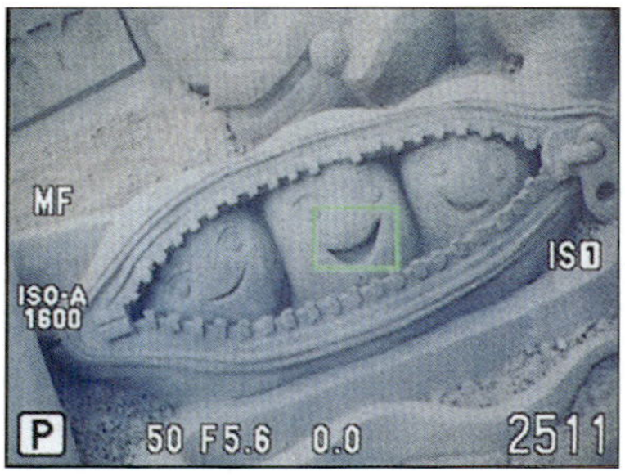

▲手动对焦及 7× 放大显示

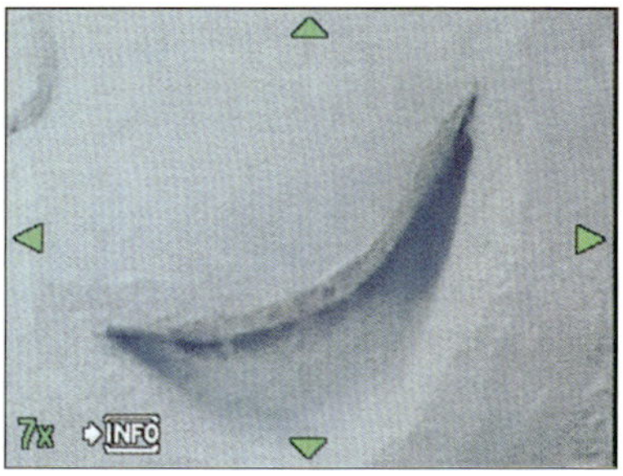

影片摄录模式画面

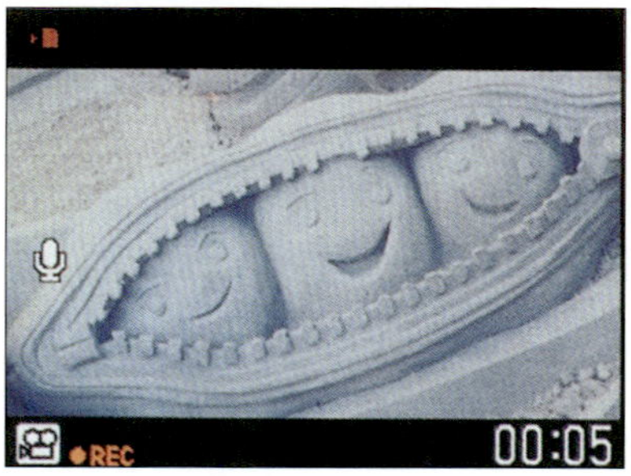

▲影片摄录模式

▲影片播放模式

影像效果模式画面

▲ ART FILTER 滤镜模式

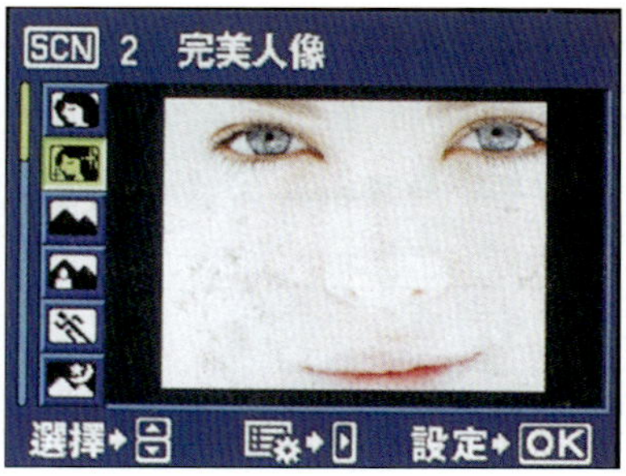

▲ SCN 场景自动模式

目录界面

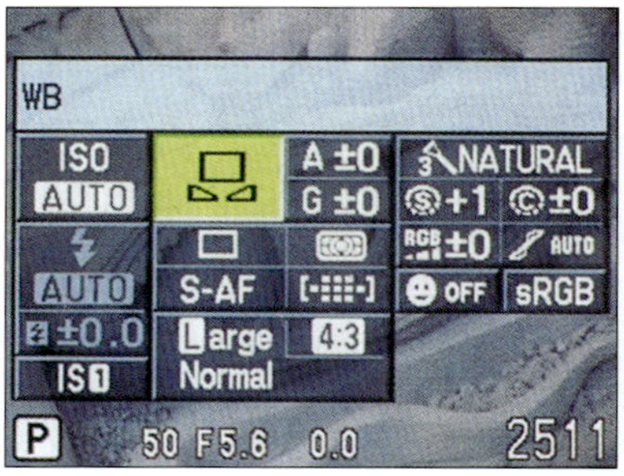

▲一般拍摄设定

▲自定义功能设定

Olympus PEN Lite E-PL1 技术特点

简约不简单

PEN 的设计精神，不论是在 1959 年代的胶卷系列或现在的数码系列，都是希望创造出一套以轻便和价廉作卖点的“人民的相机”。虽然前作 E-P1 和 E-P2 都做到了小巧便携的先行者角色，但始终新科技诞生的初期，售价都是比较高昂，而且加上两机都选用上较为耐用的合金外壳保护，所以重量和价钱都不算最低。直至一年多后，E-PL1 的推出，便正正是冲着这两个重点而来。但在更轻巧和更低廉的定位上，并没有在功能上作出将价就货的举动。E-PL1 不但拥有同级最高的 1,200 万像素 LiveMOS 和除尘及防震系统，而且同样提供 1280×720p 的影片摄录，还保留着手动和光圈先决的拍摄模式。在操作上，虽然减省了两款前作的操作转盘，但凭着新设计的按钮编排，令 E-PL1 的操作更得心应手。在 EVIL 机身上重点留意的 Live View AF 功能，作为入门级的 E-PL1 亦毫不客气使用上相同于 E-P2 的追踪追焦 C-AF TR 功能，比一般 D-SLR 反过来领先不少。

▲借助 EVIL 无反光镜设计，E-PL1 继续大卖轻便的小盒子外型，加上仿陶瓷表面和轻量化机身设计，让 E-PL1 重量只有 296g，十分轻巧。

▲E-PL1 用上的一枚 1，230 万像素高速 Live MOS 感光元件，不但符合 4/3 系统的标准尺寸，而且属于现时最高像素型号。

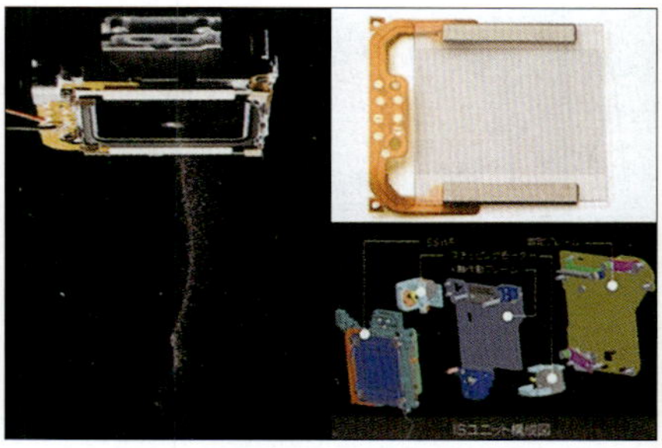

▲在这枚 Lice MOS 四周不但设有 SSWF 电子除尘装置，而且整个模组被 i.S. 防震系统包围和浮动，可补偿 3 级快门速度。

▲虽然 E-PL1 失去了 E-P1/E-P2 所拥有的 ISO 6400，但因两机在 ISO 6400 时的画面有明显下降，所以 E-PL1 的用户亦不算太可惜。

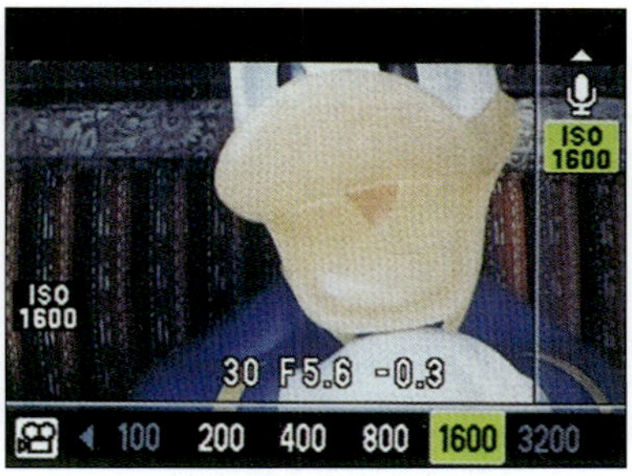

▲在使用 M 手动控制影片摄录时，会发现 E-PL1 的 ISO 100 和 ISO 3200 都不能使用，这不期然会令用户怀疑这两个 ISO 设定会否是扩展出来的？

▲不要以为拆去镜头直接看到感光元件，便以为 E-PL1 没有快门帘幕，其实它只在拍摄的一刻才会关闭再打开，用作曝光计时。

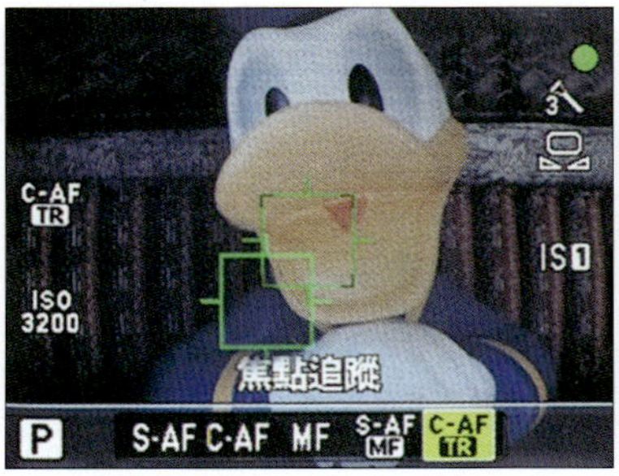

▲承继自 E-P2 的 C-AF TR 模式（追踪追焦模式），大获初级用户赞赏后，于 E-PL1 上继续提供，除此之外亦保留着多点、单点、面部侦测等 AF 模式。

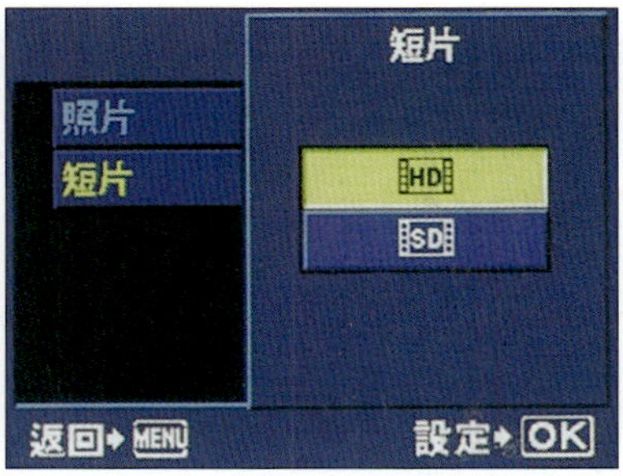

▲除了相片像素相同其他同类 EVIL 机身，E-PL1 的影片同样能达 1280×720 的高清水平。

▲E-PL1 放弃了 E-P1/2 的机背变转盘操控方法，以不易误按的实体按钮及新增的拍片专用按键，使用上“就手”不少。

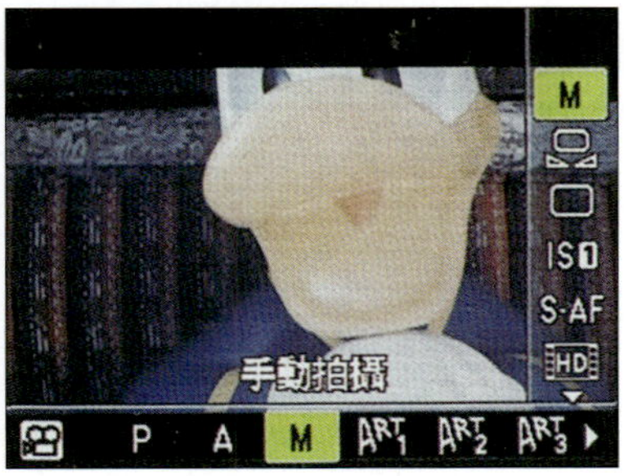

▲虽然 E-PL1 的售价比初代 E-P1 还要便宜，但却拥有 E-P1 所没有的 M 手动影片控制模式，加上 A 光圈先决和 ARTFILTER 效果添加，令 E-PL1 的影片十分具感染力。

后发先至

除了价钱和重量外，对于 E-P1 和 E-P2 比较多的批评就是不设内置闪光灯，对于入门人士有丝丝的不便之处。为了弥补这方面的不足， E-PL1 便加入内置闪光灯设计，而且提供手动输出控制的同时，亦具有无线闪光灯系统的控制能力，原是加强入门人士的方便，但亦大大增强了 E-PL1 的专业性。作为其中一方大力推动数码滤镜的 PEN 系列， E-PL1 当然继续拥有 ART FILTER 功能，不过并非完全复制 E-P1 或 E-P2 的便了事，它减去了数个 E-P2 较少人使用的模式，再加入独有的柔和怀旧效果和保留 E-P2 的成名作之一的仿移轴镜效果的数码超浅景深的透视效果。除此以外，为让未学过摄影的用户都能获得具个人化的效果，E-PL1 新增拍摄小提示功能，摇身一变成了一部内置了摄影入门教学课程的电子书，教导用户如果运用各种模式和分享一些经验、技巧。

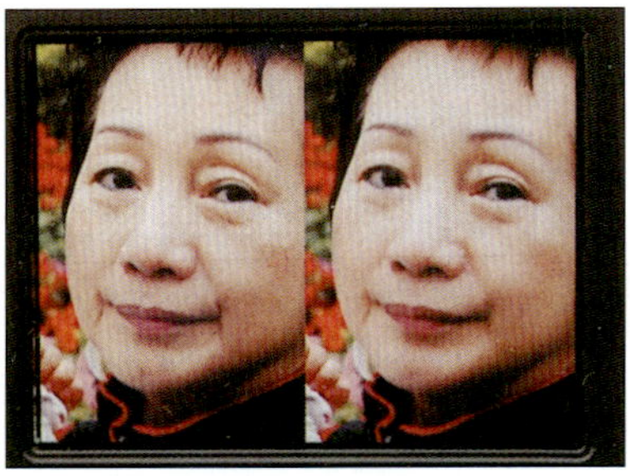

▲ E–PL1 在场景模式中隐藏着美颜功能，而且拍摄一次便会自动储存两张有效果和没有效果的相片，在完成储存的一刻更会自动重播及放大目标面部的位置，供用者作比较。

▲为吸引喜爱服饰潮流的年轻用户，E–PL1 特设多种颜色机身选择，目前，只有黑、白、金和红色，剩下的蓝色版本暂时只在日本供货。

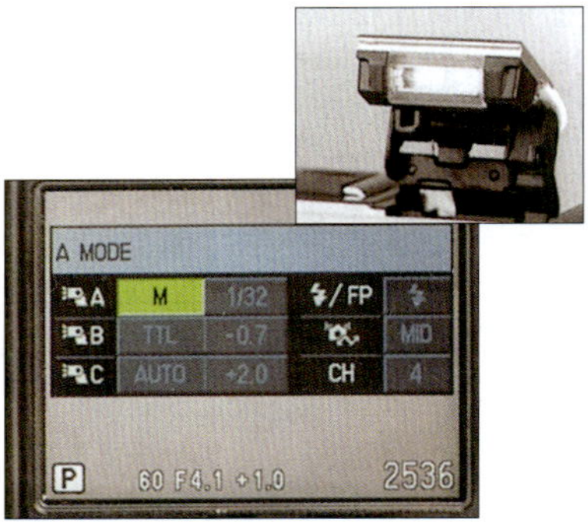

▲ E–PL1 最有价值新功能，必定是它的内置闪光灯，对于入门人士方便非常，对于专业人士可成为 RC 遥控闪光灯组合的主控功能，价值远超想象。

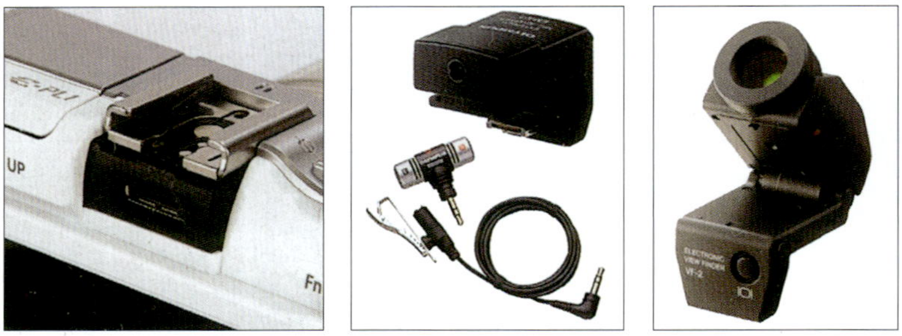

▲除了常用的高密度电子取景器 VF–2 外，还有外接立体声音效输入装置 SEMA–1 都是经由这小小的接口连接。

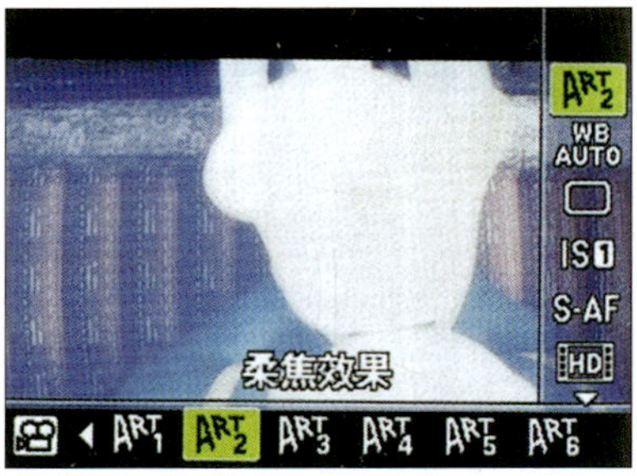

▲ E–PL1 的 ART FILTER 还可以应用于影片摄录中，但使用上后会对影片的流畅度亦不同程度的影响，比较严重的是仿移轴镜效果的透视效果。

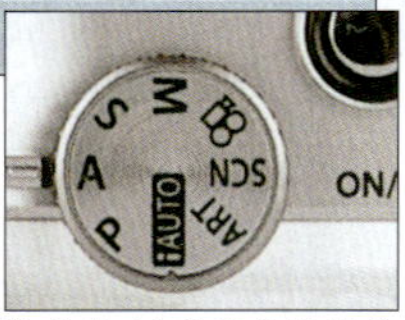

▲虽然转盘的外型和位置变了很多，但 ART FILTER 数码滤镜功能的使用方法没有变，E–PL1 的 6 种 ART FILTER 虽没有 E–P2 的 E 冲 C 正负逆冲效果，但新增独有的咖啡调子柔和怀旧效果。

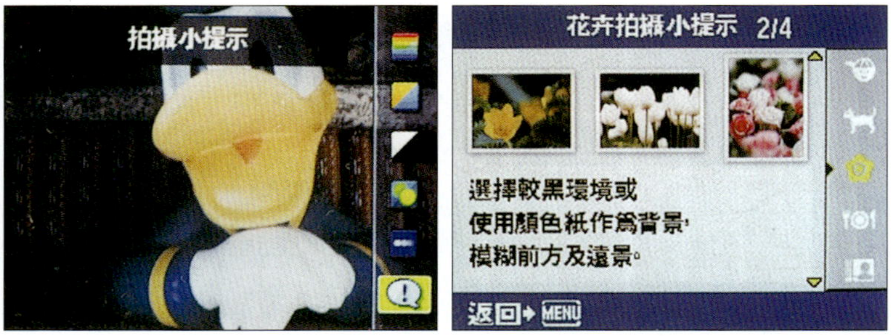

▲为了主攻目标用户的入门人士，E–PL1 新增全导向拍摄目录，在拍摄时为用户提供不少实用的小提示。

Olympus PEN Lite E-PL1 测试与分析

测试解说 | 请翻至 P.16 之详细测试设定解释

色彩与自动白平衡控制测试

测试器材 | Olympus PEN Lite E-PL1 + M.ZUIKO DIGITAL ED 14-42mm f/3.5-5.6

户外阳光下

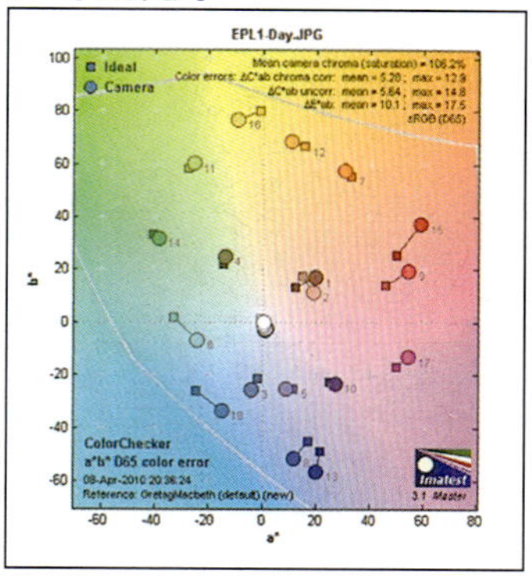

▲色彩平均偏差：5.28（正常）
色彩平均饱和度：106.2%（中性）

室内商场中

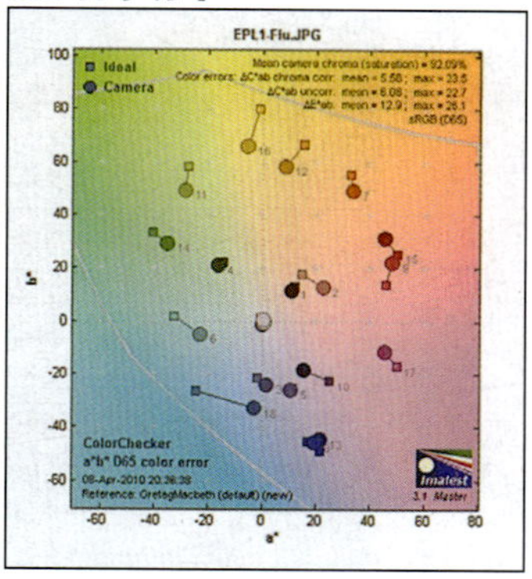

▲色彩平均偏差：5.58（正常）
色彩平均饱和度：92%（中性）

餐厅灯光下

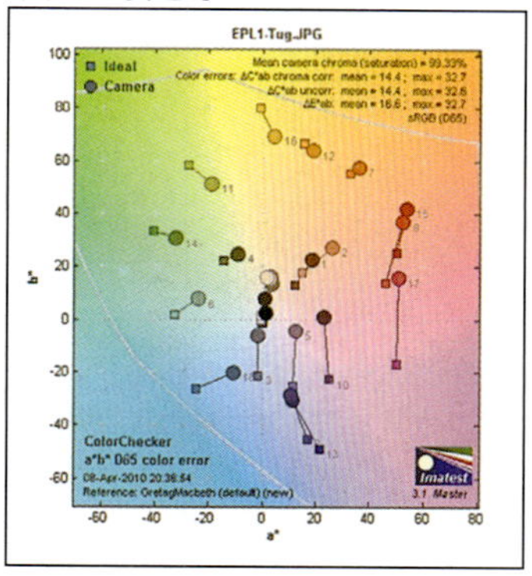

▲色彩平均偏差：14.4（严重偏色）
色彩平均饱和度：99.33%（中性）

测试分析

E-PL1 虽然使用全 Live View 的数码测光和色彩分析系统，但与专业的 D-SLR 的白平衡效果相差不远，同样是在日光和荧光灯环境下，有出色和准确的纠正效果，白平衡效果亦属于中性的效果。在钨丝灯下，E-PL1 和大部分机身一样出现严重的偏色问题，但饱和度欲没有出现严重浓烈化。

自动对焦系统效能测试

测试器材 | Olympus E-PL1 + M.ZUIKO DIGITAL 17mm f/2.8 + M.ZUIKO DIGITAL ED 14-42mm f/3.5-5.6

使用 M.ZUIKO DIGITAL 17mm f/2.8 拍摄（**最大光圈为 f/2.8**）

环境光度	EV -3	EV -2.5	EV -2	EV -1.5	EV -1	EV -0.5
成功次数	0	0	2	5	5	5

使用 M.ZUIKO DIGITAL ED 14-42mm f/3.5-5.6（**@42mm，最大光圈为 f/5.6**）

环境光度	EV -1	EV -0.5	EV 0	EV +0.5	EV +1	EV +1.5
成功次数	0	1	4	5	5	5

测试分析

基于 E-PL1 完全使用 Live View 的预视和 AF 系统，所以不论任何位置的 AF 效果都是相当，没有 D-SLR 的光学 AF系统的中央强过边缘现象。当使用现时最大光圈的 M4\3 专用 M.ZD 镜头，并以 f/2.8 光圈作对焦时，能做出 EV - 1.5 的最暗全对运作条件，但在照度轻微底于这个水平，亦有发生过数次能够合焦的成绩。当转用光圈只有 f/5.6 的镜头时，便需要加大环境光照度至 EV + 0.5 才能成功全部合焦。虽然两支镜头的成绩相差约 2 级（EV）光度，但都足够日常的拍摄需要。

解像力变化测试

测试器材 Olympus PEN Lite E-PL 1 + M.ZUIKO DIGITAL 17mm f/2.8

感光度	**ISO 100**	**ISO 200**	**ISO 400**	**ISO 800**	**ISO 1600**	**ISO 3200**
解像力得分 *	3,120	3,114	3,095	2,853	2,640	2,388
与 ISO 100 的得分差距	N/A	–0.19%	–0.80%	–8.56%	–15.38%	–23.46%

* 数值为 Imatest 分析结果，单位为 LW/PH，分数愈高为愈好

测试分析

从测试结果分析可见，E-PL1 当提升感光度时，其解像力得分亦会同时反比下降，最高感光度与最低感光度的解像力得分相差 23%。若比较同门的 E-P2，E-P1 的最高得分比较高，这可能因其影像系统的锐度效果较高。

感光度噪声 4R 相片模拟打印效果测试

测试器材　Olympus PEN Lite E-PL1 + M.ZUIKO DIGITAL ED 14-42mm f/3.5-5.6

▲把各设定下的影像以 **667dpi 输入密度**打印成约 4 寸 ×6 寸的 **4R** 相片，然后陈列拼贴各图中的 2.8cm × 2.8cm 的裁放范围比较。

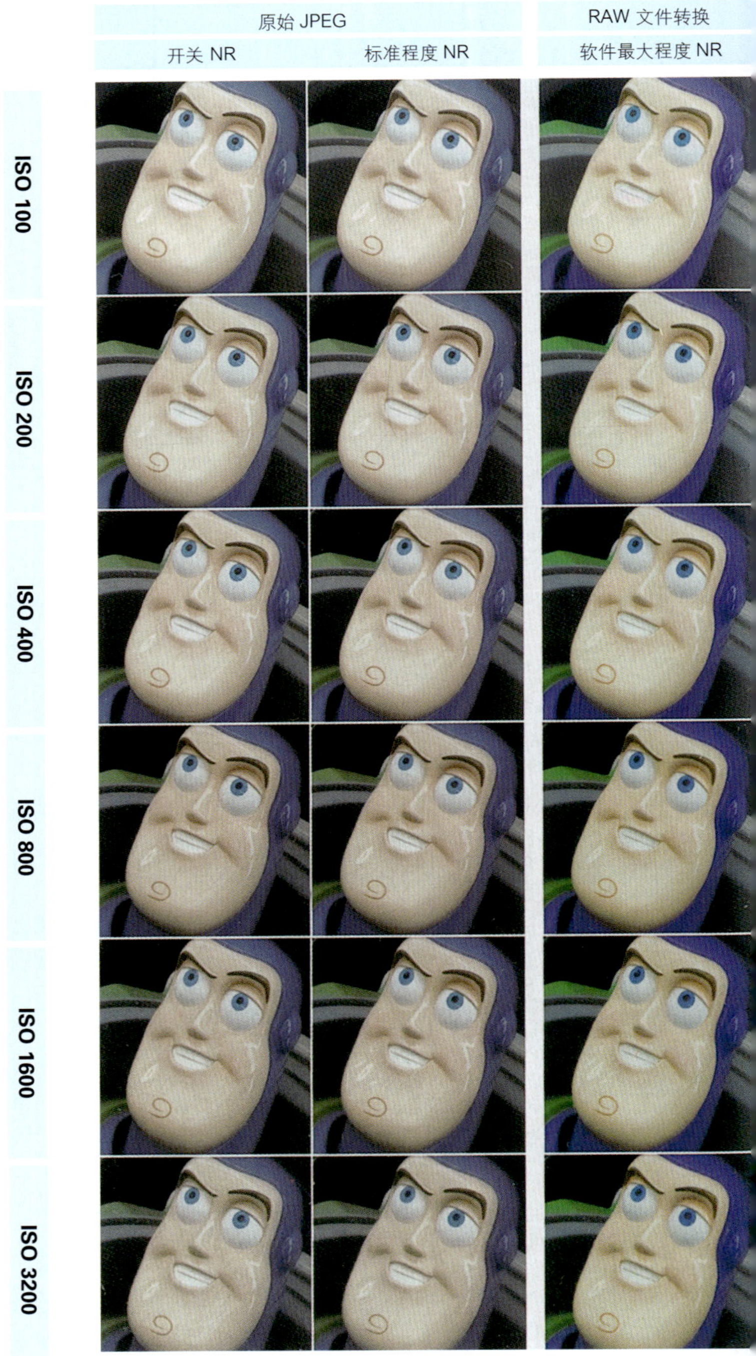

测试分析

从测试效果可看到当模拟输出至细小尺寸，如测试中的 4R 或在网络上载的 1024 × 768 墙纸尺寸，E-PL1 的噪声即使在最高的 ISO 3200 都不容易看到颗粒。只要开启及使用预设的噪声过滤（NR 功能），就能连 IOS3200 的都可以接受，而且不容易看出锐度的下降。

感光度噪声 A4 相片模拟打印效果测试

测试器材 | Olympus PEN Lite E-PL1 +M.ZUIKO DIGITAL ED 14-42mm f/3.5-5.6

▲把各设定下的影像以 **343dpi 输入密度**打印成约 21cm × 29.7cm 的 **A4** 相片，然后陈列拼贴各图中的 2.8cm × 2.8cm 的裁放范围比较。

测试分析

从测试效果可看到当模拟输出至较大尺寸时，如测试中的 A4 相片格式，E-PL1 的噪声表现便会明显不少，若关闭 NR 功能，即使在 ISO800 已有明显的噪声颗粒出现。开启了及使用着预设的噪声过滤（NR 功能）程度时，虽然能令噪声颗粒的出现推迟至 ISO1600 才比较易发现，但明显 ISO1600 后的锐度有所下降。

影片感光度噪声 抑制效果测试

测试器材 | Olympus PEN Lite E-PL1 +M.ZUIKO DIGITAL ED 14-42mm f/3.5-5.6

▲ ISO 200

▲ ISO 400

▲ ISO 800

▲ ISO 1600

ART FILTER 数码滤镜效果测试

测试器材 | Olympus PEN Lite E-PL1 +M.ZUIKO DIGITAL ED 14-42mm f/3.5-5.6

▲一般普通模式效果

▲滤化色调滤镜模式效果

▲柔焦滤镜模式效果

▲怀旧相片粗粒子滤镜模式效果

▲针孔滤镜模式效果

▲透视滤镜模式效果

▲柔和怀旧滤镜模式

Olympus PEN Lite E-PL1 性能参数

机身卡口	Micro4/3 系统
可使用镜头	4/3 系列（需转接环）、Micro 4/3 系列
感光元件	17.3 × 13mm Live MOS
焦距转换率	2X
有效像素	1,230 万
相片最高解像度	4032 × 3024
感光度	ISO 100 - ISO 3200
快门速度	60-1/2000 秒
最高闪灯同步快门速度	1/160 秒
对焦系统类型	Live View 对比度侦测
闪光灯系统	内置、外接热靴、光控无线闪光灯
测光模式	数码侦测：智能多区（324 区）、中央偏重、重点（约 2.7% 画面面积）
连拍模式	每秒 3 张，最多连拍 10 张 RAW/ RAW+JPEG 及无限 JPEG
影片拍摄模式	p、A、M、6 种 ART FILTER 模式
影片档案格式	Motion JPEG（.AVI）
影片控制模式	全自动、景深先决模式、全手动控制
影片解像度	1280×720@30fps、640×480@30fps
音效收录模式	内置单声道收音 MIC、外接主体声效输入（需使用接驳配件）
取景模式	外置数码 Live View 取景器、内置 LCD Live View
LCD 显示屏	2.7 英寸固定式 23 万像素
除尘系统	有
防震系统	感光元件位置偏移补偿式
防震级数	3 级快门速度
机身储存媒体	SD/SDHC
传输界面	USB 2.0 HighSpeed
影音端子	Mini HDMI、传统复合式端子
电源	BLS-1 锂离子充电电池（1150mAh、8.3Wh）
体积	约 114.6×72.2×41.5mm
净重量	约 296g

问鼎最佳机身的席位

虽然很早之前已预计到 Olympus 会为进一步扩展市场占有率而推出更价廉的 Micro4/3 系统机身，但万万想不到正式推出时，E-PL1 会这么进取和大幅改良。先不说它的售价准确落在我们的心中预计的 4000 元之内，但它的感光元件仍保持在 1,200 万像素级别和拍片功能继续提供 P、A、M、追踪追焦 AF 功能和 EVF 配接可能都十分令人意外。不少人会把 E-PL1 与首作的 E-P1 作比较，但很明显 E-PL1 的机能是大大超越 E-P1 之作，亦非常接近 E-P2，凭着那枚可离机遥控闪光的内置闪光灯更令笔者觉得 E-PL1 的价值和专业度也一起超越了 E-P2。虽然带着一股以下犯上的感觉，不过对消费者和用户来说也并不是坏事。

相比两款前作，E-PL1 只有相连变焦镜的套装，虽然价钱较低而且实用，但对于同期推出的 14-150mm 新镜，其实不少爱出国的游摄的人来说更希望可以有 E-PL1 的定焦镜套装选择，然后再加持此 14-150mm 新镜。

除了机能外，E-PL1 的本地宣传攻势亦令笔者感到它深受前作 E-P1 和 E-P2 的成功和高盈利的福荫，因为为 E-PL1 制作和推出的广告宣传，真的令人佩服佩服，若果为各相机品牌举行广告宣传颁奖典礼，相信本人会不由分说的给予 E-PL1 一个金奖。因为他们的简约、高调子、清爽、阳光和吸引人的各式各样广告宣传都令人印象深刻，亦令 E-PL1 的好感大升。加上之后再次推出酒红色的机身特别版本和相应推广，令 E-PL1 的人气度能继续保持。

耐用度：	★★★	拍摄功能：	★★★★	Live View AF 系统：	★★★★★
便携性：	★★★★★	噪声控制：	★★★★	影片画质：	★★★★
外型吸引度：	★★★★★	色彩与白平衡：	★★★★★		
专业度：	★★★★	光学 AF 系统：	不适用		

Olympus 已停产机身介绍

4/3 第一代
Olympus E-1

CHECK POINTS

◆ 325 万像素 CCD ◆ ISO 100 至 800 ◆ 1.8 英寸 13.4 万色点 LCD ◆ 3 点 AF 系统◆连拍每秒 3 张◆记忆卡：CF I/II、xD-Picture ◆净重量：660g

双模式 D-SLR Live View 首见
Olympus E-330

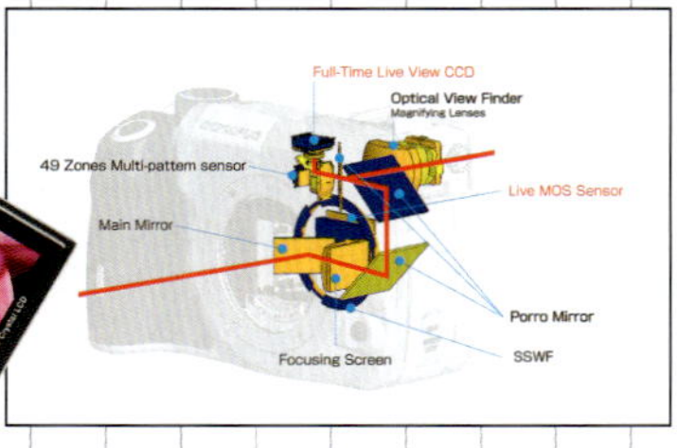

CHECK POINTS

◆ 750 万像素 Live MOS ◆ ISO 100 至 1600 ◆ 2.5 英寸 21.5 万色点 LCD ◆ 3 点 AF 系统◆连拍每秒 3 张◆记忆卡：CF I/II、xD-Picture ◆净重量：550g

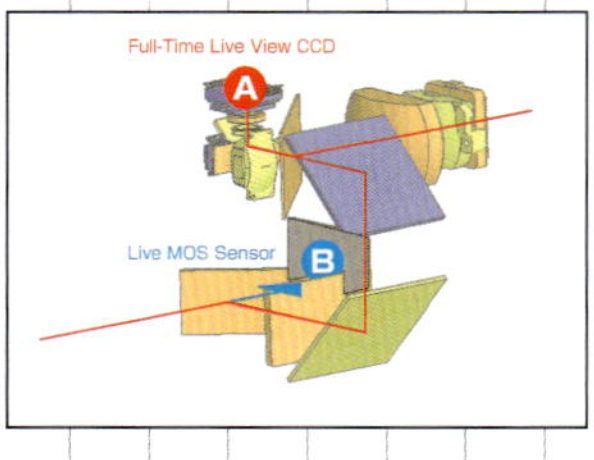

向轻小出发
Olympus E-410

CHECK POINTS

◆ 1,000 万像素 Live MOS ◆ ISO 100 至 1600 ◆ 2.5 英寸 23 万色点 LCD ◆ 3 点 AF 系统◆连拍每秒 3 张◆记忆卡：CF I/II、xD-Picture ◆净重量：375g

入门最佳选择
Olympus E-500

CHECK POINTS

◆800 万像素 CCD◆ISO 100 至 1600◆2.5 英寸 21.5 万色点 LCD◆3 点 AF 系统◆连拍每秒 2.5 张◆记忆卡：CF I/II、xD-Picture◆净重量：435g

i.S. 防震载入
Olympus E-510

CHECK POINTS

◆1000 万像素 CCD◆ISO 100 至 1600◆2.5 英寸 23 万色点 LCD◆3 点 AF 系统◆连拍每秒 3 张◆记忆卡：CF I/II、xD-Picture◆净重量：470g

PMP 展览限定现身
Olympus Micro 4/3 原型试验机

Micro 4/3 系统第一弹

Panasonic LUMIX DMC-G1

革命，需要放弃和牺牲一些东西才能突破旧有的框架局限。D-SLR的革命正是放弃了单反相机命根的反光镜，才能蜕变成为 Micro 4/3 系统，创出另一片天。作为第一部 Micro 4/3 机身，究竟 G1 做到了什么超越 D-SLR 的事，又有什么值得各位留意注视呢？

Gallery of **Panasonic LUMIX DMC-G1**

拍摄者：Sam YAU
机身：Panasonic LUMIX DMC-G1
镜头：LUMIX G VARIO 14-45mm f/3.5-5.6 ASPH. MEGA O.I.S.
光圈：f/9
快门：1/125 秒
感光度：ISO 100
白平衡：Auto WB
镜头焦距：45mm
相对焦距：90mm

Panasonic LUMIX DMC-G1 机身设计

POINTS

- 首部 Micro 4/3 机身
- 防滑手柄设计
- 1,200 万像素
- ISO 100–3200
- 3 英寸扭动式 16:9 LCD
- 内置高密度 EVF
- 支持追踪追焦 AF
- 面部识别名字显示系统
- SD/SDHC 记忆卡储存
- 385g 轻巧便携

ray! 参考售价
14–45 套装：3399 元
请致电：4006–987–666
* 资料由锐意于 2010 年 10 月 15 日提供

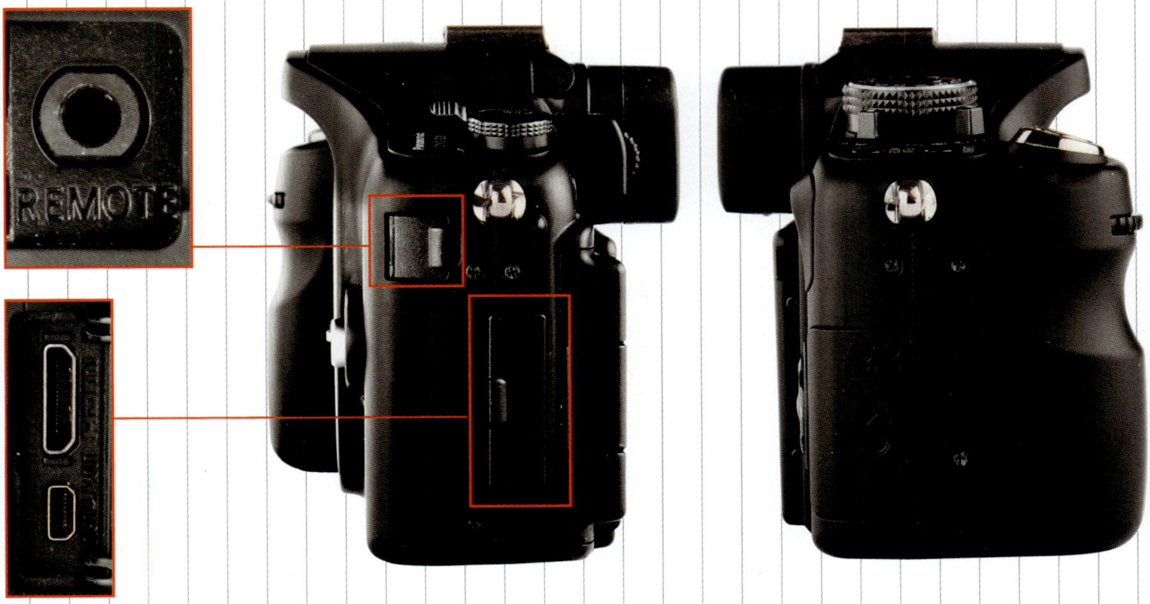

▲自动对焦的模式转换，使用了转盘形式放置在机顶左边，一分方便。

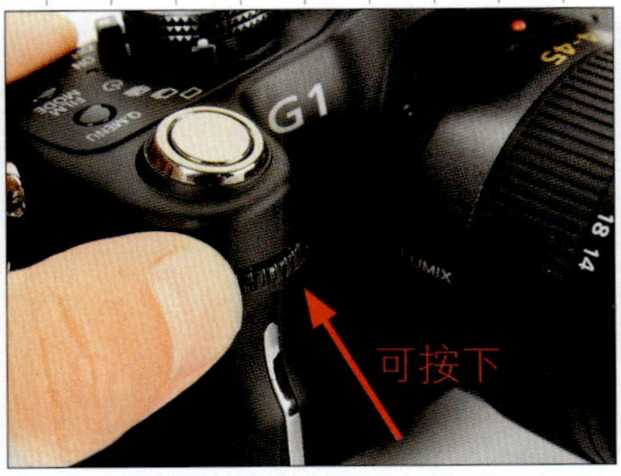

▲手柄前方设有控制转盘，亦是可以按下去转换曝光补偿或光圈快门设定。

▲在高密度的一体化 EVF 上面设有红外线感应器，当用户面部靠近就会自动转换为 EVF 显示模式。

▲因为是无反光镜设计，所以感光元件会长时曝光用来撷取 Live View 画面。在拍摄的一刻才会关闭再打开，进行曝光计时。

▲ G1 是第一部提供 HDMI 接线的 Mirco 4/3 机身。

▲使用与 GF1 同款的充电电池，但 SD 记忆卡的插入位置放在旁边。

Panasonic LUMIX DMC–G1 取景器实拍效果

Live View 预视构图画面

▲一般全影像显示

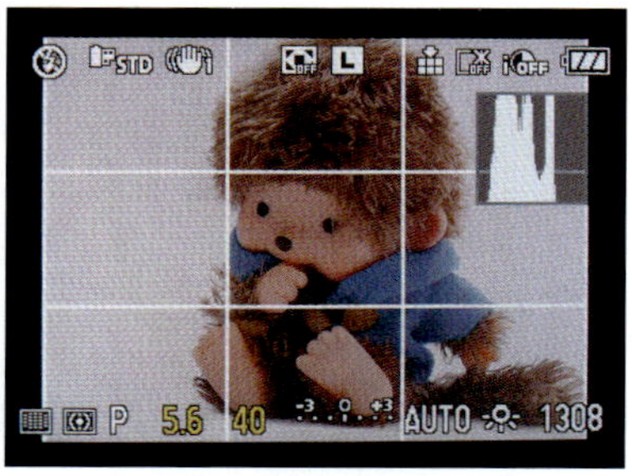

▲加入构图辅助框线和曝光分布图显示

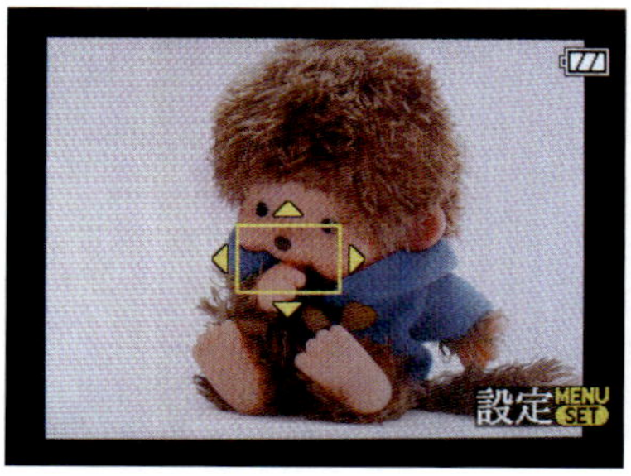

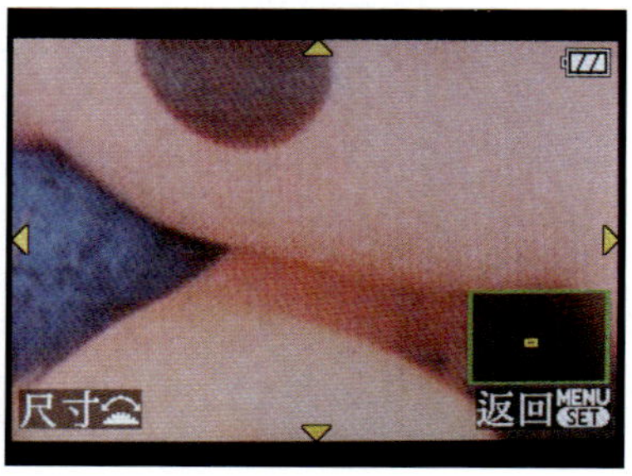

▲手动对焦及 10X 放大显示

拍摄设定界面

影像效果模式画面

▲ SCN 场景模式界面

▲我的色彩模式选择界面

▲胶卷模式选择界面

目录界面

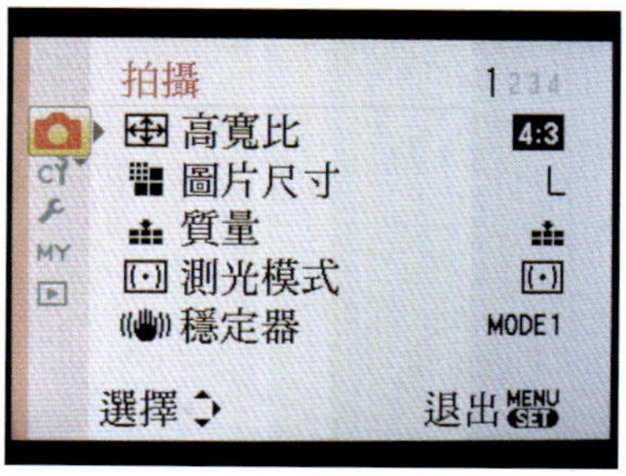

▲一般拍摄设定

▲自定义功能表

Panasonic LUMIX DMC-G1 技术特点

蜕变的第一步

在 G1 推出之前，摄影人对能获得优良的拍摄效果的方法便只有借着使用单反相机的大型机身，才能有较大画幅感光元件和可更换镜头两个优点。虽然各方都尽力为 D-SLR “瘦身纤型”，但一直都受制于反光镜箱。为了突破框架，G1 便以世界首部 Micro 4/3 无反光镜机身身分诞生。机身体积和重量已是 G1 的触目之处，加上同样是小巧轻盈的全新 G 系列镜头，令整个拍摄过程变得恍如无负担一般，最大受益者必定是女性用户和需要便携的摄影人士。

▲虽然外型和结构仍带有 D-SLR 的影子，但只要拆去镜头，就会直接看到感光元件，而不是反光镜。

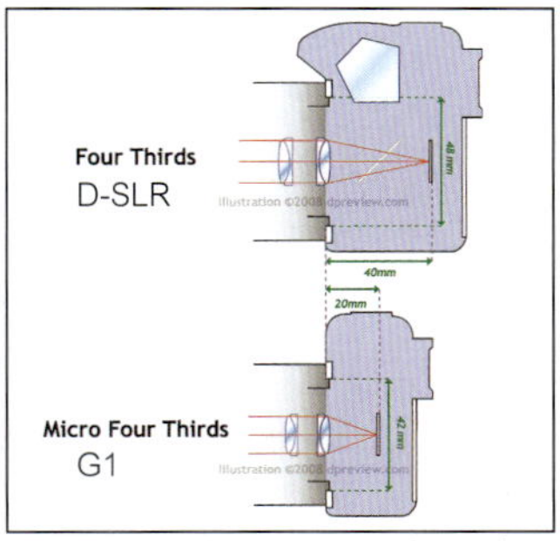

▲ G1 是第一部 Micro 4/3 系统机身，最大特色就是减去了反光镜箱设计。

全新的拍摄感受

除了轻盈小巧外，G1 因为减去了反光镜箱，令其取景和 AF 系统都完全依赖 Live View 功能。对于别人可能会因致 AF 效果退步，甚至劣评，但对于 Panasonic 却是优点尽发挥。在 G1 上的 Live View 功能透过机背可扭动大型 3 英寸、46 万色点高密度显示 16:9 LCD 显示屏，用户不单能舒适地远距离持机构图拍摄，亦有助做出各种创新和准确的构图。即使透过外型极似传统光学取景器，但改以数码方式显示的 144 万色点电子取景器 EVF，用户不但不会觉得影像模糊，更会发现它充满各种光学取景器不能提供的方便性，例如全方位效果预视、多元化信息显示和相片的重播。

▲因为 Micro 4/3 系统不再有反光镜，所以取景和 AF 系统都会改以数码 Live View 形式进行。除了使用机背的大型 LCD 外，G1 更提供恍如传统 D-SLR 感觉的电子取景器。

▲ G1 的 LCD 显示屏，除了可以做 270° 翻动外，其高密度 46 万色点和 3 英寸显示规格，让用者清楚掌握拍摄景物的效果。不论任何角度，亦不会难到手持 G1 的拍摄人士。

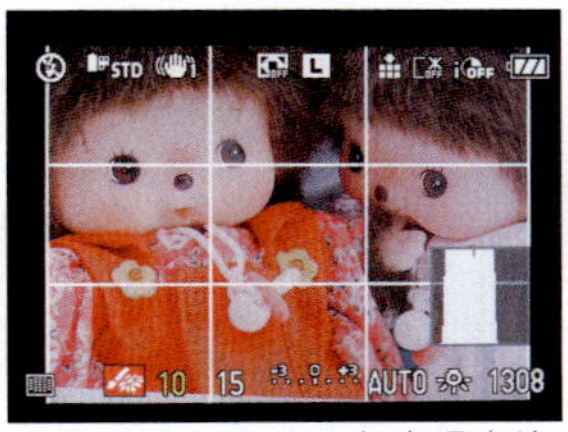

▲使用 Live View 不但有曝光效果的预视，亦能够显示所有 Live View 界面能够显示的信息，如曝光分布图、局部放大和色彩滤镜变化效果。

▲ G1 所用的电子取景器属于目前最高规格型号，除了显示密度高达 144 万色点外，每秒的画面更新频率更高达 180fps，比机背的 LCD 还是高规格很多。

高质高速

在 G1 体内，装载一枚 1,210 万象素的 Live MOS 感光元件，比上代高端机型 4/3 机身 L10 所用的还要高像素，而且保持与 L10 同样感光元件尺寸规格，比一般 Prosumer DC 大上了好几倍。在高感光度下的噪声较少亦较小，有利夜间拍摄，减低三脚架的使用需要。在这枚 Live MOS 感光元件前面，装有一组能产生每秒 50,000 次震动的高频率震动模组，为没有反光镜但可自由更换镜头的 M4/3 系统，提供最佳的感光元件外露问题的清洁处理。在主电路板上使用 Panasoinc “Venus Engine HD” 处理器，而且用上双 CPU 设计，比上一代的 “Venus Engine IV” 处理器的运算效能提高约 2.4 倍，亦为强大的 Live View 功能提供高效率的运算流程。

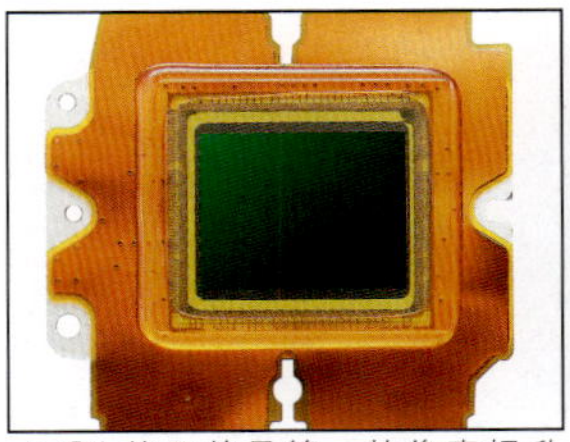

▲ G1 使用的是第一枚像素提升至 1,200 万像素级别的 Live MOS 感光元件，亦是自家制产物。

▲因为 M4/3 系统会长期依靠 Live View 预视，而且 G1 的设计，只让快门在拍摄时才会关闭一下开启来控制曝光，所以这枚感光元件十分之容易占上尘埃。

▲因此，在 G1 的感光元件前，装有一组能产生每秒 50,000 次震动的高频率震动模组，在开机、关机和手动启动清洁功能时，震去低通滤镜上的尘埃。

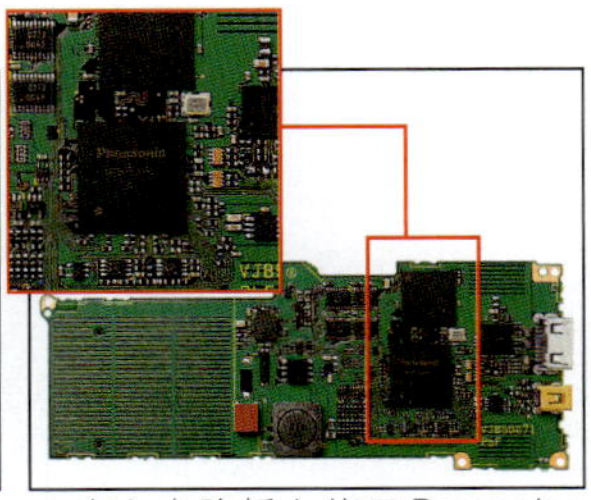

▲在主电路板上使用 Panasoinc 的 “Venus Engine HD” 处理器，而且用上双 CPU 设计，比上一代的 “Venus Engine IV” 处理器的运算效能提高约 2.4 倍。

智能自动操作

除了专业的P、A、S、M模式外，G1还承袭Panasonic易用方便的DC的iA智能自动操作模式。不但能做出面部对焦和自动补偿亮度及白平衡效果外，系统还会自动改变感光度的应用，例如拍摄静物时会选用较低的感光度，拍摄移动不定的小孩就转用高感光度做出高速快门等。微距和风景效果亦会自动被启动。就算是摄影新手，也不会对G1感到难用。

▲在机顶转盘中，除了提供P、A、S、M模式外，还有各主要场景模式及iA智能自动操作模式。

▲除了提供面部对焦功能外，iA智能自动操作模式会因应主体的活动情况，自动启动追踪追焦和高感光度的高速快门拍摄。

创新多变的影像效果

除了使用不同的镜头改变拍摄效果，G1内置了各种影像效果设定功能。凭着My Color Mode，用户可以针对数码影像的可变色调、亮度和饱和度，把影像调校至理想效果。想简单一点的，机身系统已内置了模拟6种不同效果的彩色胶卷的模式和3种不同效果的黑白胶卷模式，一看名字已知效果。

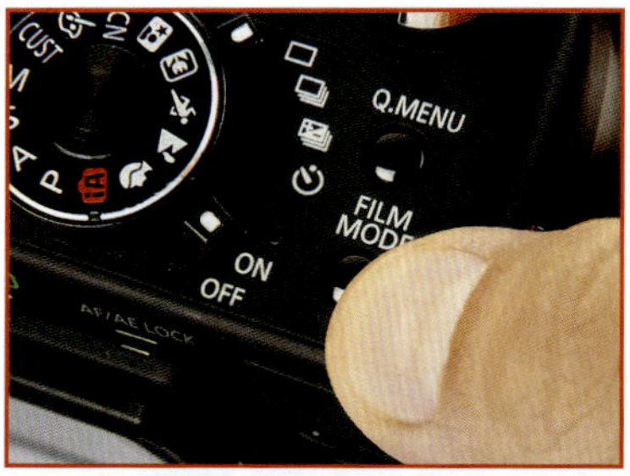

▲只要更改机顶的模式为My Color Mode功能，就能够针对色调、亮度和饱和度，把影像调校至理想效果。

▲机顶设有Film Mode的快速键，只要按下就能选择不同的胶卷模拟影像效果，而且可以做出微调修改。

三色机身年轻时款

为了吸引更多类型的摄影者，不只是传统喜欢专业外型的摄影者，还是年轻追求创意和美观的新晋摄影者，G1首创多只机身选择。除了具有专业感觉的黑色外，还有专为女性而设的玫瑰红和好动男生而设青靛蓝，共三种颜色可选。

▲G1在数码机身类型中首创多色机身选择，除了一贯的黑色，还有红色和蓝色可选。

Panasonic LUMIX DMC-G1 测试与分析

测试解说 | 请翻至 P. 16 之详细测试设定解释

色彩与自动白平衡控制测试

测试器材 | Panasonic LUMIX DMC-G1 +LUMIX G 20mm f/1.7 ASPH.

户外阳光下

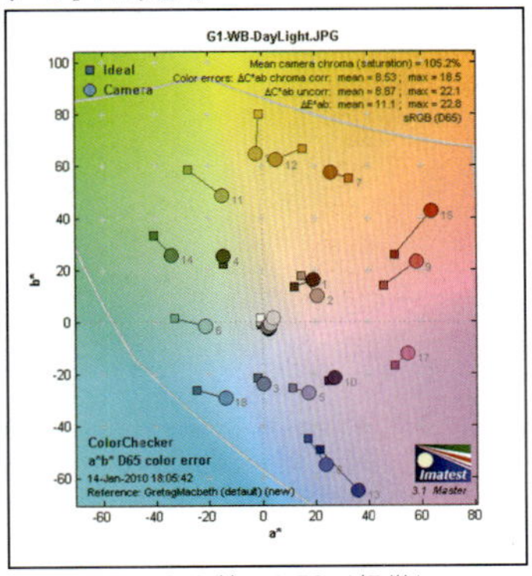

▲ 色彩平均偏差：8.53（轻微）
色彩平均饱和度： 105.2%（正常）

室内商场中

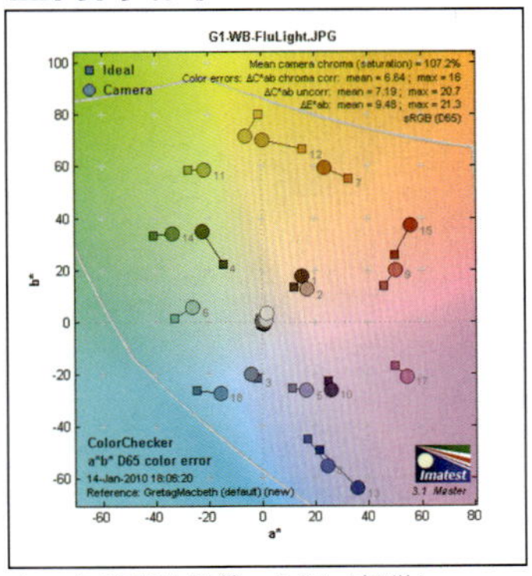

▲ 色彩平均偏差：6.64（轻微）
色彩平均饱和度：107.2%（正常）

餐厅灯光下

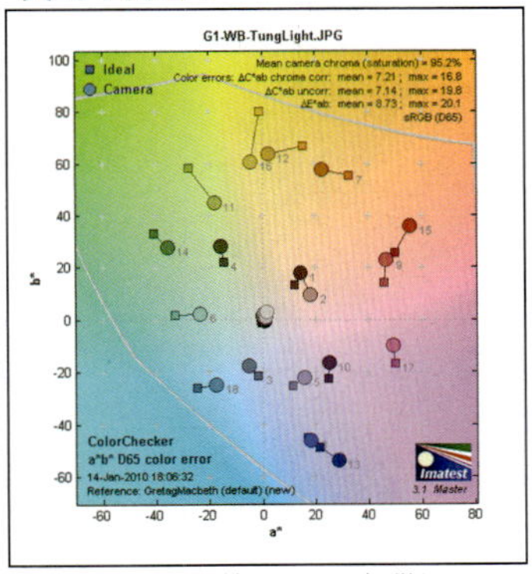

▲ 色彩平均偏差：7.21（轻微）
色彩平均饱和度：95.2%（略淡）

测试分析

从测试结果可看到，G1 的自动白平衡系统十分出色，就连绝大部分 D-SLR 都不会自动纠正的钨丝灯环境下，G1 都能把它拉回平常效果，成绩令人非常满意。在饱和度上，G1 大部分时间都以正常不太浓不太淡的效果运作。

自动对焦系统效能测试

测试器材 | Panasonic LUMIX DMC-G1 + LUMIX G 20mm f/1.7 ASPH. + LUMIX G VARIO 14-45mm f/3.5-5.6 ASPH. MEGA O.I.S.

Live View 数码对比度侦测系统

使用 LUMIX G 20mm f/1.7 ASPH 拍摄（最大光圈为 f/1.7）

环境光度	EV -2.5	EV -2	EV -1.5	EV -1	EV -0.5
成功次数	0	0	0	5	5

使用 LUMIX G VARIO 14–45mm f/3.5–5.6 ASPH. MEGA O.I.S.@45mm 拍摄（最大光圈为 f/5.6）

环境光度	EV -0.5	EV 0	EV +0.5	EV +1	EV +1.5
成功次数	0	2	3	5	5

测试分析

由于 G1 完全使用 Live View 的预视和 AF 系统，所以不论任何位置的 AF 效果都是相当，没有 D-SLR 的光学 AF 系统的十字型强过线性型的现象。当使用 f/1.7 超大光圈镜头对焦时，能做出 EV-1 的最暗对焦全中工作条件。当转用光圈只有 f/5.6 的镜头时，便需要加大环境亮度至 EV 0 才出现成功合焦，到了 EV +1 时才能全部合焦。

解像力变化测试

测试器材 | Panasonic LUMIX DMC-G1 + LUMIX G 20mm f/1.7 ASPH.

感光度	ISO 100	ISO 200	ISO 400	ISO 800	ISO 1600	ISO 3200
解像力得分 *	1911	1900	1895	1885	1861	1860
与 ISO 100 得分差距		–1%	–1%	–1%	–3%	–3%

* 数值为 Imatest 分析结果，单位为 LW/PH，分数愈高为愈好

测试分析

从测试结果，可看到 G1 的不同感光度下，都有相当的解像力得分。虽然最高分数仍然是出现在最低感光度 ISO 100 之上，但与最高感光度的最低得分只差 3%，跌幅非常轻微。

感光度噪声 4R 小尺寸相片模拟打印效果测试

测试器材 | Panasonic LUMIX DMC-G1 + LUMIX G VARIO 45-200mm f/4.0-5.6 MEGA O.I.S.

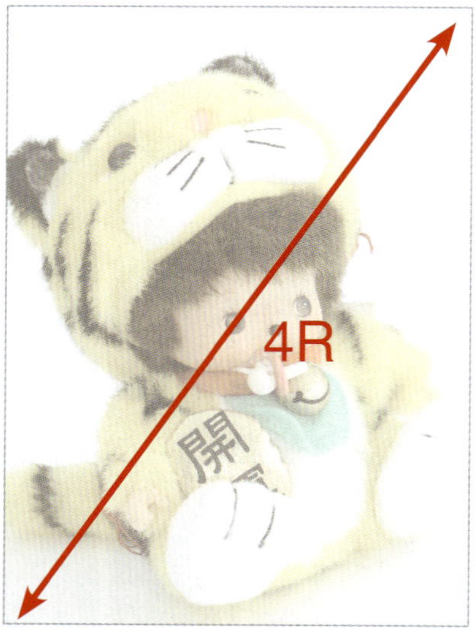

▲把各设定下的影像以 667dpi 输入密度打印成约 4 英寸 x 6 英寸的 4R 相片，然后陈列拼贴各图中约 2.8cm x 2.8cm 的裁放范围比较。

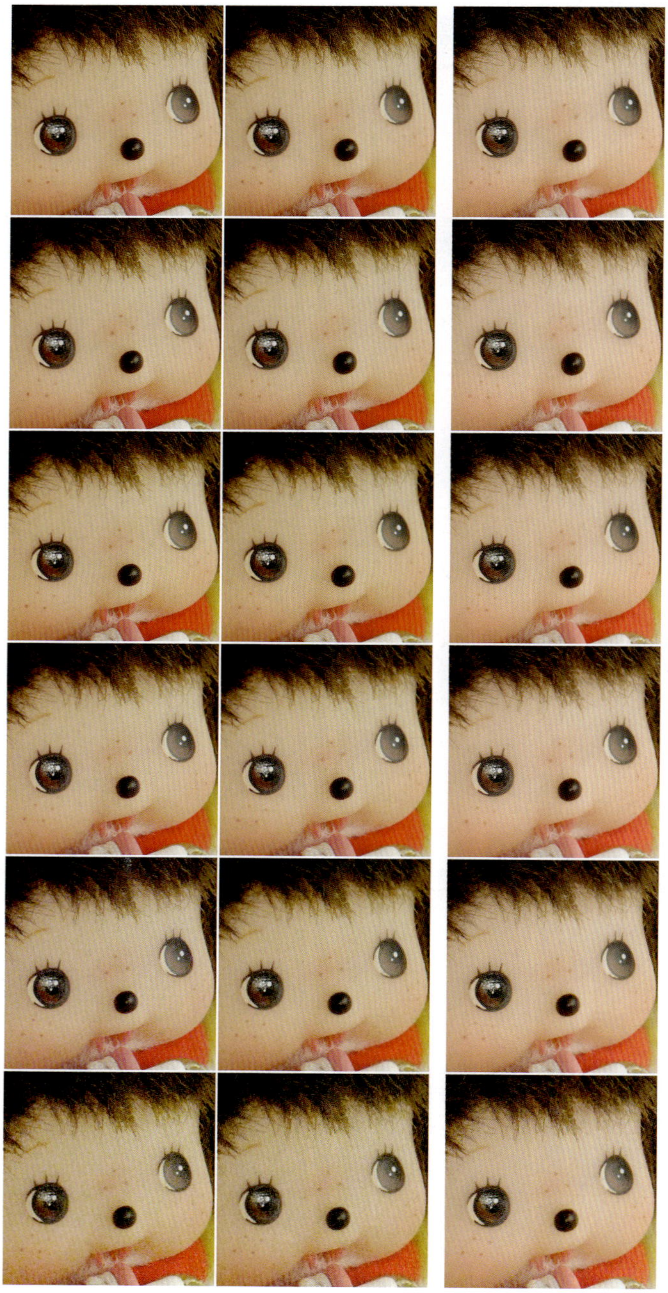

测试分析

从测试影像的放大位置可见，在细小的输出尺寸上，不容易看到 G1 的高感光度噪声。在 4R 和计算机桌面背图的应用上，可放心使用 G1 的所有感光度。

感光度噪声 4R 大尺寸相片模拟打印效果测试

测试器材 | Panasonic LUMIX DMC-G1 + LUMIX G VARIO 14-45mm f/3.5-5.6 ASPH. MEGA O.I.S.

▲把各设定下的影像以 343dpi 输入密度打印成约 21cm x 29.7cm 的 A4 相片，然后陈列拼贴各图中约 2.8cm x 2.8cm 的裁放范围比较。

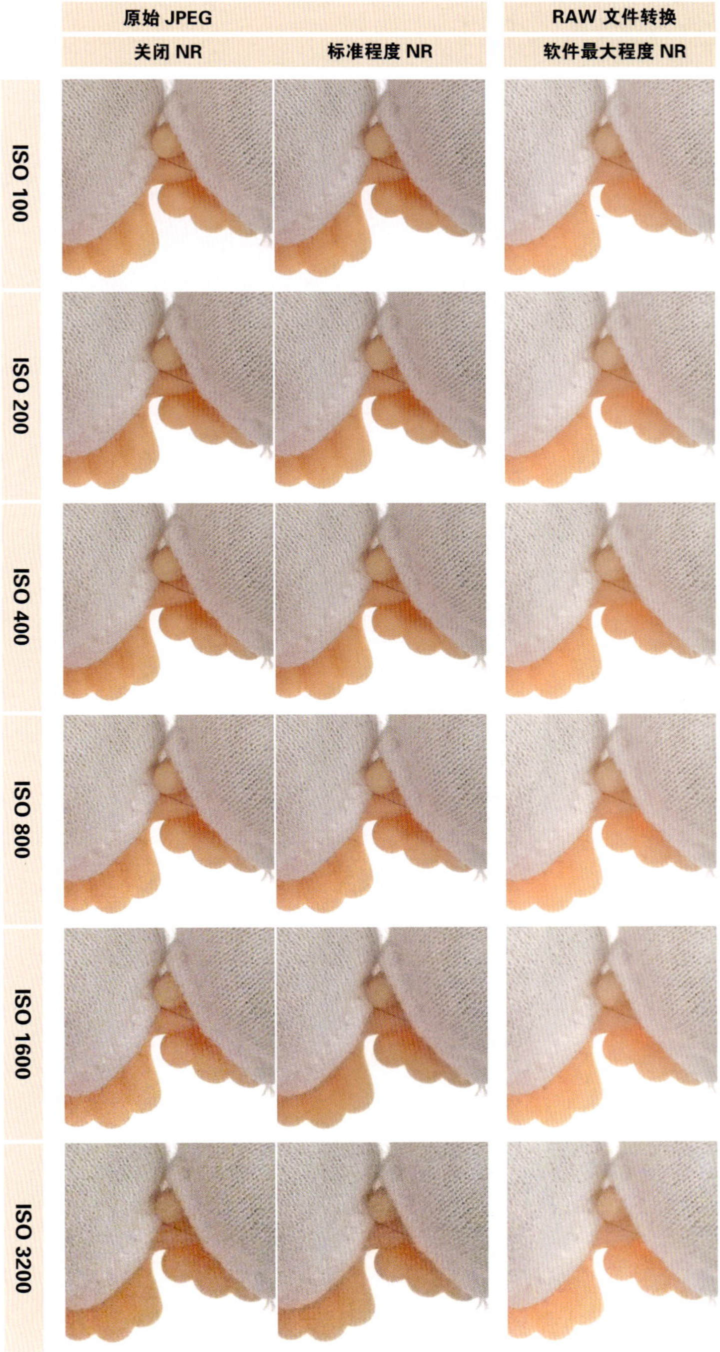

测试分析

从放大图可见，当 G1 的影像在大倍率放大输出后，高感光度的噪声便会较易看到。但仍比 DC 的优胜很多。在预设情况下，ISO 1600 仍有不俗的效果，当升至最高的 ISO 3200 时，会有较多的噪声颗粒出现。

Panasonic LUMIX DMC-G1 性能参数

机身卡口	Micro 4/3 系统制式	机身储存媒体	SD/SDHC
可使用镜头	4/3 系列（需转接环）、Micro 4/3 系列	传输界面	USB 2.0 High Speed
感光元件	17.3 × 13mm Live MOS	影音端子	Mini-HDMI、传统复合式端子
焦距转换率	2X	电源	DMW-BLB13 锂离子充电电池（1250mAh、9Wh）
有效像素	1,200 万	体积	约 124 × 83.6 × 45.2mm
相片最高解像度	4000 × 3000	净重量	约 385g
感光度	ISO 100 - ISO 3200		
快门速度	60-1/4000 秒、支持 B 快门		
闪灯同步快门	1/160 秒		
对焦系统类型	Live View 对比度侦测		
闪光灯系统	内置、外接热靴闪光灯		
测光模式	144 区智能多区、中央偏重、重点（约 2.7% 画面面积）		
连拍模式	高速：每秒 3 张，低速：每秒 2 张，最多连拍 7 张 RAW/ RAW+JPEG 及无限 JPEG		
观景模式	Live View 内置数码取景器、LCD		
LCD 显示屏	3 英寸 46 万像素扭动式 16:9LCD		
除尘系统	有		
防震系统	镜头光学偏移补偿式		

编辑述评 Panasonic LUMIX DMC-G1

Prosumer DC 杀手

随着 GH1 和 GF1 的推出，G1 的售价亦比刚推出时下调了不少。对于喜欢 Micro 4/3 系统所提供的多元化高速 Live View 功能和轻巧便携特色，加上一个外型上是减分，但实用上又会是加分的防滑手柄，令 G1 比 GF1 更适合时常外影拍摄的人。而且 G1 装置了一体化的高密度 EVF，观看效果明显比 GF1 另购的 EVF 为佳。唯一比较可惜的是 G1 的推出时间比可拍片机身诞生得更早，所以没有任何拍片功能提供，这亦做就了 GH1 的诞生。不少人会把廉价了的 G1 和 Prosumer DC 及入门级 D-SLR 比较，G1 的价钱正好是处于三者的中间位置。若觉得没有需要拍片功能的话，G1 凭着比 Prosumer DC 出色很多的影像，又比 D-SLR 出色很多的 Live View AF 功能，其实是非常适合由 DC 升级，希望拍出更专业的用户选择。

耐用度：	★★★★	拍摄功能：	★★★★	Live View AF 系统：	★★★★★
便携性：	★★★★	噪声控制：	★★★★★	影片画质：	不适用
外型吸引度：	★★★★	色彩与白平衡：	★★★★★		
专业度：	★★★★	光学 AF 系统：	不适用		

Gallery of Panasonic LUMIX DMC-G1

拍摄者：Sam YAU
机身：Panasonic LUMIX DMC-G1
镜头：Panasonic LUMIX G VARIO 45-200mm f/4.0-5.6 MEGA O.I.S.
光圈：f/9
快门：1/125 秒
感光度：ISO 100
白平衡：Auto WB
镜头焦距：103mm
相对焦距：206mm

独家全高清 Panasonic LUMIX DMC-GH1

如果说到高清影音科技，Panasonic 的 LCD 电视、摄录机可谓十分有名，到了数码摄影的范畴上，第一部可拍片机身 GH1 当然不会失礼，但意想不到的是，它不但基于小巧的 G1 之上开发，就连加入了罕有的全高清拍片功能后，机身体积和重量都没有大增。在最高质量的拍片格式及超高阶的 Live View 操控下，GH1 的动静皆能的吸引力，非同小可。

Gallery of Panasonic LUMIX DMC-GH1

拍摄者：Sam YAU
机身：Panasonic LUMIX DMC-GH1
镜头：LUMIX G VARIO HD 14-140mm f/4.0-5.8 ASPH. MEGA O.I.S.
光圈：f/13
快门：1/13 秒
感光度：ISO 100
白平衡：Auto WB
镜头焦距：41mm
相对焦距：82mm

Panasonic LUMIX DMC-GH1 机身设计

POINTS

- Micro 4/3 制式
- 1,200 万像素
- Full HD 1920x1080 影片摄录
- ISO 100–3200
- 3 英寸扭动式 16:9 LCD
- 内置高分辨率 EVF
- 支持追踪追焦 AF
- 支援 P、A、S、M 拍片模式
- SD/SDHC 记忆卡储存
- 385g 轻巧便携

ray! 参考售价
14–140 套装
请致电：4006–987–666
* 资料由锐意于 2010 年 10 月 15 日提供

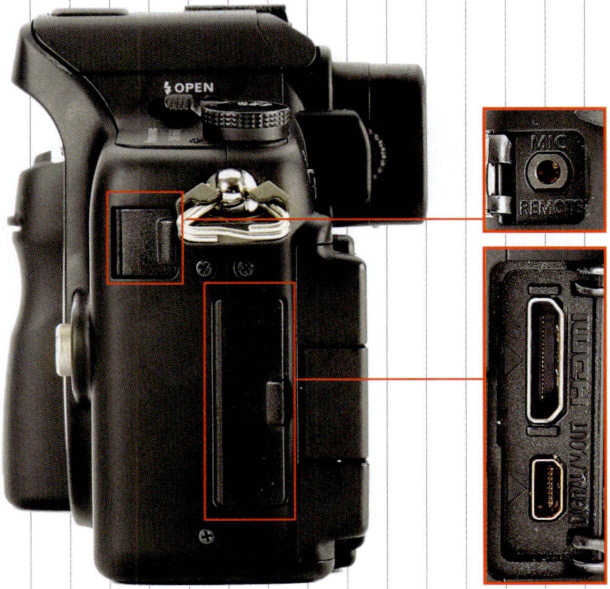

▲GH1 为影片摄录新增的四项改变之一：独立摄录键，能在任何拍摄模式中启动拍片功能。

▲改变二：在内置闪光灯的顶部加上立体声收音麦克风。但在弹起内置闪光灯后收音方向便会改变为向后，需要手动压回原来位置，才能正常收音。

▲改变三：与 GH1 一同推出的 10X 变焦防震套装镜 LUMIX G VARIO HD 14-140mm f/4.0-5.8 ASPH. MEGA O.I.S.，不少旅游用户为了此镜而升级 GH1。

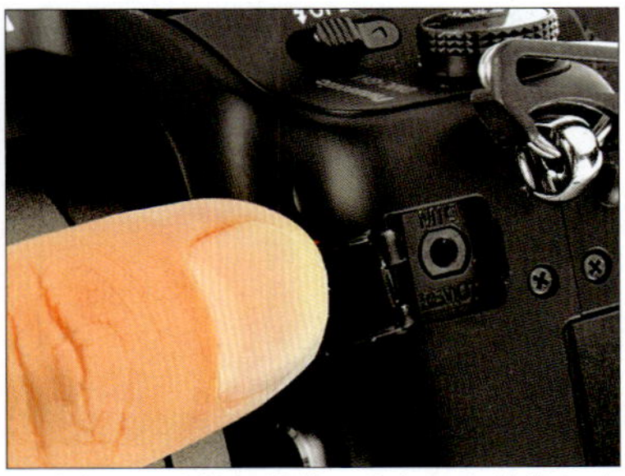

▲改变四：在快门线接口上加入音效输入功能，让 GH1 加装原厂或外厂的专业导向收音 MIC。

▲使用与 G1 及 GF1 相同的电池，亦是使用 SDHC 卡储存。

▲因是 Micro 4/3 系统，所以没有反光镜设计，快门帘幕只有在拍摄时才会关一关上，作曝光计时。

Panasonic LUMIX DMC-GH1 取景器

Live View 预视构图画面

▲一般情况

▲拍摄功能设定画面

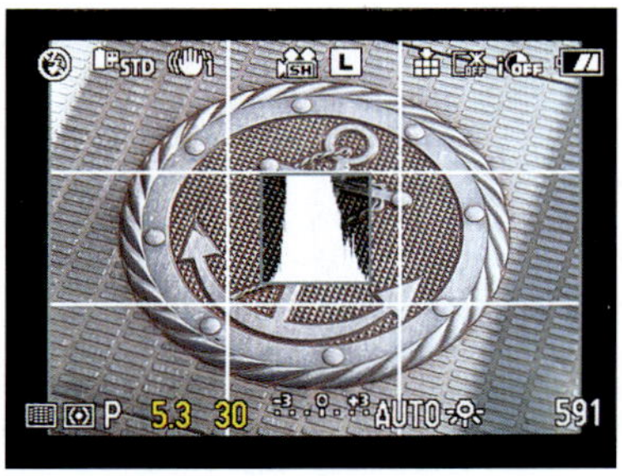

▲加入構图辅助框线和曝光分布图显示

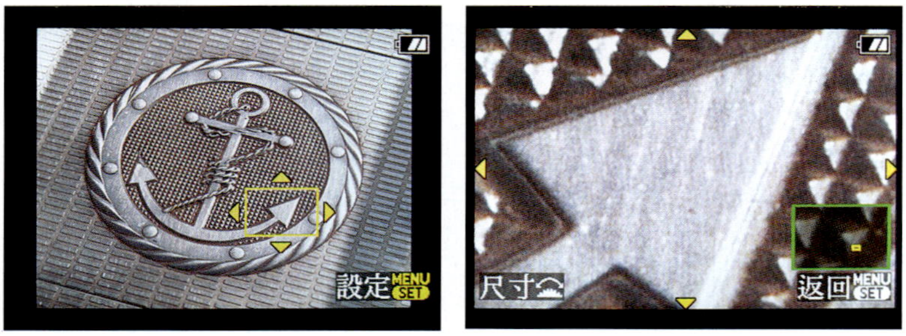

▲手动对焦及 10X 放大显示

影片摄录模式画面

▲影片摄录模式

▲影片播放模式

影像效果模式画面

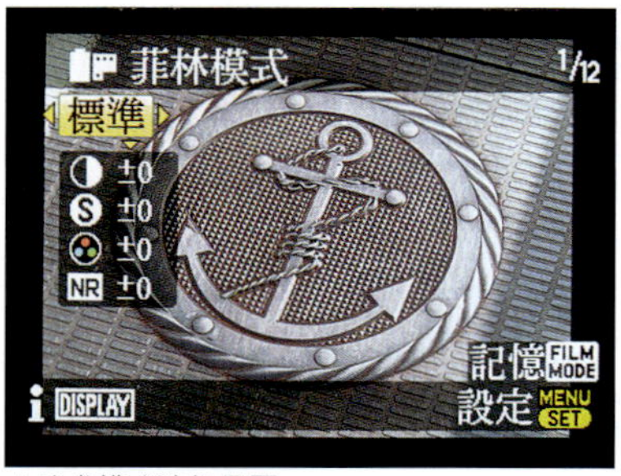

▲胶卷模式选择界面

目录界面

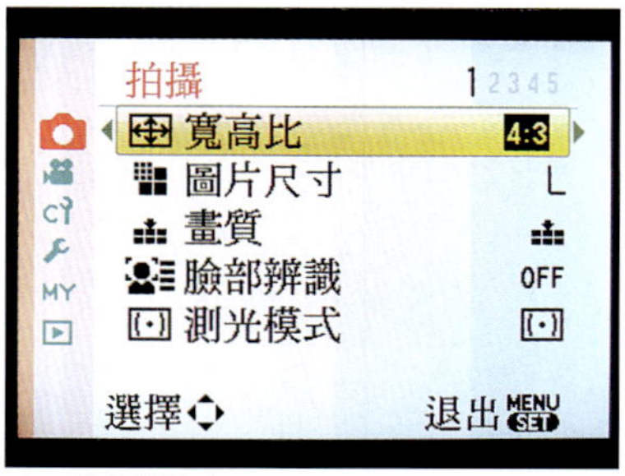

▲一般拍摄设定

▲自定义功能表

技术特点 Panasonic LUMIX DMC-GH1

全球最小巧全高清拍片相机

若把 GH1 和 G1 放在一起，很容易把它们混淆，虽然它们的外表和规格都很相似，但它们的定位和用途却十分不同。GH1 完全是一部针对需要高清效果的动态和静态影像而设的机身。在细小的机身上，使用一枚 1,200 万有效像素 Live MOS 感光元件，影像文件足够输出打印大尺寸相片。经过机内的双 CPU 设计的 Venus Engine HD 影像处理模组后，不但令噪声水平比以往的机型更少更顺滑，而且能输出 1920x1080（24fps）达 Full HD 解像度和立体声现场收音影片，都是罕有的规格功能。

▲一颗影片独立控制按键，显示 GH1 静态、动态两用重要功能。

▲机顶设有一组立体声麦克风，支持 Dolby(r) Digital Stereo Creator 音效功能。

▲ GH1 的 Live MOS 能输出最高 1,200 万像素相片影像。

▲底板上的 Venus Engine HD 影像处理模组使用了双 CPU 设计，提供出色的相片和影片处理效能。

GH1 的 Full HD 影片摄录功能，不但解像度高，而且充满各种专业操作功能。除了由内置的立体声麦克风，录取环境声效外，更可加装专业的外接定向式大型麦克风或直接输入各种声效。配合相连发售的套装镜头 LUMIX G VARIO HD 14-140mm f/4.0-5.8 ASPH. MEGA O.I.S.，GH1 好比任何一部专业 DV 摄录机，除了提供 10X 超广阔范围的快速变焦功能和稳定无震的防震效果外，宁静低噪的全时追焦功能，更是 GH1 和这支套装镜头独有的配搭功能。影片拍摄时，更可以像相片专业模式般，手动控制影片的快门和光圈设定，做出各种不同的动态和景深效果。当 GH1 透过 Mini-HDMI 接线连接同厂的 VIERA LCD 电视，更可以借着电视的遥控器控制 GH1 的影片播放功能，非常方便实用。

▲透过机身旁边的 3.5mm 接口，GH1 就能加装有各种音效优化功能的外接收音麦克风，如原厂的 DMW-MS1。

▲透过 Mini-HDMI 线连接 VIERA LCD 电视后，就可以借着电视的遥控器控制 GH1 的影片播放功能。

▲ GH1 的套装镜 LUMIX G VARIO HD 14-140mm f/4.0-5.8 ASPH. MEGA O.I.S. 是 4/3 系统中首支提供影片拍摄优化功能的可换式镜头。最大特点是提供了长达 10X 的变焦能力，由 28 至 280mm 的相对焦距，令影片拍摄弹性极大。

◀除此以外，此套装镜头的 AF 马达经特别处理，对焦时宁静非常，是唯一能令 GH1 在 Full HD 影片摄录途中仍能持续进行自动对焦的镜头。

▶镜头的 MEGA O.I.S. 防震系统提供能补偿快门速度减低手震的影响。

▲透过机顶转盘，转用 Motion Picture M Mode，便能针对影片的快门和光圈，作出专业的控制效果。

首见 AVCHD 影片记录格式

在记录 Full HD 影片时，GH1 提供两款不同的文件格式选择，第一种是对应一般个人电脑的 Motion JPEG 的 .AVI 格式，另一种对应高清电视和播放器的 AVCHD 格式。AVCHD（Advanced Video Codec High Definition）是为记录最佳画面和音效影片而研发的文件格式，使用 H.264 编码技术，能在更小的文件体积里提供更优质的影片效果。

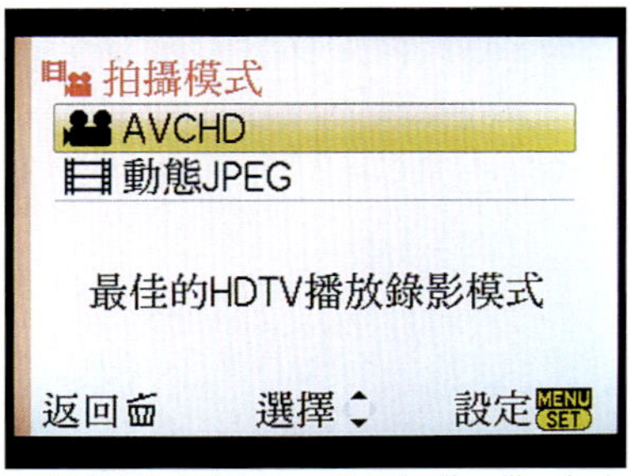

▲在影片格式选择上，GH1 提供了供一般电脑直接播放的 Motion JPEG（.AVI）格式和以 H.264 专业影音效果编码的 AVCHD 格式。

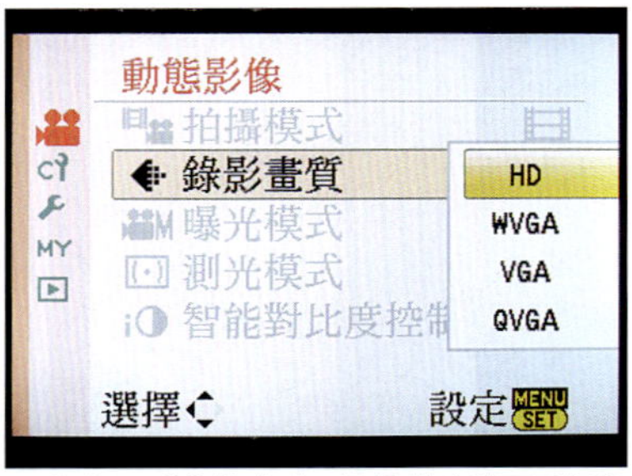

▲在选用 .AVI 格式时，还提供 4 种不同解像度的格式选择，但这里的最高 HD 格式其实只有 1280 x 720 解像度。

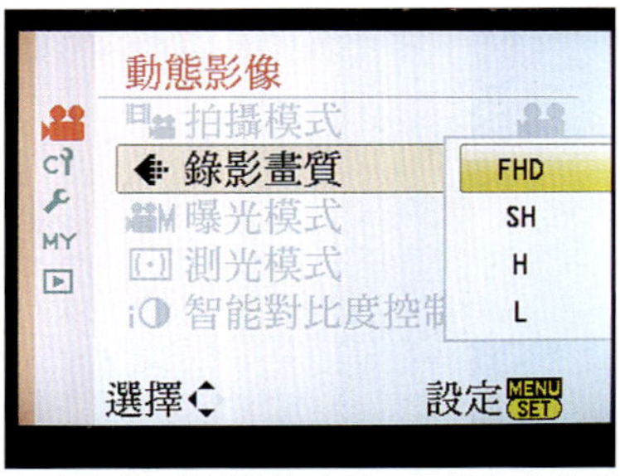

▲在选用 AVCHD 格式时，还提供 4 种不同压缩流量的格式选择，这里的 FHD 才是 1920 x 1080 解像度。

多重比例影像元件

说回 GH1 的拍摄功能，同样强劲和多变。虽然规格上，GH1 最高只能输出 1,200 万"有效像素"，但其感光元件符合 4/3 系统的设计和规定尺寸，而且厂方在此加上了"小小"心思，刻意把这枚感光元件的面积造大一点，实际上设有多一点的像素单元。配合不同的镜头，能令 GH1 的相片在三种影像比例下，都能有一样的视角效果，并不是使用裁放方法，借失去一些像素和收窄视角。除了预设和 4/3 系统的原始比例 4:3 外，GH1 还提供了能有相同视角效果的 3:2 和 16:9 模式。

▲一般数码相机都会用尽其感光元件的面积和镜头覆盖范围。若要做出不同的影像比例，便要载去一些影像，令像素大大降低，也收窄了视角效果。

▲ GH1 的感光元件和镜头覆盖范围都比 4/3 系统制式"多一点点"，不论使用 4:3、3:2 或 16:9 模式，都会有一样的视角效果和像素水平。

强大的 Live View AF 功能

就和其他的 Panasonic M4/3 机身一样，GH1 的 Live View AF 是它最引以为傲的功能。除了代替取消了的反光镜，负责全时显示构图效果外，亦完全依靠 Live View 和处理模组去实行各项 AF 功能。就算是简单的单点模式，GH1 都提供了 4 种不同面积大小的选择，让用户视乎主体大小来使用。在最简单易用的面部识别功能上，最多可以同时认上 15 张面貌，然后选择其一锁定。若被摄者是用户的最亲的人，更可以预先把容貌储存在机内的，每当被认出，就会在 Live View 和重播画面中显示。对于要拍摄移动中的主体，不论是小孩、动物或固定物，GH1 的追踪模式，都能够紧紧锁上，不断追焦。对于不懂使用相机的人，最适合使用 23 区域模式，让机身自选最正确位置自动对焦上去。而以上一切一切的 Live View AF 功能，都能在拍片模式上同样使用。

▲面部识别 AF 功能便一定只在 Live View 模式中才有，GH1 的除了能在最多被认出的 15 张面貌中，选择一个作为主体锁上外，还会自动核验身份，然后在 Live View 画面和重播相片时打出名字，有趣和人性化。

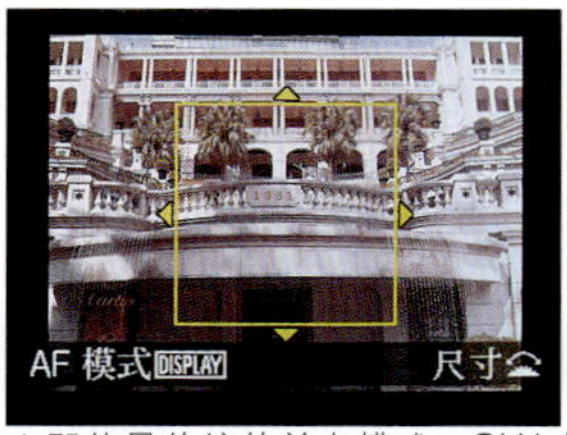

▲即使最传统的单点模式，GH1 都提供范围的大小变化可能，对焦位置更可以移动至画面上任何一处地方。

▲除了单点模式外，GH1 还提供 23 区自动选择运作模式，适合初次摄影人士使用。

▲只要简单的步骤，GH1 就能在画面中锁上一个目标，配合持续对焦模式，便能做出追踪追焦功能，拍摄好动的小孩和宠物尤其适合。

除了方便对焦外，透过 Live View 可以更传神体会各种影像效果，例如色彩、反差、光圈快门的实拍效果和比例，这些都是传统光学反光镜和五棱镜取景窗都不能做到的。透过 GH1 的可扭动 LCD 显示屏，要做出各种不同角度的拍摄效果，亦十分方便，无需再以“Off Finder”方法去拍，能够全程准确监控。即使习惯使用传统姿势拍摄的资深用户，GH1 的电子取景器凭着 144 万色点、1.4X 放大率和每秒 180 帧刷新频率的显示规格，令用户欣赏到相同于机背 LCD 显示屏的 Live View 多元化信息和相片重播效果。

▲透过 Live View，任何影像效果设定都能在拍摄前清楚掌握。

▲除了即时体会明暗效果，Live View 更可以即时显示曝光分布图，让高级用户清楚影像构成的亮度效果。

▲按下景深预视键，除了可以显示设定中的光圈和景深效果外，再按下 DISPLAY 键更可以停止正常的更新频率，模拟出快门的摄影效果，再预防手震问题。

▲透过机背可 270° 翻动的 3 英寸 46 万色点显示 LCD，拍摄角度便不再受到限制，而且可以全时精确监控。

▲虽然外型极像光学取景器，但 GH1 用上的是一组高解像度电子取景器。除了会自动在面部靠上时转用外，透过具有 144 万色点显示和每秒 180 帧的更新频率，Live View 和相片重播效果都一一比使用光学取景器为先进和多元化。

三色机身年轻时款

贵为 M4/3 系统 G 系列的最强“大阿哥”，为了加强其尊贵感，GH1 不只是有传统极具专业感觉的黑色机身选择外，还有提供尊贵和贵族感觉的玫瑰红和香槟金，共三种颜色可选。

▶为了令 GH1 的外型能带出更强的尊贵感觉，在机身颜色选择中除了一贯的黑色，还有红色和金色可选。

Panasonic LUMIX DMC-GH1 测试与分析

测试解说 |请翻至 P. 16 之详细测试设定解释

色彩与自动白平衡控制测试

测试器材 | Panasonic LUMIX DMC-GH1 + LUMIX G 20mm f/1.7 ASPH.

户外阳光下

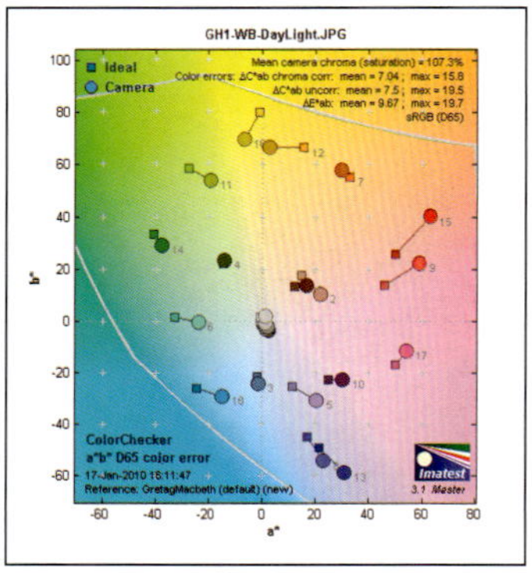

▲ 色彩平均偏差：7.04（轻微）；
色彩平均饱和度：107.3%（略浓）

室内商场中

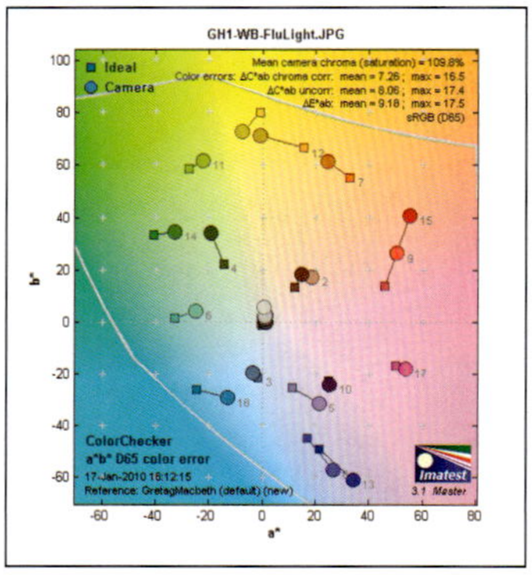

▲ 色彩平均偏差：7.26（轻微）；
色彩平均饱和度：109.8%（略浓）

餐厅灯光下

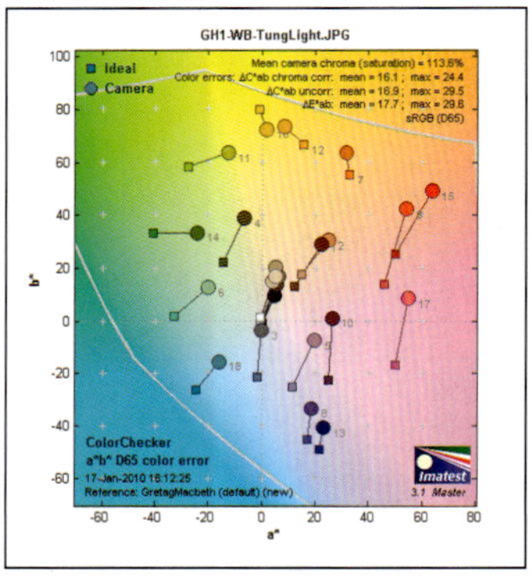

▲ 色彩平均偏差：16.1（严重）；
色彩平均饱和度：113.6%（偏浓）

测试分析

从测试可见，GH1 在户外和商场的室内环境，都有不俗的自动白平衡纠正能力，偏色只属轻微，而且拥有略为浓郁的饱和度效果。到了使用灯泡的餐厅环境里，偏色问题变得严重了，饱和度亦提升了少许，与大部分 D-SLR 的情况相约。

自动对焦系统效能测试

测试器材 | Panasonic LUMIX DMC-GH1 + LUMIX G 20mm f/1.7 ASPH. + LUMIX G VARIO HD 14-140mm f/4.0-5.8 ASPH. MEGA O.I.S.

Live View 数码对比度侦测系统

使用 LUMIX G 20mm f/1.7 ASPH 拍摄（**最大光圈为 f/1.7**）

环境亮度	EV -2.5	EV -2	EV -1.5	EV -1	EV -0.5
成功次数	0	0	1	5	5

使用 LUMIX G VARIO HD 14-140mm f/4.0-5.8 ASPH. MEGA O.I.S.@50mm 拍摄（**最大光圈为 f/5.6**）

环境亮度	EV -0.5	EV 0	EV +0.5	EV +1	E +1.5
成功次数	0	1	4	5	5

测试分析

由于 GH1 没有反光镜及传统的光学 AF 感应器，所以当使用 Live View 的 AF 系统时，不论任何位置都有相当的效果。当使用 f/1.7 超大光圈镜头对焦时，能做出 EV -1 的最暗对焦全中工作条件。当转用光圈只有 f/5.6 的镜头时，便需要加大环境亮度至 EV 0 才出现成功合焦，到了 EV +1 时才能全部合焦。

解像力变化测试

测试器材 | Panasonic LUMIX DMC-GH1 + LUMIX G 20mm f/1.7 ASPH.

感光度	ISO 100	ISO 200	ISO 400	ISO 800	ISO 1600	ISO 3200
解像力得分 *	2012	2036	2049	2068	2031	2059
与 ISO 100 得分差距		1%	2%	3%	1%	2%

* 数值为 Imatest 分析结果，单位为 LW/PH，分数愈高为愈好

测试分析

从电脑分析结果可看到，GH1 的最低解像力得分出现在 ISO 100 之时，其他感光度下都有非常相近的解像度。

感光度噪声 4R 小尺寸相片模拟打印效果测试

测试器材 | Panasonic LUMIX DMC-GH1 + LUMIX G VARIO HD 14-140mm f/4.0-5.8 ASPH. MEGA O.I.S.

▲把各设定下的影像以 **667dpi 输入密度**打印成约 4 英寸 x 6 英寸的 4R 相片，然后陈列拼贴各图中约 2.8cm x 2.8cm 的裁放范围比较。

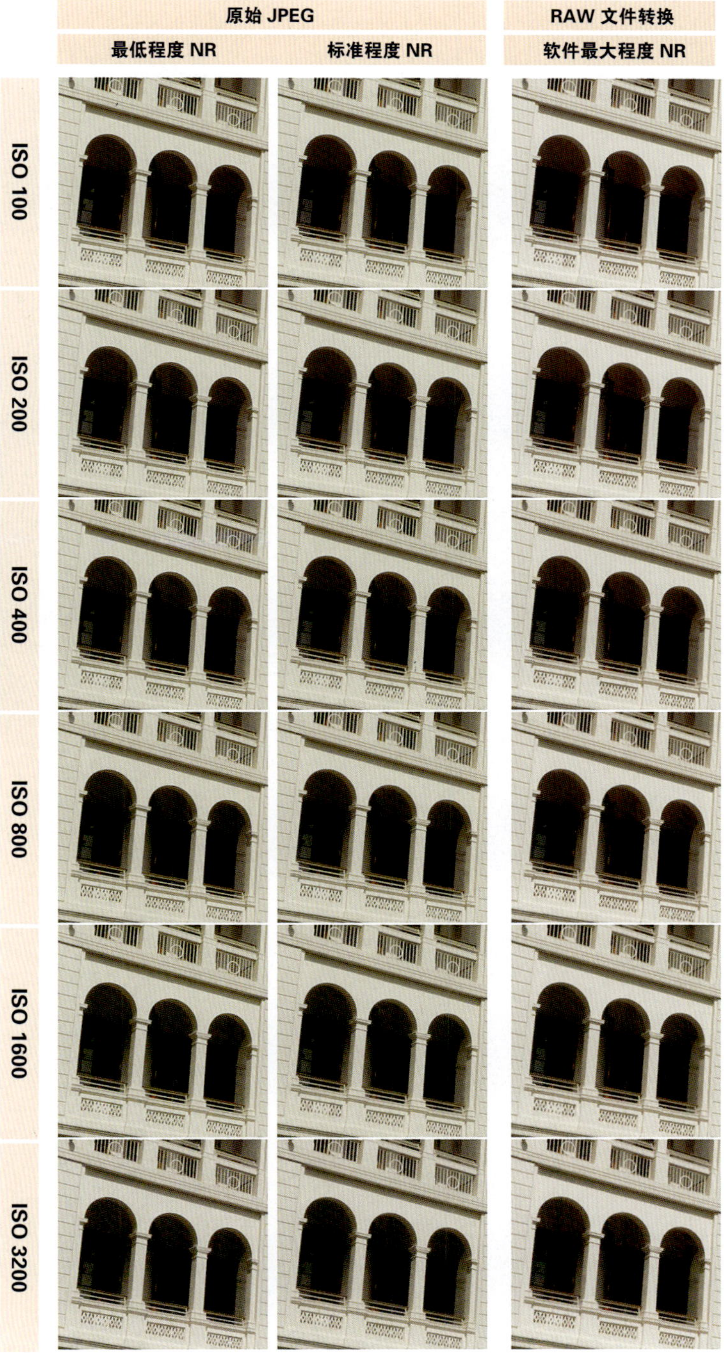

测试分析

从模拟由 4R 相片裁放比并的相片群中发现，GH1 的噪声不容易在这尺寸上看到。即使是最高的 ISO 3200，不论是噪声的出现和锐度的下降，都不易察觉得到。

感光度噪声 A4 大尺寸相片模拟打印效果测试

测试器材 | Panasonic LUMIX DMC-GH1 + LUMIX G VARIO HD 14-140mm f/4.0-5.8 ASPH. MEGA O.I.S.

▲把各设定下的影像以 **343dpi 输入密度**打印成约 21cm x 29.7cm 的 A4 相片，然后陈列拼贴各图中约 2.8cm x 2.8cm 的裁放范围比较。

测试分析

从较大的打印尺寸上看，GH1 的高感光度噪声会较易看到，当感光度提升至 ISO 800 或更高，便愈来愈多噪声出现在阴影位置。若有需要使用如此高的感光度，便需要更高的 NR 功能辅助。

影片噪声控制效果测试

1280x720 影片格式

▲测试原图放大

▲ ISO 100

▲ ISO 200

▲ ISO 400

▲ ISO 800

▲ ISO 1600

640 x 480 影片格式

▲测试原图放大

▲ ISO 100

▲ ISO 200

▲ ISO 400

▲ ISO 800

▲ ISO 1600

测试分析

从测试影片的截图来看，不论是 640x480 的一般格式或是高清格式，由最低的 ISO 100 至最高的 ISO 1600，都没有出现明显的噪声颗粒。在实际拍摄上，用户能放心使用。

Panasonic LUMIX DMC-GH1 性能参数

机身卡口	Micro 4/3 系统制式
可使用镜头	4/3 系列（需转接环）、Micro 4/3 系列
感光元件	17.3 × 13mm Live MOS
焦距转换率	2X
有效像素	1,200 万
相片最高解像度	4000 × 3000
感光度	ISO 100 - ISO 3200（影片拍摄时：ISO 100-ISO 1600）
快门速度	60-1/4000 秒、支持 B 快门
闪灯同步快门	1/160 秒
对焦系统类型	Live View 对比度侦测
闪光灯系统	内置、外接热靴闪光灯
测光模式	数码侦测：智能多区（144 区）、中央偏重、重点（约 2.7% 画面面积）
连拍模式	每秒 3 张，最多连拍 10 张 RAW/ RAW+JPEG 及无限 JPEG
影片档案格式	Motion JPEG（.AVI）、AVCHD
影片控制模式	P 程序自动、S 快门先决、A 光圈先决、M 全手动
影片解像度	1920 × 1080@60fps 1280 × 720@60fps/30fps、848 × 480@30fps、640 × 480@30fps、320 × 240@30fps

音效收录模式	内置立体声收音 MIC、外接 3.5mm 接口
观景模式	内置数码 Live View 取景器、LCD Live View
LCD 显示屏	3 英寸 46 万像素扭动式 16:9LCD
除尘系统	有
防震系统	镜头光学偏移补偿式
机身储存媒体	SD/SDHC
传输界面	USB 2.0 High Speed
影音端子	Mini-HDMI、传统复合式端子
电源	DMW-BLB13 锂离子充电电池（1250mAh、9Wh）
体积	约 124 × 89.6 × 45.2mm
净重量	约 385g

Panasonic LUMIX DMC-GH1 编辑述评

旧瓶新酒

意想不到加入了并非所有品牌都有的全高清拍片功能的 GH1，居然与仅用于摄影的 G1 的体积和重量相差这么少，这是否代表拍片功能其实着重软件的开发多于硬件呢？不论答案如何，GH1 都是目前体积最小巧的全高清拍片可更换镜头机身。GH1 和 G1 的使用感觉，在两个角度来说可以是十分相似，又可以十分不相似。相似的是它们的界面，有近 90% 相同，只有拍片功能是 GH1 独有的，其他的两机无什么差异。不同的是 GH1 的 HD 14-140mm 套装镜头，比 G1 的 14-45mm 在重量上相差真的很大。此 10X 变焦镜虽然是较重，但已比其他品牌的，尤其全画幅的 10X 变焦镜头来得轻巧。在光学测试中，更发现它的成像十分出色，尤其是不同焦距的大光圈效果，十分好。加上它的宁静对焦马达，对于着重拍片功能的 GH1，简直是如鱼得水。在 GF1 的固件更新推出前，此镜更是唯一能在拍片途中仍能快速不停追焦的型号。为了种种原因，GH1 的套装在日本推出时，曾掀起 G1 用户的升级浪潮，为的可能是这支之前未有独立发售的 10X 变焦镜。无论是为了此镜，还是 GH1 的全高清拍片功能，GH1 应该还会站在最强拍摄／拍片机能的 Micro 4/3 机皇之位一段日子。

耐用度：	★★★★	拍摄功能：	★★★★★	Live View AF 系统：	★★★★★
便携性：	★★★★★	噪声控制：	★★★★★	影片画质：	★★★★★
外型吸引度：	★★★★	色彩与白平衡：	★★★★★		
专业度：	★★★★★	光学 AF 系统：	不适用		

Gallery of **Panasonic LUMIX DMC-GH1**

拍摄者：Sam YAU
机身：Panasonic LUMIX DMC-GH1
镜头：Panasonic LUMIX G VARIO 7-14mm f/4.0 ASPH.
光圈：f/5.6
快门：1/8 秒
感光度：ISO 3200
白平衡：Auto WB
镜头焦距：10mm
相对焦距：20mm

触控新纪元

Panasonic LUMIX

LUMIX DMC-G2

摄影不但是影像的制作，还有拍摄的过程。观赏者最感觉到的应是影像上的震撼，拍摄者最感受到的应是拍摄时的震撼。令人着迷的相机，可能是对焦、连拍、反应、声响、重量都是强大惊人的，但在全面数码化之后，其实还可以借着全新的操作和运用方法，再次带起摄影的革命。继 Live View 改变了数码相机的动作方法，带来各种优势，造出 EVIL 系列后，EVIL 霸主之一的 Panasonic 再推另一项大有可能改变摄影方法的功能，于 Micro 4/3 机身上提供触控屏幕和一篮子相关的新操作方法。这部首试触控屏幕的机身——G2，究竟能否成为下一个改革的先行者？

Gallery of **Panasonic LUMIX DMC-G2**

拍摄者：Sam YAU
机身：Panasonic LUMIX DMC-G2
镜头：LUMIX G VARIO 14-42mm f/3.5-5.6 ASPH. MEGA O.I.S.
光圈：f/4
快门：1/60 秒
感光度：ISO 160
白平衡：Auto WB
镜头焦距：14mm
相对焦距：28mm

Panasonic LUMIX DMC-G2 机身设计

CHECK POINTS

- Micro 4/3 机身
- 拥有防滑手柄设计
- 1,200 万像素
- ISO 100-6400
- 1280x720 高清影片摄录
- 支持追踪追焦 AF
- 面部识别名字显示系统
- 内置 EVF
- 3 寸 3:2 触控 LCD
- SD/SDHC/SDXC 记忆卡储存
- 336g 轻巧便携

ray! 参考售价
14-42 镜头套装：6399 元
14-140 镜头套装
请致电：4006-987-666
* 资料由锐意于 2010 年 10 月 15 日提供

Panasonic LUMIX DMC-G2 机身设计

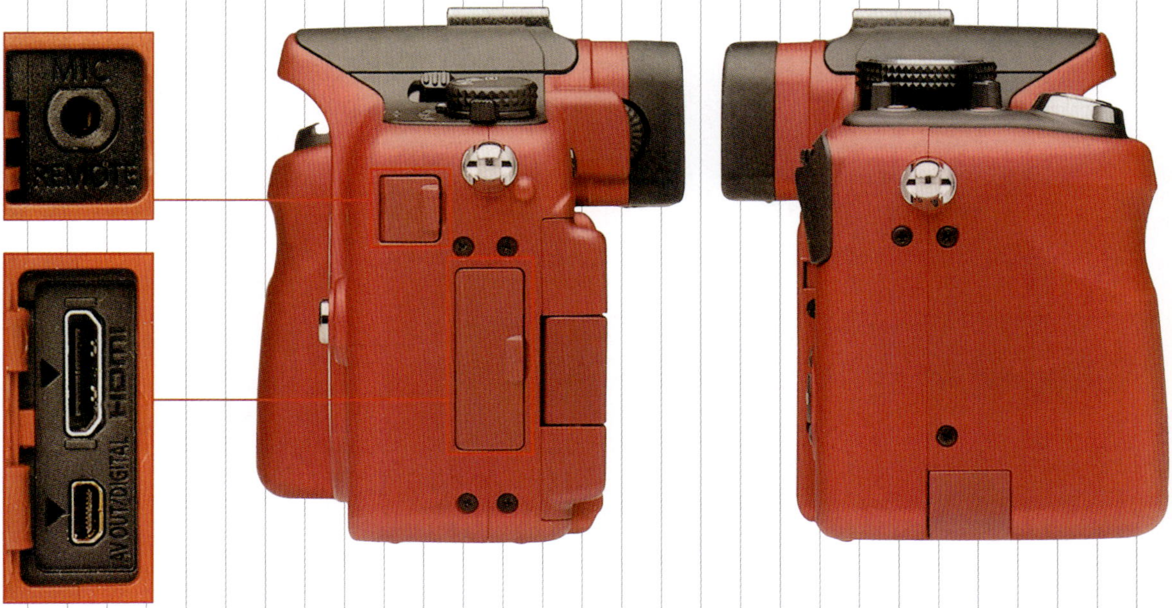

▲外型上，G2 的 LCD 显示屏与 G1 或 GH1 的没有大分别，但已加持了触控感应功能，随包装附上一支外型独特的 Styilus 触控笔。

▲G2 和同期的 G10 一样，把 iA 键启动方法，由转盘抽离变成独立按键，一经启动，不但会有蓝色的光圈出现，而且可以凌驾使用中的 P、A、S、M 模式，变成完全人工智能化的全自动机身。

▲G2 的转盘由 G1 的手柄前方，后移到机背上，但仍保持可按下的特性，为曝光补偿和手动模式作出快速的操作。

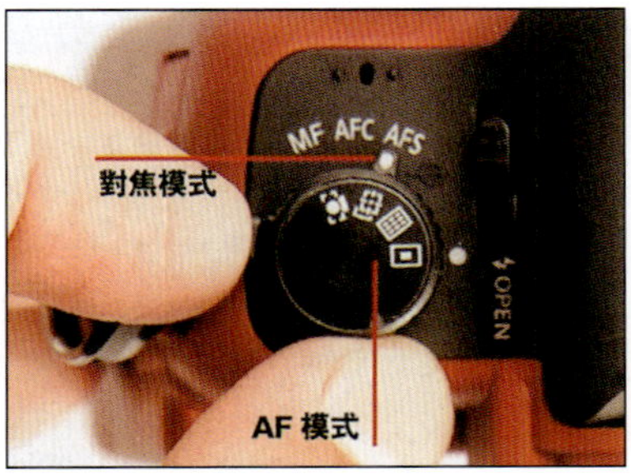

▲新改良对焦功能控制转盘，把 AF/MF 的对焦模式整合，能快速进行更改。

▲虽然 G2 不设 GH1 的高级立体声内置麦克风，但仍拥有一般常见的单声道收 MIC（红圈）和外接麦克风的 2.5mm 接口（蓝圈）。

▲虽然触控 LCD 变成了 G2 的最有价值功能，但为方便使用转换环来用的手动镜用户，G2 仍保持高密度的 EVF 和面部距离感应器（红圈），能自动转换显示部分。

Panasonic LUMIX DMC-G2 取景器

Live View 预视构图画面

▲一般全影像显示

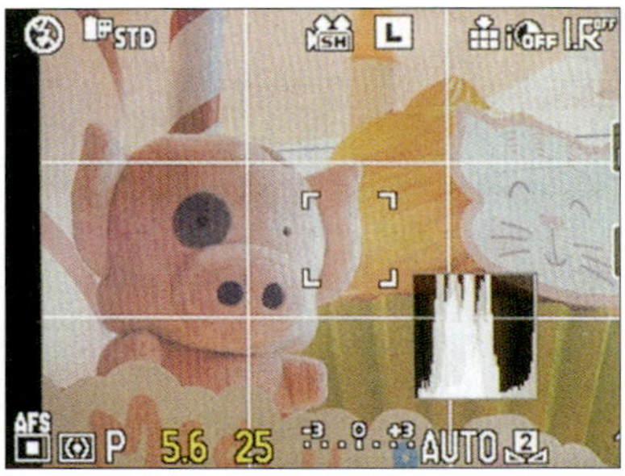

▲加入构图辅助框线和曝光分布图显示

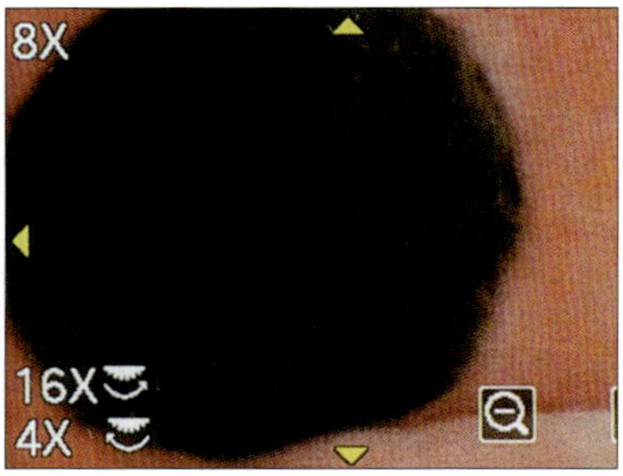

▲手动对焦及 10X 放大显示

影片摄录模式画面

▲影片摄录模式

▲影片播放模式

影像效果模式画面

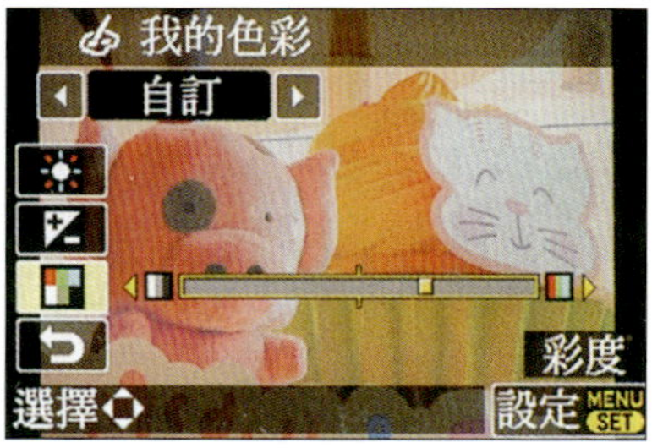

▲我的色彩模式选择界面

▲胶卷模式选择界面

目录界面

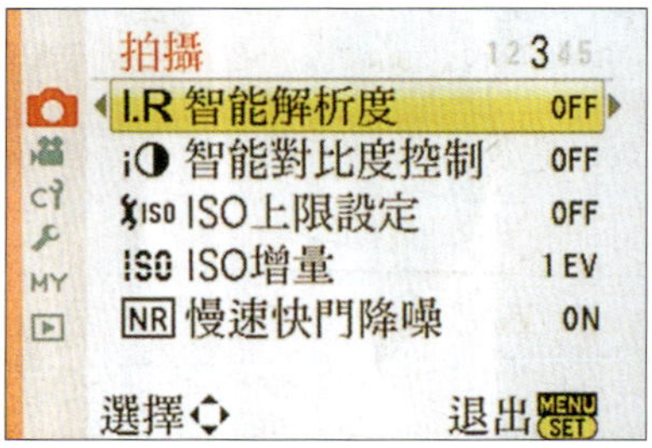

▲一般拍摄设定

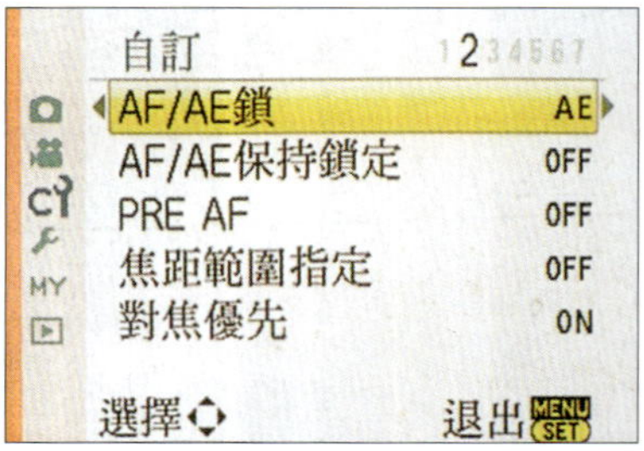

▲自定义功能表

Gallery of
Panasonic LUMIX DMC-G2

拍摄者：Sam YAU
机身：Panasonic LUMIX DMC-G2
镜头：LUMIX G VARIO 14-42mm f/3.5-5.6 ASPH. MEGA O.I.S.
光圈：f/4
快门：1/60 秒
感光度：ISO 320
白平衡：Auto WB
镜头焦距：14mm

Panasonic LUMIX DMC-G2 技术特点

从指间开始改变

单看 G2 的规格技术表，会发觉与前作的 GF1 十分相似，只是感光度由以前的最高 ISO 3200，提升至 ISO 6400。再看 G2 的外型，比较接近 G1 多于 GH1，尤其 G2 的隐蔽式收音 MIC，并不像 GH1 的那么显眼。机身颜色上亦采用较为年轻化的黑、红、蓝三色选择。若不启动电源，单看 G2 的外表，并不会发现那惊人的触屏功能，因为没有抢眼的贴纸加以介绍，亦没有独特的刻印标明，所以难以知道这功能。但一经开启，便会看到 G2 的屏幕显示画面比 G1 或 GH1 的多了数个图示，分别是触控目录和触控快门。透过触控目录就不用靠机身的少量按键，亦可以进入各个重要设定中。而且只要在待机时，轻按画面的空位，便能变成对焦位置的输入，最实用模式应是追踪追焦功能了，约再启动触控快门，更可以作到一按对焦和拍摄，快速方便。在重播时，亦可以像 iPhone 或其他触控 I.T. 产品般，用手指更换画面或放大。

▲ G2 的高速 Live MOS 虽然与 G1 的都是 1，210 万像素，但有传 G2 用上了更高质的硬件和软件功能，藉以提供更优质的影像。

▲在 G2 的感光度元件外围设置了高频率震动模式，用来除去粘附在通低口镜前的尘埃。

▲处理器亦升级为 Venus Engine HD II，为 Live View、高清拍片及触控屏幕功能提供大量数据处理。

▲感光度使用上，G2 比 GH1 拥有更高的 ISO 6400。

▲ G2 的屏幕从表面来看，外型和像素虽然与 G1 的没有大分别，可以作出多角度的扭动和翻转，但其实暗藏着触摸屏功能，令拍摄的操作方法来了个大革新。

▲第一样受触摸屏设计大幅度改进的应是 G2 的单点和追踪追焦 AF 功能，因为可以在构图时轻按 LCD，设定目标位置，不需再用十字方向键把对焦点慢慢移去。

▲除了对焦点位置，亦可以按动屏幕的图示来进入设定界面，例如设定单点 AF 模式的对焦框架的大小，可以更准确和弹性解决不同主体的拍摄。

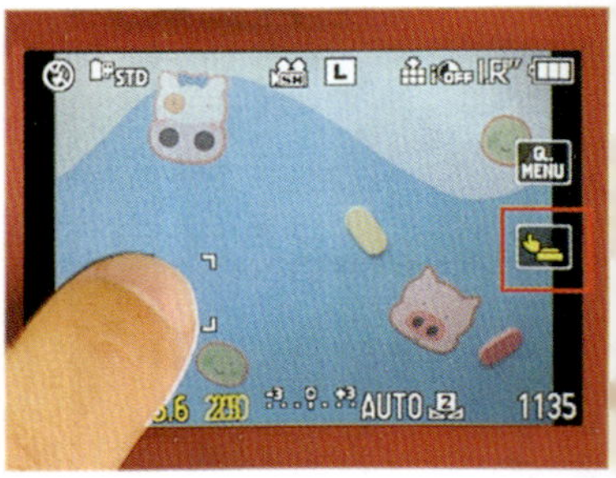

▲除了可以用手指点出对焦位置外，只要启用触摸屏快门功能（红圈），就可以把对焦、拍摄合并交给触摸屏功能负责，使用上十分方便。

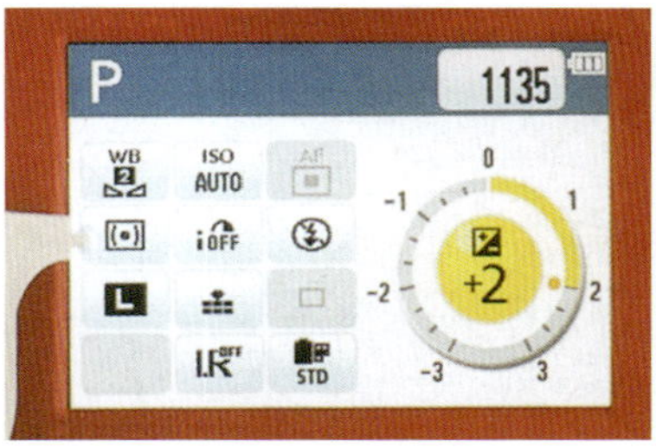

▲除了全影像显示的界面可以点击各项拍摄功能，G2亦设有拍摄信息显示界面，同样拥有触屏设定效果，而且更清晰和多功能。

▲除了拍摄时方便，G2的触屏功能可以在重播相片时像iPhone的相片浏览功能般，拉动转移下一张相片，长按便进入放大模式。

▲差不多是Panasonic机身的专享功能，G2继续提供预先输入最多六位VIP的面部识别功能，在拍摄时，不但能即时显示名字，亦会优先作为焦点AF。

拍片功能的新增

不论是把G2视为G1的拍片版或是GF1的的手柄版，G2的拍片功能都是符合高清标准，而且设有两种记录文件格式，分别是常见的.AVI格式和拥有H.264编码的AVCHD格式。虽然两者的最高解像度都为1280×720，但以AVCHD的文件体积较小，且质量不变，不过需要使用特别的软件或家庭影音播放机才能对应，不像.AVI能在大部分电脑中直接开启。在拍片相关功能上，G2只是拥有GF1所没有的2.5mm音效输入接口而已，其他的如背景朦化效果拍片P Mode和解像度方面大致相同。在自动拍摄功能上，G2除了把iA智能模式升格外，亦加入iR清晰度和iContrast对比度的自动调校功能。

▲ G2新增的拍片功能设有独立的操作键，可以一按便拍。

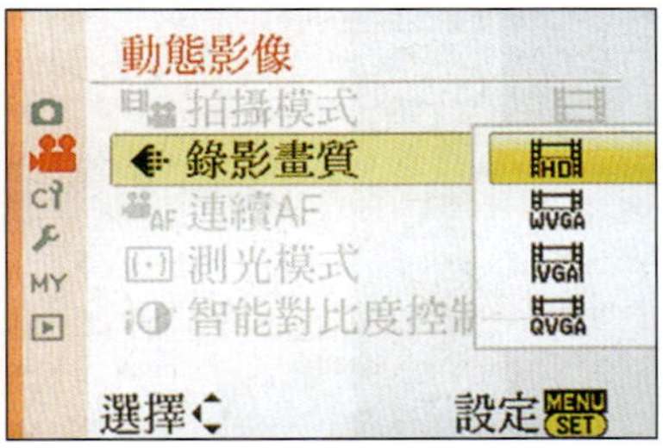

▲在影片解像度上，G2提供符合高清标准的1280×720解像度。

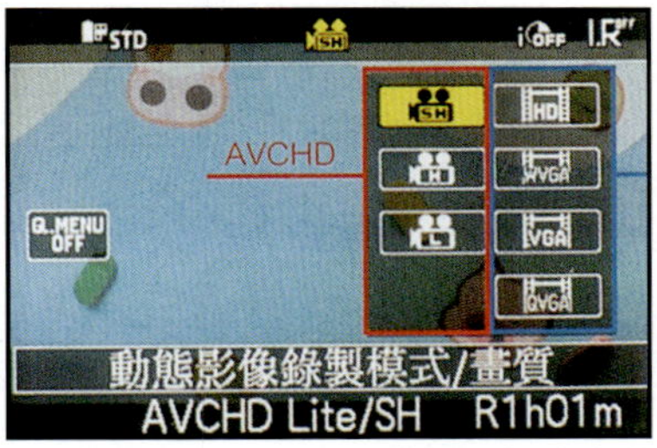

▲ G2的拍片功能以GF1的为基础，但直接分为不同的格式分类，无需再先选择以H.264编码制作的AVCHD格式或MotionJPEG的.AVI格式储存。

▲在模式转盘上已提供了拍片P mode，用法和GF1的一样，可以选择影片的背景清晰清况，亦即控制光圈的使用大小。

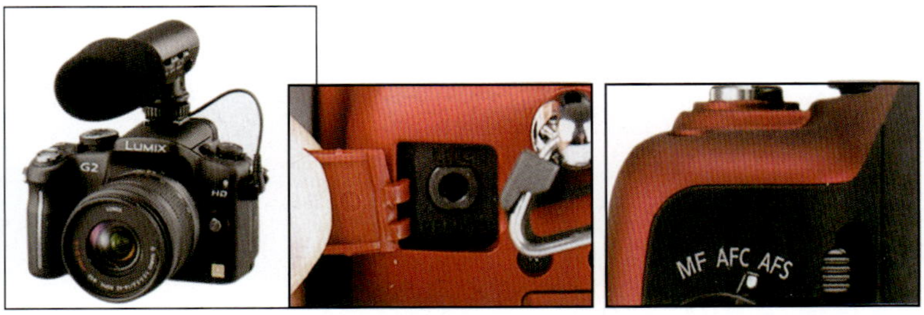

▲虽然G2没有GH1的高档内置立体声麦克风，只在机顶一边设有单声道麦克风，但仍提供2.5mm音效接口，可以接驳更多不同功能的音效装置。

▲伴随G2还有一支新的标准套装推出，虽然焦距和光圈不变，但此新镜与G1的相比，反过来好像规格降低了，不单减去了防震功能的开关，而且由金属制卡口转变为塑料卡口。

▲ G2秉承Panasonic M4/3机身多种颜色选择的惯例，而且仿照G1推出黑、红和蓝的版本。

Panasonic LUMIX DMC-G2 测试与分析

色彩与自动白平衡控制测试

测试器材 | Panasonic LUMIX DMC-G2 + LUMIX G 20mm f/1.7 ASPH.

户外阳光下

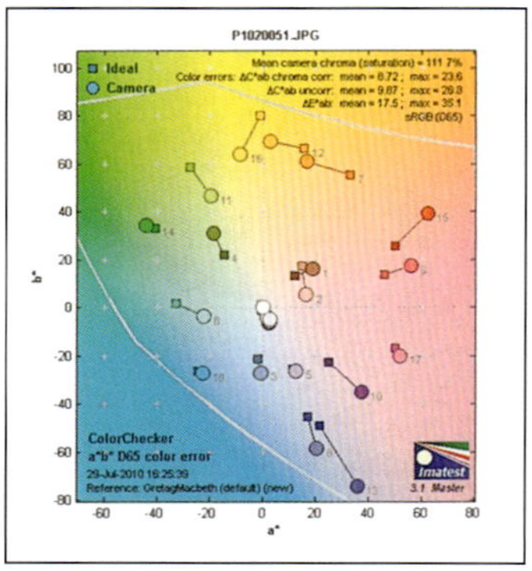

▲ 色彩平均偏差：8.72（正常）
色彩平均饱和度：111.7%（轻微偏浓）

室内商场中

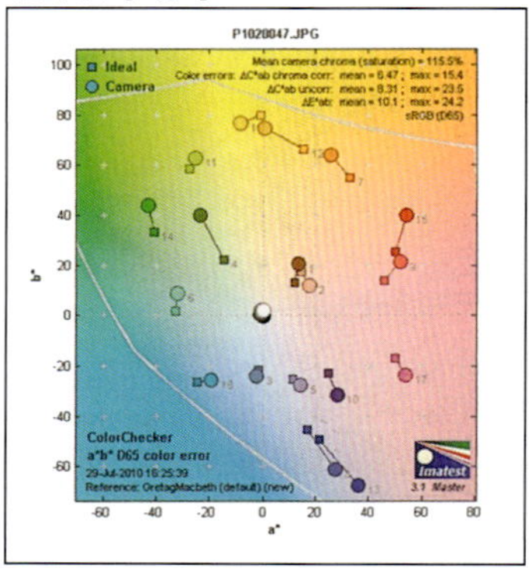

▲ 色彩平均偏差：6.47（正常）
色彩平均饱和度：115.5%（轻微偏浓）

餐厅灯光下

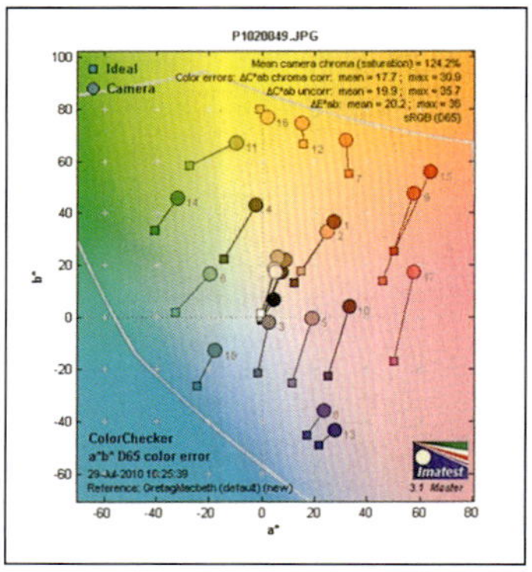

▲ 色彩平均偏差：17.7（明显偏色）
色彩平均饱和度：124.2%（偏浓）

测试分析

从测试分析，G2 的自动白平衡系统在同门系列中不算最差或最好的一个，中规中矩。在三个测试环境下，都出现不同程度的偏色的效果，但在日光和室内的问题不算严重。只有当进入钨丝灯照明的环境，才会有明显的偏色出现。同时间，G2 的预设色彩效果普遍情况下都偏向略浓的效果，对于一般拍摄能带出更丰富的饱和度：吸引观者，但亦有可能加重偏色的问题。

自动对焦系统效能测试

测试器材 | Panasonic LUMIX DMC-G2 + LUMIX G 20mm f/1.7 ASPH.+LUMIX G VARIO 14-42mm f/3.5-5.6 ASPH.MEGA O.I.S.

Live View 数码对比度侦测系统

使用 LUMIX G 20mm f/1.7 ASPH. 拍摄（**最大光圈为 f/1.7**）						
EV 值	EV -2.5	EV -2	EV -1.5	EV -1	EV -0.5	EV -0
成功次数	5	5	5	5	5	5

使用 LUMIX G VARIO 14–42mm f/3.5–5.6 ASPH. MEGA O.I.S.@42mm 拍摄（**最大光圈为 f/5.6**）						
EV 值	EV -0.5	EV 0	EV 0.5	EV 1	EV 1.5	EV 2
成功次数	0	0	5	5	5	5

测试分析

由于 G2 属于完全使用 Live View 来取景和 AF 的 EVIL 系统，所以不论任何位置的 AF 效果都是相约，没有 D-SLR 的光学 AF 系统的中央强过边缘现象。当使用最大光圈为 f/1.7 的镜头对焦时，能做出 EV-2.5 的最暗全对工作条件，是测试环境中的最暗照度，但仍能做出全中的成绩。当转用光圈只 有 f/5.6 的镜头时，便需要加大环境照度至 EV+0.5 才能成功全部合焦。虽然两支镜头的成绩相差约 4 级（EV）照度，但后者都有足够日常的拍摄需要。

解像力变化测试

测试器材 | Panasonic LUMIX DMC-G2 + LUMIX G 20mm f/1.7 ASPH.

感光度	ISO 100	ISO 200	ISO 400	ISO 800	ISO 1600	ISO 3200	ISO 6400
解像力得分 *	2,426	2,334	2,109	1,950	1,910	1,944	1,758
与 ISO 100 得分差距	N/A	–3.79%	–9.64%	–7.54%	–2.05%	1.78%	–9.57%

测试分析

从电脑分析结果，可看到 G2 当使用 ISO 100 时，所得的解像力得分高，当感光度一直递升的同时，因噪声的出现愈多愈大，亦令解像力愈来愈低，但幅度不高。在使用最高 ISO 6400 感光度时，只有约 9%的轻微下跌。

感光度噪声 4R 相片模拟打印效果测试

测试器材 | Panasonic LUMIX DMC-G2 + LUMIX G VARIO 14-42mm f/3.5-5.6 ASPH.MEGA O.I.S.

▲把各个设定下的影像以 667dpi 输入密度打印成约 4 英寸 ×6 英寸的 4R 相片，然后陈列拼贴各图中约 2.8cm×2.8cm 的裁放范围比较.

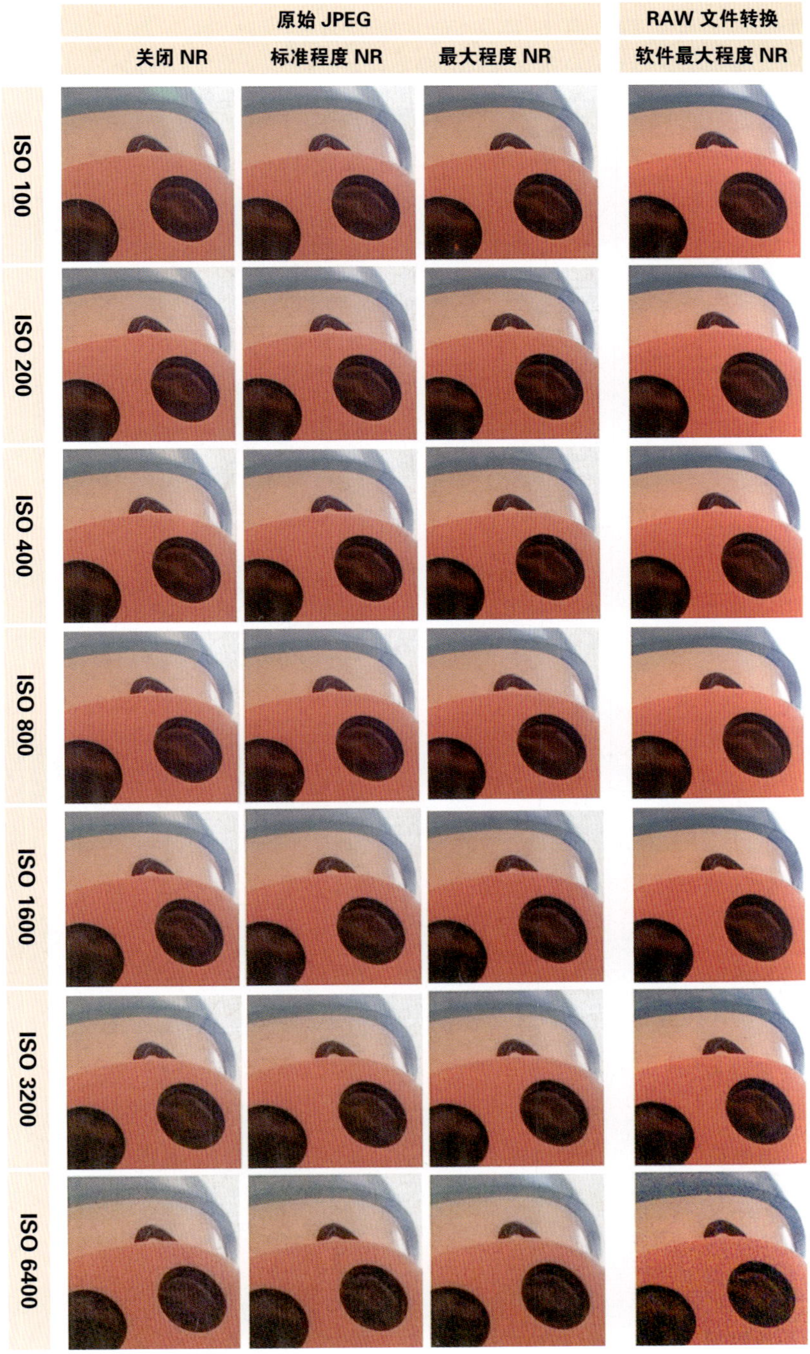

测试分析

从测试效果可看到当 G2 的影像只用来输出至细小的尺寸，如 4R 或电脑 Wallpaper, 噪声即使在极高的 ISO 3200 都不容易看到噪声颗粒。只要使用预设的 NR 功能，就能有不俗的效果，新增的 ISO 6400 在这时候才开始看到隐约的噪声。

感光度噪声 A4 相片模拟打印效果测试

测试器材 | Panasonic LUMIX DMC-G2 + LUMIX G VARIO 14-42mm f/3.5-5.6 ASPH.MEGA O.I.S.

▲把各设定下的影像以 343dpi 输入密度打印成约 21cm × 29.7cm 的 A4 相片，然后陈列拼贴各图中约 2.8cm × 2.8cm 的裁放范围比较。

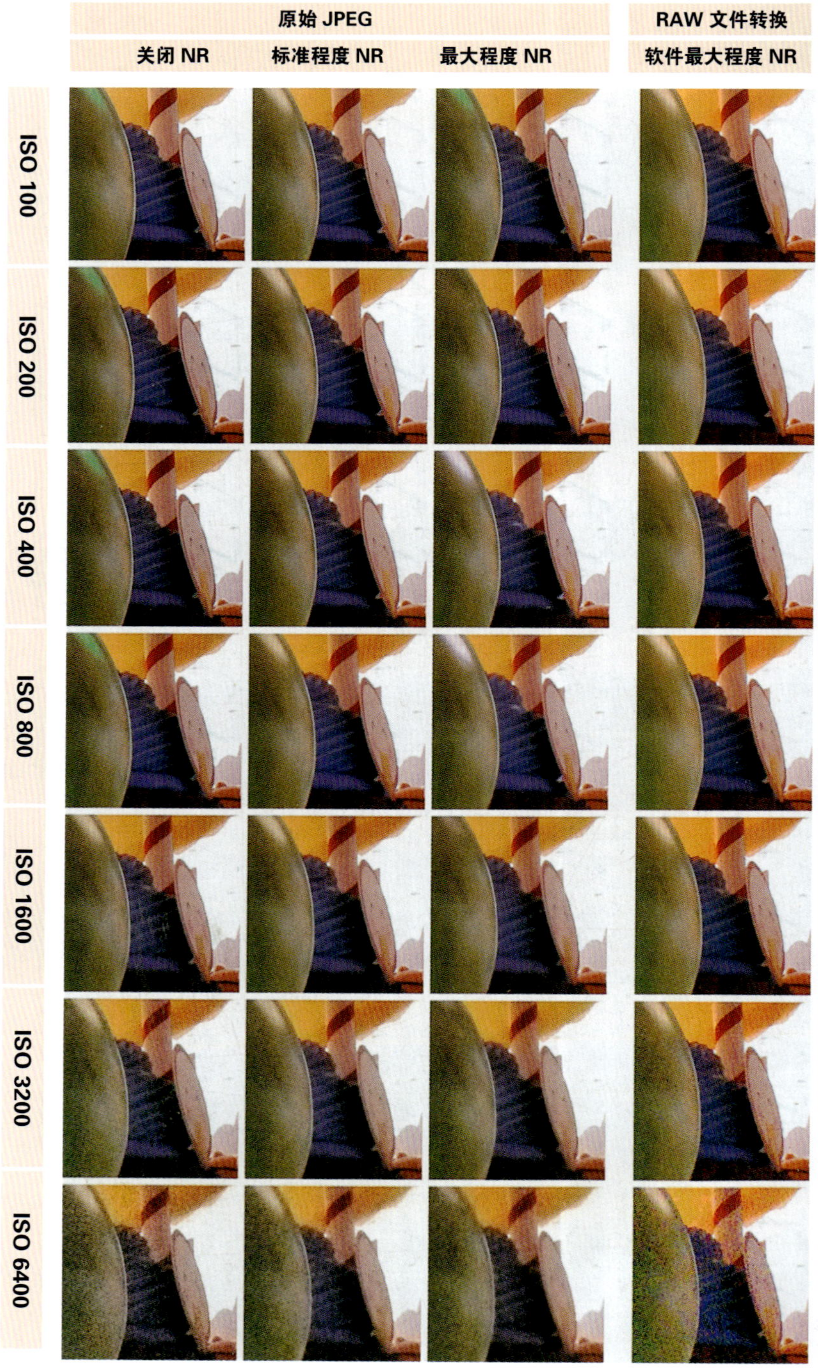

测试分析

从测试效果可看到当需要输出至较大尺寸的 A4 相片时，G2 的噪声会明显增多，若设定为低程度 NR 功能，即使是 ISO 1600 已有明显的噪声颗粒出现。还原至预设程度的 NR 功能时，虽然能令噪声颗粒的出现推迟至约 ISO 3200 才较易发现，但明显看到在 ISO 1600 后的锐度有所下降。到了 ISO 6400 时，更出现明显的油画化效果。

Panasonic LUMIX DMC-G2 性能参数

机身卡口	Micro 4/3 系统制式
可使用镜头	4/3 系列（需转接环）、Micro 4/3 系列
感光元件	17.3 × 13mm Live MOS
焦距转换率	2X
有效像素	1,200 万
相片最高解像度	4000 × 3000
感光度	ISO 100 - ISO 6400
快门速度	60-1/4000 秒、支持 B 快门
闪灯同步快门	1/160 秒
对焦系统类型	Live View 对比度侦测
闪光灯系统	内置、外接热靴闪光灯
测光模式	数码侦测：智能多区（144 区）、中央偏重、重点（约 2.7% 画面面积）
连拍模式	每秒 3.2 / 2.6 张，最多连拍 7 张 RAW/RAW+JPEG 及无限 JPEG
影片档案格式	Motion JPEG（.AVI）、AVCHD Lite
影片控制模式	全自动、景深控制先决
影片解像度	1280 × 720@30fps、848 × 480@30fps、640 × 480@30fps、320 × 240@30fps
音效收录模式	内置单声道收音 MIC、外接 2.5mm 立体声音效
取景模式	内置数码 Live View 取景器、内置 LCD Live View
LCD 显示屏	3 英寸固定式 46 万像素
除尘系统	有
防震系统	镜头光学偏移补偿式
机身储存媒体	SD/SDHC/SDXC
传输界面	USB 2.0 High Speed
影音端子	Mini-HDMI、传统复合式端子
电源	DMW-BLB13 锂离子充电电池（1250mAh、9Wh）
体积	约 124 × 83.6 × 74mm
净重量	约 371g

有新尝试才能跑先群雄

G2 又是一部眼看与实际使用是两回事的相机，外型上 G2 并不显眼，没有大肆标榜触屏功能。但只要实际用过一回，便会感到这功能十分新奇和好用，尤其是对于那些使用了 D-SLR 颇久，并非以 DC 为主的高端用户。设定的方便提升不用说，他的触摸屏快门功能，加上品牌已拥有的高速 Live View 功能，相得益彰，绝对值得大力推广。

虽然 G2 的触摸屏十分出色，不少功能亦比前作 G1 有不少进步，但过了一段时间，市场和传媒反映未有预期般踊跃。原因可能是 G2 的拍片功能仍保持在 GF1 的 1280 × 1080 制式，相片像素亦未有提升。虽然 G2 的触控屏幕的使用方法和效果有趣和先进，但想深一层，这种触摸屏功能更适合使用在固定式显示屏的机型，如 GF1 等。当愈来愈热的转接环手动镜头风气下，G2 的高质 EVF 亦比使用机背可扭动 LCD 更适合手动镜的拍摄。

另一边厢，G2 的新款套装镜头与 G1 的作比较下，会感到规格和做工都下降了不少，不但由日本移师中国制造，连镜尾卡口亦由金属变了塑料，种种原因实在难免令很多想升级的用户要好好考虑是否保留着仅有 G1 或 GF1 的套装镜。

耐用度：	★★★★	拍摄功能：	★★★★★	Live View AF 系统：	★★★★★
便携性：	★★★★★	噪声控制：	★★★★★	影片画质：	★★★★
外型吸引度：	★★★★	色彩与白平衡：	★★★★★		
专业度：	★★★★★	光学 AF 系统：	不适用		

降低门槛的入门之选

Panasonic LUMIX

LUMIX DMC-G10

Micro 4/3 系统已差不多代表了无反光镜机身 EVIL 类型，作为最大支持品牌的一员，Panasonic 现时的产品相当庞大，新旧型号共冶一炉。不同功能、不同外型、不同定位的型号都差不多有了，若想再进一步扩展市场占有率，尤其是那些徘徊于 DC 和 EVIL 机身之间的用户，一部低价、功能齐全的入门机身，便十分重要了。Panasonic 全新的入门机身型号，G10 便就此诞生。

Gallery of **Panasonic LUMIX DMC-G10**

拍摄者：Sam YAU
机身：Panasonic LUMIX DMC-G10
镜头：LUMIX G VARIO 14-42mm f/3.5-5.6 ASPH. MEGA O.I.S.
光圈：f/9
快门：1/400 秒
感光度：ISO 100
白平衡：Auto WB
镜头焦距：42mm
相对焦距：84mm

Panasonic LUMIX DMC-G10 机身设计

CHECK POINTS

- Micro 4/3 机身
- 拥有防滑手柄设计
- 1,200 万像素
- ISO 100-6400
- 1280x720 高清影片摄录
- 支持追踪追焦 AF
- 面部识别名字显示系统
- 内置 EVF
- 3 英寸 3:2LCD
- SD/SDHC/SDXC 记忆卡储存
- 336g 轻巧便捷

ray! 参考售价
14-42 镜头套装：4999 元
45-200 镜头套装
请致电：4006-987-666
* 资料由锐意于 2010 年 10 月 15 日提供

Panasonic LUMIX DMC-G10 机身设计

▲自动对焦的模式转换，使用了转盘形式放置在机顶左边，十分方便。

▲ G10 的控制转盘由手柄前方转移至后方机背，同样是可以按下去来进入曝光补偿或光圈快门设定。

▲ G10 虽然同样拥有内置 EVF，但 G1 和 G2 的红外线面部距离感应器 ,G10 便减省了，用户要自行按动 LVF/LCD 键作画面转换。

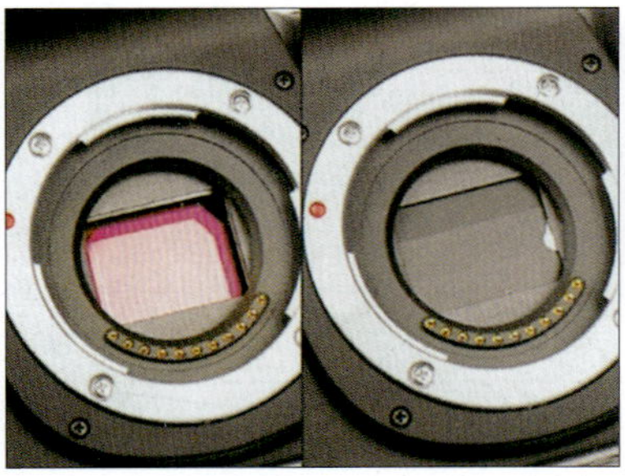

▲因为是无反光镜设计，所以感光元件会长时曝光用来撷取 Live View 画面。在拍摄的一刻才会关闭再汀开，进行曝光计时。

▲ G10 的机顶设有 iA 智能模式启动和显示键，按下启动功能后，便发出亮丽的蓝光光环。

▲使用与其他同门型号同款的充电池，但 G10 的 SD 记忆卡的插入位置由 G1 的旁边独立闸门，转变成与 GF1 相同内置于电池室内。

Panasonic LUMIX DMC-G10 显示器

Live View 预视构图画面

▲一般全影像显示

▲加入构图辅助框线和曝光分布图显示

▲手动对焦及 10X 放大显示

影片摄录模式画面

▲影片摄录模式

▲影片播放模式

影像效果模式画面

▲我的色彩模式选择界面

▲胶卷模式选择界面

目录界面

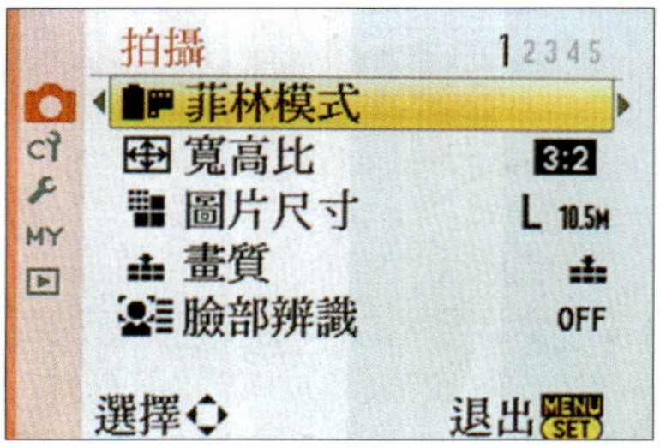

▲一般拍摄设定

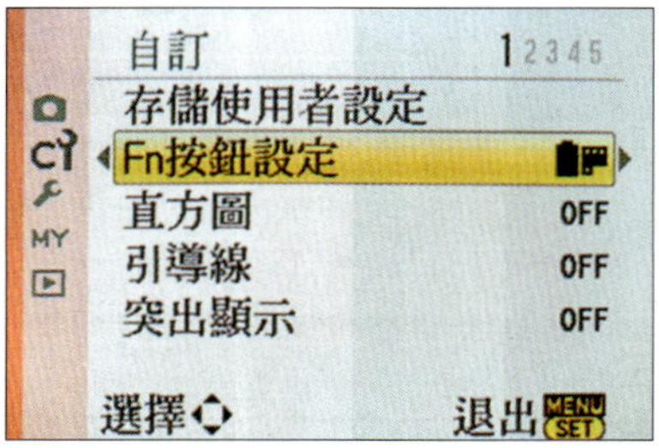

▲自定义功能表

Panasonic LUMIXDMC–G10 技术特点

重量低了 价钱低了 但质量不变

虽然 G10 被定为最下线的 Panasonic EVIL 机身系列，想以廉价和轻便作招牌，但它的核心部件却没有大降级。感光元件和 LCD 显示屏的像素，与高级一点的 G2 和 GF1 相当，而且同样提供 1280×720@30fps 的高清影片摄录功能。加上转用了最新的 Venus Engine HD II 处理器，最高感光度选择亦由 G1 和 GF1 的 ISO 3200 提升上去至 ISO 6400。而且各种操控，如 AF、影像优化、连拍功能等、都没有大降低，只是 LCD 不能扭动，EVF 不会自动开关，对 Live View 的拍摄有时会有点不便。

▲纵使定位较低，但 G10 的高速 Live MOS 感光元件像素达 1,200 万，与其他型号相同，不怕用来输出大相片。

▲因为感光元件经常外露，所以在前方的通低滤镜上，装有一组能产生高频率的震动模组，在开机、关机和手动启动清洁功能时，震去黏在低通滤镜上的尘埃。

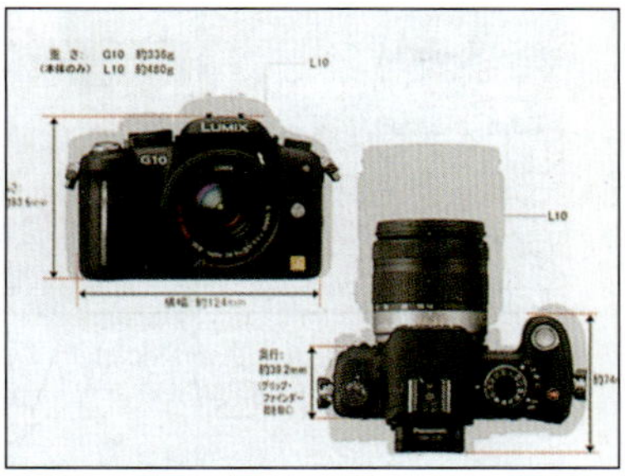

▲虽然 G10 的体积和旧型号的 GH1 相当，但重量有效被降低，加上其 EVIL 结构，令 G10 与使用相同片幅的 D-SLR 的差距愈来愈大。

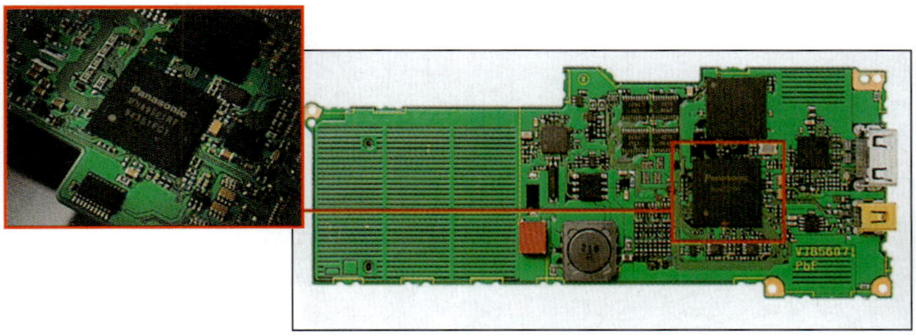

▲ G10 跟上同期 G2 的步伐，一起升级使用 Venus Engine HD II 处理器，进一步加强高感光度降噪和高清影片的录影功能。

▲ G10 提供着 2009 年机型所没有的 ISO 6400 选择。

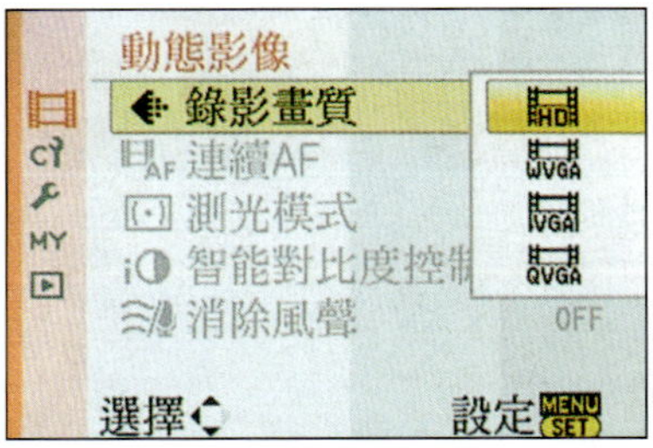

▲虽然被定为最入门级系列，但 G10 同样兼有 G1 所没有的拍片功能，而且提供 1280×720@30fps 的 .MOV 文件格式。

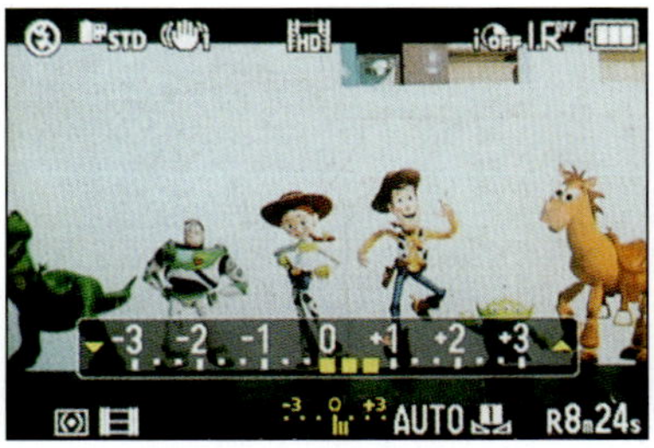

▲但既没有拍片专用快捷键和外接声效接孔，亦没有景深控制等自主功能，令 G10 的拍片功能只限全自动。

▲内置的 EVF 亦改用了一组较低像素的型号，而且减去了面部距离感应器，要人手按动按键转换。对比 G1 和其他相似外型的机身，G10 的 EVF 的质量和使用方便度大减不少。

▲虽然 G10 的显示硬件好像降低了档次，但软件和所提供的功能，便没有明显的放松。像 Panasonic 首屈一指的 Live View AF 功能，G10 同样提供着多点、单点、面部侦测、自定义追踪追焦功能。

▲ 面部侦测机制还可以结合面部识别功能，除了可以预先输入 6 位 VIP 的面部和名字外，亦可以在多人拍摄时，自动以预先输入的 VIP 作为首选目标对焦和调校明暗。

▲虽然功能没有大变化，但 G10 的 iA 智能自动模式，由模式转盘移师独立按键，而且一经开启就能覆盖 PASM 模式，瞬间变成全自动模式。

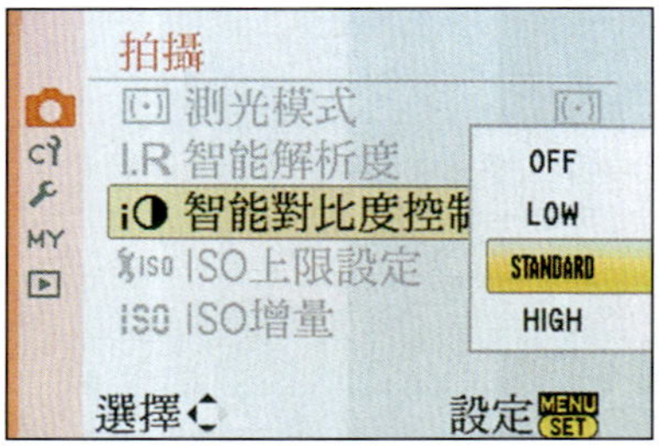

▲ G10 和 G2 都新增了 iR (Intelligent Resolution) 智能解像度功能，其实即是自动锐度调节功能，系统会分析影像的内容，自动提升高密度、细节多的相片的清晰度。

▲ G10 提供两种数码变焦功能，扩展光学变焦即是藉减少记录范围来裁放中央位置作放大，数位变焦则是以插值形式放大中央位置。

▲对于人像拍摄 G10 亦提供着 SCN 模式中的周围柔焦和人像模式的柔肤和景深控制创意模式辅助用者。

▲ G10 和 G2 都改用了新款的套装镜头，最大特色是改用了塑胶卡口和减去了镜头上的防震开关。

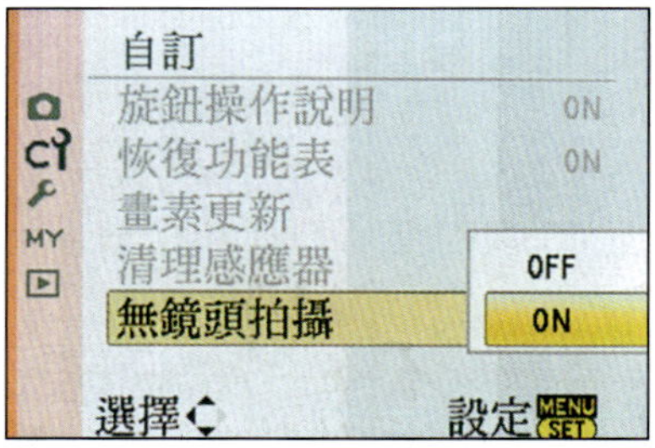

▲只要把 G10 的“无镜头拍摄”功能开启，就可以使用转接环改以如 Leica 的 M 系列镜、R 系列镜头或其他品牌的镜头拍摄。

▲ G10 的 SD 卡槽除了移动至电池室内，亦可以支持最新型、容量可达 2TB 的 SDXC 系列。

▲ G10 是目前唯一一部 PanasonicEVIL 机身只有单一黑色选择，其他的都有多种颜色机身提供。

Panasonic LUMIX DMC-G10 测试与分析

测试器材 | 请翻至 P. 17 之详细测试设定解释

色彩与自动白平衡控制测试

测试器材 | Panasonic LUMIX DMC-G10 + LUMIX G VARIO 14-42mm f/3.5-5.6 ASPH. MEGA O.I.S.

户外阳光下

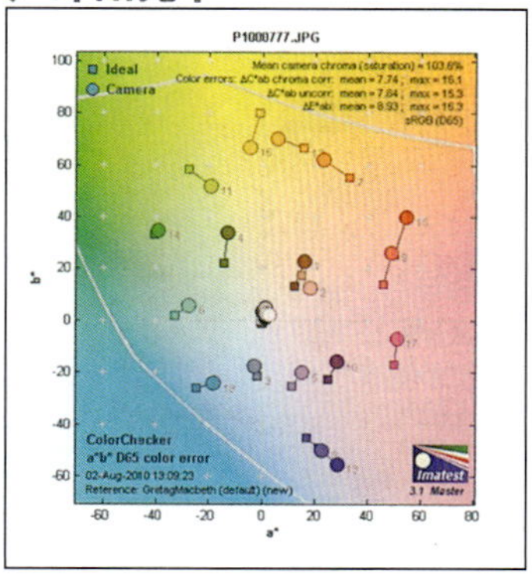

▲ 色彩平均偏差：8.55（轻微偏色）
色彩平均饱和度：114.5%（略浓）

室内商场中

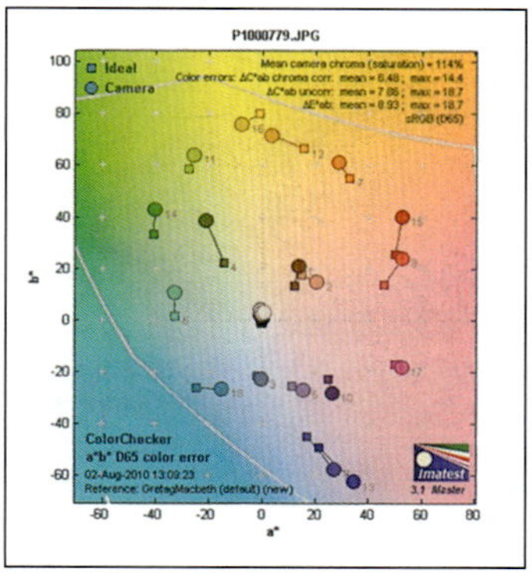

▲ 色彩平均偏差：7.74（正常）
色彩平均饱和度：103.7%（中性）

餐厅灯光下

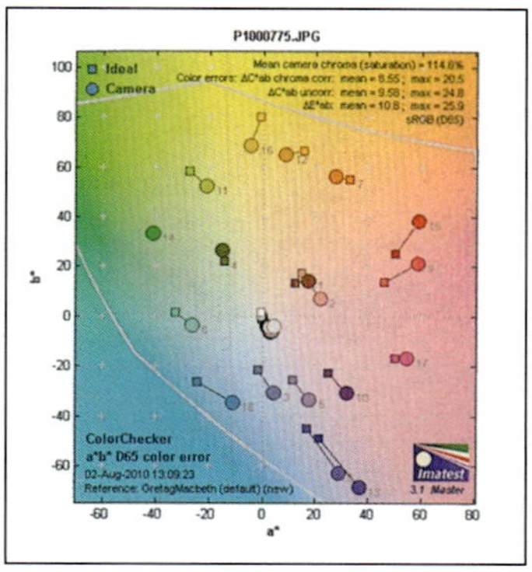

▲ 色彩平均偏差：6.48（正常）
色彩平均饱和度：114%（略浓）

测试分析

从测试结果可看到，G10 的自动白平衡系统十分出色，就连绝大部分 D-SLR 都不会自动纠正的钨丝灯环境下，G10 都能把它拉回平常效果，成绩令人非常满意。在饱和度上，G10 大部分时间都呈轻微略浓的效果。

自动对焦系统效能测试

测试器材 | Panasonic LUMIX DMC-G10 + LUMIX G 20mm f/1.7 ASPH. + LUMIX G VARIO 14-45mm f/3.5-5.6 ASPH. MEGA O.I.S.

Live View 数码对比度侦测系统

使用 LUMIX G 20mm f/1.7 ASPH 拍摄（**最大光圈为 f/1.7**）					
环境亮度	EV -2.5	EV -2	EV -1.5	EV -1	EV -0.5
成功次数	0	0	0	5	5

使用 mm 拍摄（**最大光圈为 f/5.6**）					
环境亮度	EV -0.5	EV 0	EV +0.5	EV +1	E +1.5
成功次数	0	2	3	5	5

测试分析

由于 G10 完全使用 Live View 的预视和 AF 系统，所以不论任何位置的 AF 效果都是相约，没有 D-SLR 的光学 AF 系统的十字型强过线性型的现象。当使用 f/1.7 超大光圈镜头对焦时，能做出 EV-1 的最暗对焦全中运作条件。当转用光圈只有 f/5.6 的镜头时，便需要加大环境亮度至 EV 0 才出现成功焦合，到了 EV+1 时才能全部合焦。

解像力变化测试

测试器材 | Panasonic LUMIX DMC-G10 + LUMIX G 20mm f/1.7 ASPH.

感光度	ISO 100	ISO 200	ISO 400	ISO 800	ISO 1600	ISO 3200	ISO 6400
解像力得分 *	2,115	2,113	2,003	1,864	1,767	1,434	1,157
与 ISO 100 得分差距		–0.09%	–5.30%	–11.87%	–16.45%	–32.20%	–45.30%

* 数值为 Imatest 分析结果，单位为 LW/PH，分数愈高为愈好

测试分析

从测试结果，可看到 G10 的低至中高感光度下，有相仿的解像力得分。到了 ISO 1600 或更高的感光度下，分数便开始出现明显的下降，最高感光度的 ISO 6400 与最低的 ISO 100 得分相差 45%，跌幅非常明显。

感光度噪声 4R 相片模拟打印效果测试

测试器材 | Panasonic LUMIX DMC-G10 + LUMIX G VARIO 14-42mm f/3.5-5.6 ASPH.MEGA O.I.S.

▲把各设定下的影像以 667dpi 输入密度打印成约 4 英寸 ×6 英寸的 4R 相片，然后陈列拼贴各图中约 2.8cm×2.8cm 的裁放范围比较。

测试分析

从测试影像的放大位置可见，在细小的输出尺寸上，不容易看到 G10 的高感光度噪声。在 4R 和网上桌面背图的应用上，可放心使用 G10 的所有感光度。

感光度噪声通讯 A4 相片模拟打印效果测试

测试器材 | Panasonic LUMIX DMC-G10 + LUMIX G VARIO 14-42mm f/3.5-5.6 ASPH.MEGA O.I.S.

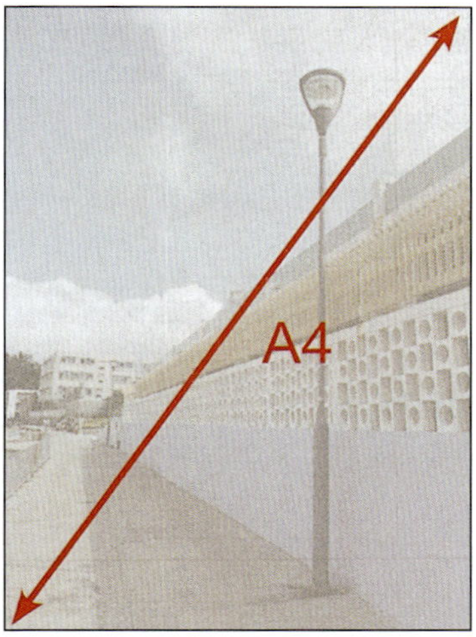

▲把各设定下的影像以 343dpi 输入密度打印成约 21cm × 29.7cm 的 A4 相片，然后陈列拼贴各图中约 2.8cm × 2.8cm 的裁放范围比较。

测试分析

从放大图可见，当 G10 的影像在大倍率放大输出后，高感光度的噪声便会较易看到。但仍比 DC 的优胜很多。在预设情况下，ISO 1600 仍有不俗的效果，当升至更高的 ISO 3200 和 ISO 6400 时，会有较多的噪声颗粒出现。

Panasonic LUMIX DMC-G10 性能参数

机身卡口	Micro 4/3 系统制式
可使用镜头	4/3 系列（需转接环）、Micro 4/3 系列
感光元件	17.3 × 13mm Live MOS
焦距转换率	2X
有效像素	1,200 万
相片最高解像度	4000 × 3000
感光度	ISO 100 - ISO 6400
快门速度	60-1/4000 秒、支持 B 快门
闪灯同步快门	1/160 秒
对焦系统类型	Live View 对比度侦测
闪光灯系统	内置、外接热靴闪光灯
测光模式	数码侦测：智能多区（144 区）、中央偏重、重点（约 2.7% 画面面积）
连拍模式	每秒 3.2 / 2.6 / 2 张，最多连拍 7 张 RAW/RAW+JPEG 及无限 JPEG
影片档案格式	Motion JPEG（.AVI）、AVCHD Lite
影片控制模式	全自动、景深控制先决
影片解像度	1280 × 720@30fps、848 × 480@30fps、640 × 480@30fps、320 × 240@30fps
音效收录模式	内置单声道收音 MIC
取景模式	内置数码 Live View 取景器、内置 LCD Live View
LCD 显示屏	3 英寸固定式 46 万像素
除尘系统	有
防震系统	镜头光学偏移补偿式
机身储存媒体	SD/SDHC/SDXC
传输界面	USB 2.0 High Speed
影音端子	Mini-HDMI、传统复合式端子
电源	DMW-BLB13 锂离子充电电池（1250mAh、9Wh）
体积	约 124 × 83.6 × 74mm
净重量	约 336g

Panasonic LUMIX DMC-G10 编辑述评

功能不低　售价亦不低

面对着 G10，外型和功能上都有点像是 G2 和 GF1 的结合，但比较偏向 G2 那边，只是没有了拍片的景深控制和外接立体声 2.5mm 接口。对于第一次用 Panasonic 机身的人，甚至是第一次使用 EVIL 相机的人，面对着 G10 不要担心他的功能会太差，因为 G10 差不多有着 G2 的 90% 感觉，只是低像素 EVF 和固定式 LCD 都不及 G2 般高质和方便。而且预设的影象效果，亦感觉 G10 好似比较淡色，建议多点时间改用“动态”和“活力”的胶卷模式。新增的 ISO6400 的感光度，虽然比上年度的机身进步，但使用上又明显感到有颇大的影像质量下降反应，令人担心 ISO6400 的可用性。不过，其他常用的拍摄功能，都没有大改变，所以当 G10 与 G2 的售价相差很远时，其实都相当具有竞争力，但在刚开售的时间，G2 和 G10 的单镜差价不到一千元，单镜头套装因价钱较高，差距的百分比变相更低，这未免会令准买家，尤其是未曾拥有 EVIL 机身的人倾向选择 G2 多一点，始终高阶的 EVF 和拍片功能，和更潮气的红或蓝色机身，都是现时令这么多人爱用 EVIL 机身的主因。

耐用度：	★★★	拍摄功能：	★★★★	Live View AF 系统：	★★★★★
便携性：	★★★★★	噪声控制：	★★★★★	影片画质：	★★★★
外型吸引度：	★★★	色彩与白平衡：	★★★★★		
专业度：	★★★★	光学 AF 系统：	不适用		

“女友一号”华丽登场！

Panasonic LUMIX DMC-GF1

虽然同门的 G1 是最早推出的 Mirco 4/3 系统，但期待度却是网上流传已久的 Panasonic 的新 M4/3 机身，外型是减去手柄像个小盒子般的 GF1 更高。GF1 发布之前，很多“疑以相片”便开始流传，外型就像一部可换镜头的 DC LX-3。很多未被证实的网上相片令 4/3 系统用户和非 4/3 系统用户都垂涎欲滴，注意度满分。在 2009 年 9 月 2 日，这个传闻终于被揭晓。这部外型华丽的 GF-1，打破一般数码机身的沉闷惯例，带着被网友称为“女友一号”的幽默美誉，一推出就接力成为全城焦点！

Gallery of **Panasonic LUMIX DMC–GF1**

拍摄者：Sam YAU
机身：Panasonic LUMIX DMC-GF1
镜头：Panasonic LUMIX G VARIO 14-45mm f/3.5-5.6 ASPH. MEGA O.I.S.
光圈：f/8
快门：1 秒
感光度：ISO 100
白平衡：Auto WB
镜头焦距：17mm
相对焦距：34mm

Panasonic LUMIX DMC-GF1 机身设计

CHECK POINTS

- Micro 4/3 制式
- 无手柄纤薄设计
- 1,200 万像素
- 720p 立体声影片
- ISO 100–3200
- 3 英寸高密度 LCD
- 可外接 EVF
- 支持追踪追焦 AF
- SD/SDHC 记忆卡储存
- 285g 超轻巧重量

ray! 参考售价
14–45 镜头套装：4999 元
20 镜头套装：4999 元
请致电：4006–987–666
* 资料由锐意于 2010 年 10 月 15 日提供

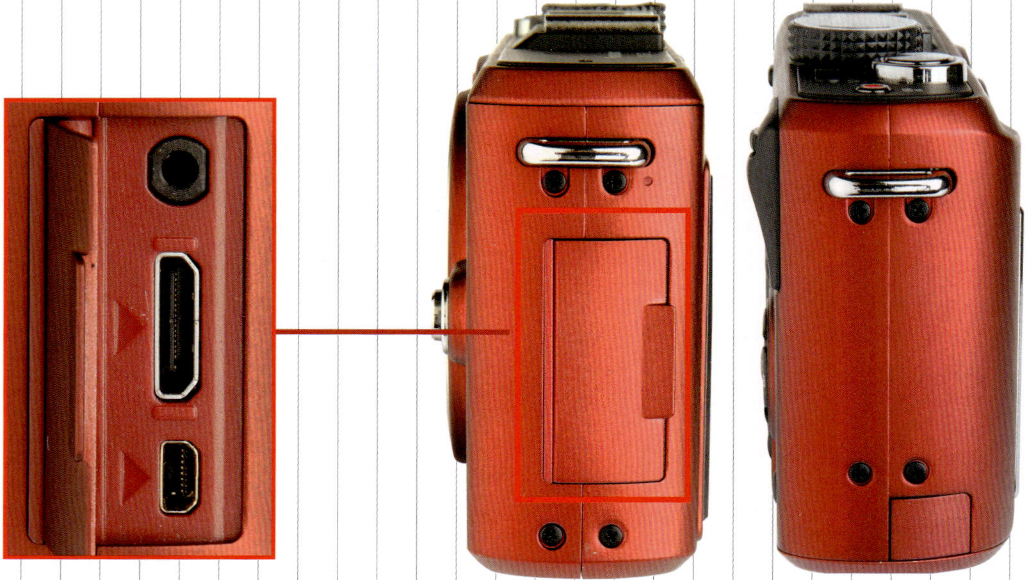

▲电子取景器 DMW-LVF1 就是使用这个信号接口来传送影像画面。

▲虽然 M4/3 设计，会令感光元件长时间表露出来，但每张影像的曝光，都会令快门帘幕先合上再打开计时，与 D-SLR 无异。

▲把影片拍摄的内置收音 MIC 放置在镜头正上方，可平均收集来自左右的音效。

▲小巧的“跳灯”，令 GF1 的拍摄方便性达至最高。

▲唯一的转盘，除了可以转还可以按，作出确定或进入的指令。

▲删除键在拍摄时能兼顾景深预视键功能，但便不能右手按快门，左手收光圈了。

Panasonic LUMIX DMC-GF1 取景器

Live View 预视构图画面

▲一般全影像显示

▲加入构图辅助框线和曝光分布图显示

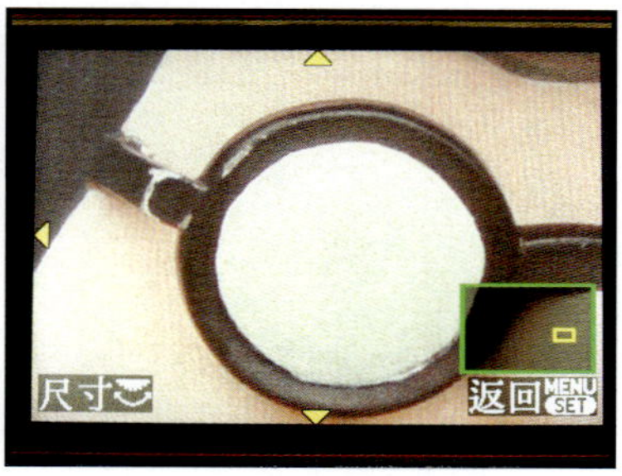

▲手动对焦及 10X 放大显示

影片摄录模式画面

▲影片摄录模式

▲影片播放模式

影像效果模式画面

我的色彩模式选择界面

▲胶卷模式选择界面

目录界面

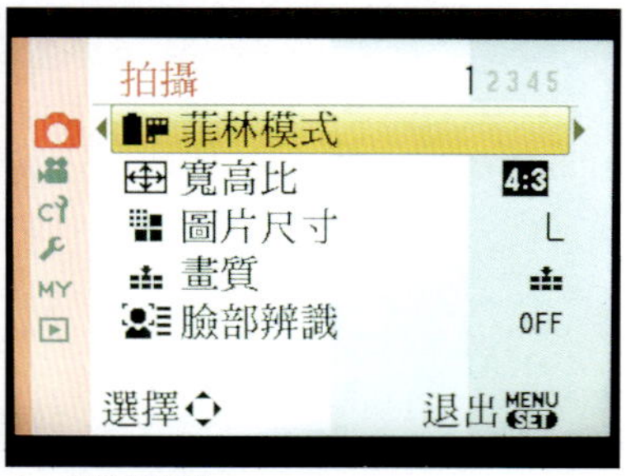

▲一般拍摄设定

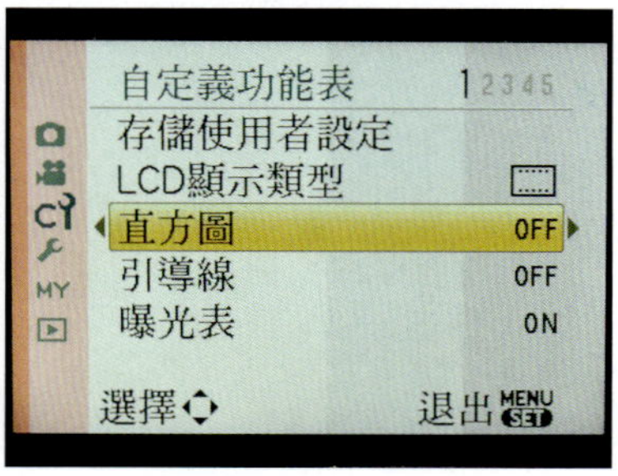

▲自定义功能表

Panasonic LUMIX DMC-GF1 技术特点

世界最小最轻可换镜头相机

GF1 的机身只有 119mm 宽、71mm 高和 36.3mm 厚，重量亦只有 285g，于 09 年 9 月推出时便赢得全球最轻小可换镜数码相机的王位。因外型相似，不少用户会形容 GF1 像一部 "放大版" DC LX3。除了轻和小，GF1 有 4 种机身颜色选择，还有多种原厂和副厂的装饰品或携带配件选择，让 GF1 不单是一件 I.T. 产品，也是一件潮流之物，可以提升用户品味。它小得连女士的手提包都能够袋得下，但仍然提供各项专业功能和高度易用性，因而才这么吸引着女性用户、摄影新手和喜爱出国远游拍摄的人。不夸张不吓人的外表，让使用者能享受着舒适和轻松的拍摄感受。

▲ GF1 的外型和同门的 DC LX3 十分相似。GF1 只比 DC 大了小许，但比任何一部 D-SLR 小上不少，却有着与 "大机" 不遑多让的功能、画质和操控。

▲该机 4 种机身颜色可选，当中的白和红是十分罕有的。

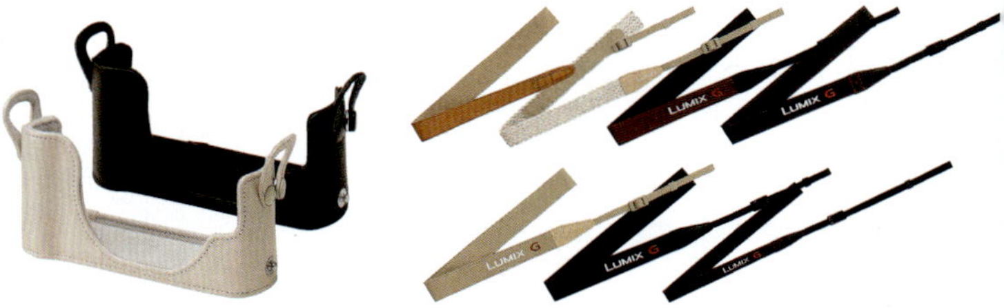

▲原厂已为 GF1 提供真皮机套和多款相机带，加强外型美观和便携性。

收纳在细小机身的先进影像科技

在 GF1 的体内，装载着一枚高达 1,200 万象素的 Live MOS 感光元件。在高感光度下的噪声不多，有利夜间拍摄，减低三脚架的使用需要。在前面装有一组能产生每秒 50,000 次震动的高频率震动模组，为经常外露的感光元件，提供最佳的影像洁净处理。在主电路板上使用 Panasoinc "Venus Engine HD" 处理器，而且用上双 CPU 设计，比上一代的 "Venus Engine IV" 处理器的运算效能提高约 2.4 倍。除了支持每秒 3 张 1,200 万像素相片 RAW 文件连拍外，更提供 AVCHD Lite 高清 1280 x 720 影片及 H.264 编码技术。另一方面，GF1 的各项自动功能，如自动白平衡、自动曝光、Live View 的高速 AF 及面部识别自动锁定目标功能，都是由这强力处理器负责。

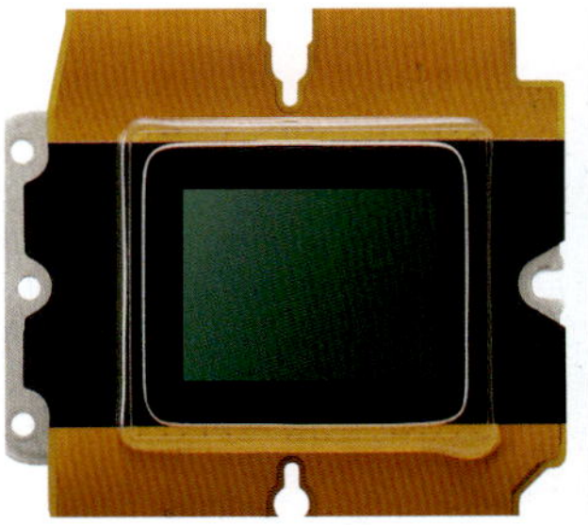

▲ GF1 使用最新规格 1,200 万象素 4/3 英寸 Live MOS 感光元件。

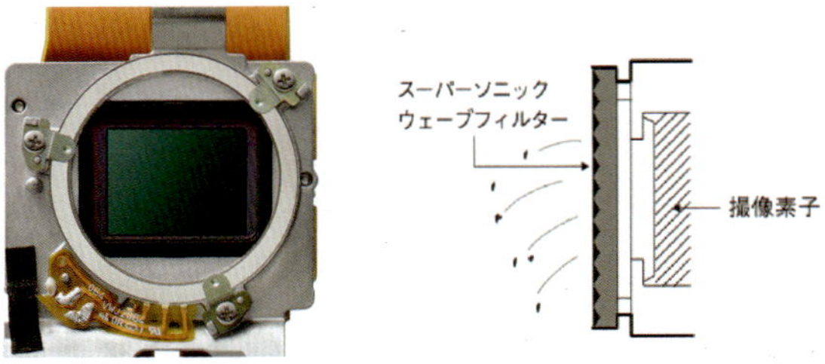

▲在这 Live MOS 前方装有能产生每秒 50,000 次震动的高频率震动模组，把经常黏上尘埃的感光元件，提供最洁净无污的影像除尘机制。

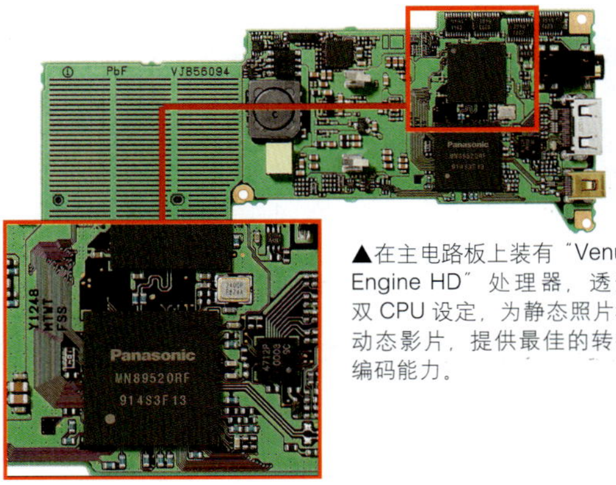

▲在主电路板上装有 "Venus Engine HD" 处理器，透过双 CPU 设定，为静态照片和动态影片，提供最佳的转换编码能力。

方便易用的辅助配件

GF1 的闪光灯功能不只有方便的内置闪光灯，便可外接支持 TTL 的热靴闪光灯，提供更大功率和更多变化的照明效果。为了满足资深摄影者，亦提供另购的电子取景器 DMW-LVF1，保持传统的持机姿势外，亦可以作出斜向或垂直的取景应用方法，带出非一般 D-SLR 能有的感觉。Panasonic 是目前已推出最多 Micro 4/3 系统专用镜头的品牌，当中更有与 Leica 合作推出的。除了新型全自动镜头外，GF1 因外型带有中古相机的味道，厂方与 Leica 的关系密切，为了推广 GF1 至资深用户，所以随 GF1 推出了 Leica M 镜头和 R 镜头在 Mirco 4/3 机身上使用的两款原厂转接环。透过能自动调节平衡亮度的 Live View 功能，加上可以作出局部放大检视，令使用手动对焦的中古镜头已不是难事了。

▲内置的闪光灯为随意的生活拍摄，提供最方便方案。

▲机顶设有闪光灯热靴接口，内里还有对应原厂自动闪光灯的电子接点，亦令 GF1 能够在影楼拍摄中，随时随意就能同步专业的影楼闪光灯。

▲虽然另购的 DMW-LVF1 电子取景器只能显示 20.2 万像素，显示规格不算高，但可以作出多角度甚至垂直的扭动，令使用 GF1 时有着古老双镜机般的感觉。

▲透过转接环 DMW-MA2M（左）和 DMW-MA3R（右），就能够让 GF1 分别使用 Leica 的 M 系列镜头和 R 系列镜头拍摄。

功能能简亦能繁

从一部相机的拍摄功能转盘就知它的级别。GF1 不但提供专业功能，亦不失方便易用的操作方法。机顶转盘上设有 P、A、S、M 模式，还有在同厂 DC 上好评如潮的 iA 智能自动拍摄模式，加上按钮不多，一看便知如何使用，而一颗影片拍摄的专用按键。无论动与静、新手或资深用户面对 GF1 都可以用得得心应手。

▲同时拥有 P、A、S、M 和 iA 模式才能满足专业和入门的用户。与模式转盘相连的还有连拍和大包围曝光控制杆。

▲ iA 智能自动拍摄模式，懂得自我辨别景物特性，如夜景、人像或微距，然后自动选用合适设定，无需苦恼。

▲大部分功能按钮都集在机背的右手边，单手已可快速设定妥当。

▲一颗独立拍片按键，一按便拍，再按便停，简简单单就能做家中的大导演。

高速 AF 的 Live View 功能

放弃了反光镜设计的GF1，便全面依懒了Live View的数码对比度侦测技术。这反而带出了Panasonic在此的科技领导地位。在 GF1 和其他 Mirco 4/3 型号上，都提供着极快速和最多元化的 AF 功能。只需约 0.3 秒的运作时间，便能把景物调向合焦状态，速度绝对迅速。在 AF 模式上亦提供多个选择，如 23 区域 AF 点模式、4 种不同尺寸的移动式单一对焦点模式、懂得锁定指定目标（不论人或景）的追踪模式及面部面部识别模式。

▲ GF1 的 3 英寸 LCD 显示屏拥有配合 60fps 的 Live View 更新频率，令观看便为顺畅。

▲ GF1 的 Live View 系统提供多种功能的 AF 模式，如懂自动选择主体位置的 23 区域模式、可放大缩小范围和移来移去的自动一点（框）对焦模式、锁定目标后跟追不放的追踪模式及有认人功能的面部识别模式。

实用有趣的 Live View 辅功功能

GF1 的 Live View 功能还提供简易的景深预视和快门速度模拟效果，让准专业用户能“未拍先知”影像效果。最有趣的是用者可以预先记录最多 6 位人物的面部和名字，当选用面部识别模式时，不但可以锁定人物追踪 AF，更会在 Live View 构图界面和重播相片时显示人物的名字，增加 GF1 的可玩性。

▲ Live View 时按下机背的删除键，除了立即收小光圈，做出相应的景深效果外，还可以再 DISPLAY 键，让系统模拟出快门速度会否导致手震等问题。

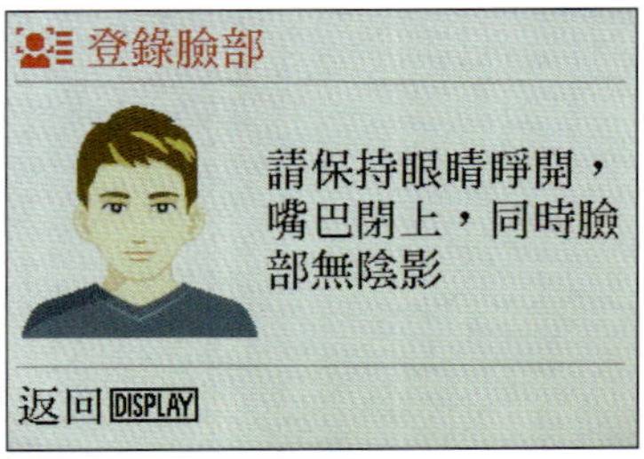

▲除了可以识别出人物的面部，更有趣的是可以认出是否预先输入的人位，然后在构图画面和重播相片时打出人物名字。

易用多变的设定效果

除了丰富的设定功能，GF1 还有可以令影像更具个人化和使其优化的 My Color Mode 模式及多种模拟胶卷效果的功能。透过全时显示的 Live View 功能，我们可以立即看到每种模式的效果，选择适合的使用，又或者进入自定义模式中，针对色相、亮度和饱和度，慢慢调配自己所想效果，突出主题和表达创意。

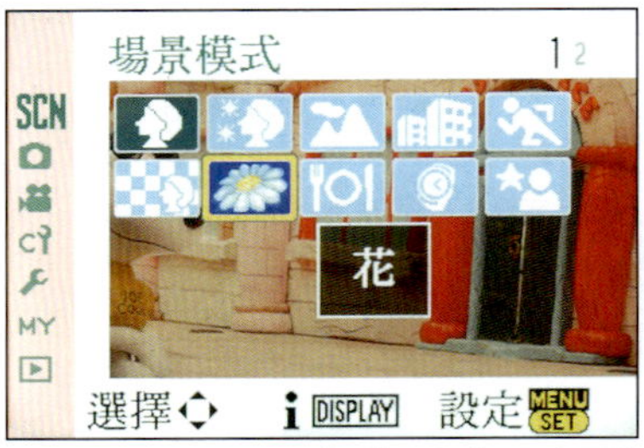

▲在场景模式中，分别提供了多达 12 种预载模式，它们都是设计人员预先输入的最佳设定方案。

▲当选用了 My Color Mode，就能在 7 个预载模式中选择，也能够进入自定义模式，针对色彩、锐度、饱和度及噪声抑制改变影像的效果。

▲除了 My Color Mode，收纳在目录里的胶卷模式，亦提供了模拟 6 种不同彩色胶卷和 3 种不同黑白胶卷效果的模式选择。

效果先决的高清拍片功能

GF1 是继 GH1 之后的第二部 Panasonic 可拍片机身，虽然影片解像度不及 GH1，只有 1280x720，但亦属于高清影音规格。除了使用机顶独立按键启动和停止拍片外，GF1 的模式转盘亦设有 Motion Picture P Mode，让用户主导影片的光暗和景深控制，轻易拍出浅景深的人物短片或全清的广阔风景影片。而且设有两种影片格式选择，除了供一般电脑简单就能打开播放的 .AVI 格式外，还有专为同厂 VIERA LCD TV 而设的 AVCHD Lite 格式。比较之下，.AVI 格式提供四个不同解像度拍摄设定，分别是 HD（1280x720）、QVGA(848x480)、VGA（640x480）和 WVGA（854×480）。AVCHD Lite 格式则提供三个不同的文件流量选择，分别是 SH (17MB/s)、H (13MB/s) 和 L (9MB/s)。除了解像度和压缩方法有所不同外，使用 .AVI 格式会以 30fps 的画面采样频率储存，而使用 AVCHD Lite 格式则提供 50fps 的采样频率，愈高的采样频率能有愈顺畅的态度播放效果。

▲在转盘上设有 Motion Picture P Mode。当使用这模式，Live View 界面立即出现影片格式的范围遮色片，而且提供景深控制，轻易拍出浅景深或全清的影片。

▲即使挑选了 AFS 单次自动对焦模式，只要开始摄录影片，系统便会自动做出持续对焦 AFC 效果，使用感觉犹如一部全自动 DV 机般方便。

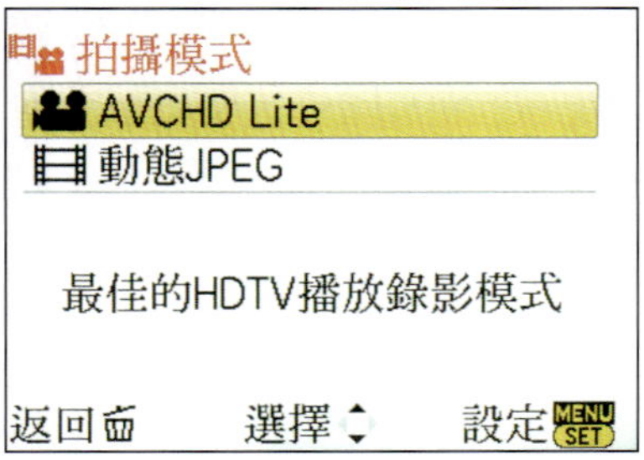

▲在影片的文件格式中，除了有一般电脑都能开启的 .AVI 格式外，还有针对同厂 VIERA LCD TV 而设的 AVCHD Lite 格式。

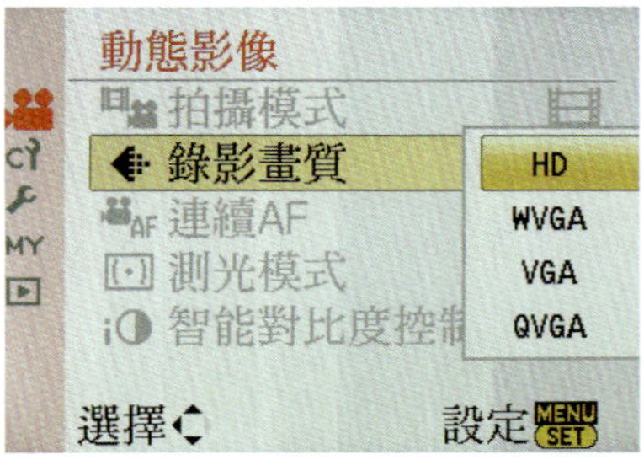

▲ AVCHD Lite 格式提供不同的文件流量选择、.AVI 格式则以不同的解像度做到不同的文件大小选择。

Panasonic LUMIX DMC–GF1 测试与分析

测试解说 | 请翻至 P. 16 之详细测试设定解释

色彩与自动白平衡控制测试

测试器材 | Panasonic LUMIX DMC-GF1 + LUMIX G 20mm f/1.7 ASPH.

户外阳光下

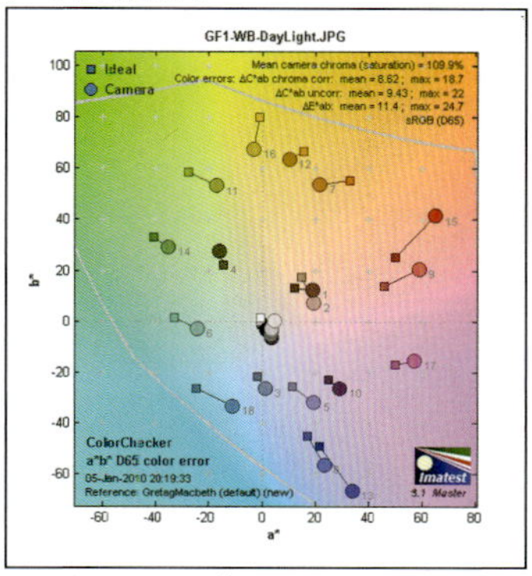

▲ 色彩平均偏差：8.62（轻微）
色彩平均饱和度：109.9 %（略浓）

室内商场中

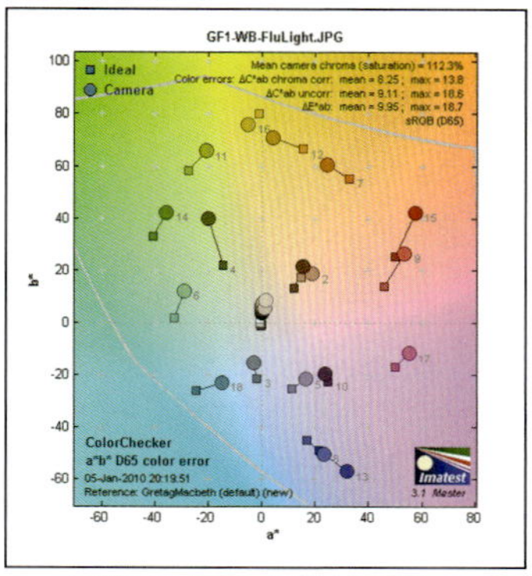

▲ 色彩平均偏差：8.25（轻微）
色彩平均饱和度： 112.3%（略浓）

餐厅灯光下

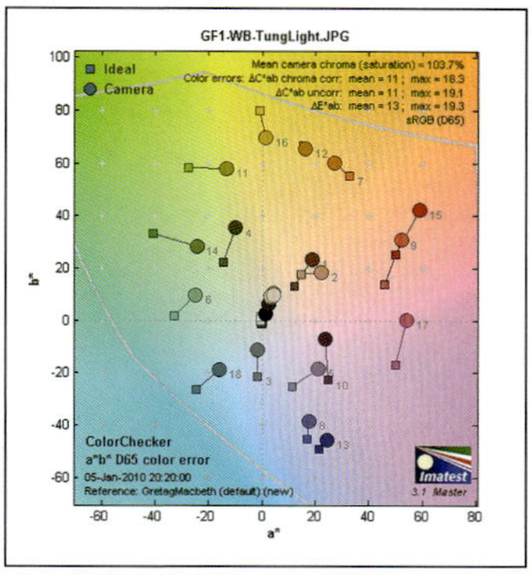

▲ 色彩平均偏差：11（严重）
色彩平均饱和度： 103.7%（正常）

测试分析

从测试分析，GF1 的自动白平衡系统在三个测试环境下，都出现不同程度的偏色效果，但问题不算严重。只是 GF1 的预设色彩效果普偏偏向略浓的效果，对于一般拍摄能带出更丰富的饱和度，吸引观者，但亦有可能加重偏色的问题。

自动对焦系统效能测试

测试器材 | Panasonic LUMIX DMC-GF1 + LUMIX G 20mm f/1.7 ASPH. + LUMIX G VARIO 14-45mm f/3.5-5.6 ASPH. MEGA O.I.S.

Live View 数码对比度侦测系统

使用 LUMIX G 20mm f/1.7 ASPH. 拍摄（**最大光圈为 f/1.7**）

EV 值	EV -2.5	EV -2	EV -1.5	EV -1	EV -0.5	EV 0
成功次数	5	5	5	5	5	5

使用 LUMIX G VARIO 14–45mm f/3.5–5.6 ASPH. MEGA O.I.S.@45mm 拍摄（**最大光圈为 f/5.6**）

EV 值	EV-0.5	EV 0	EV 0.5	EV 1	EV 1.5	EV 2
成功次数	0	0	5	5	5	5

测试分析

受惠于测试的定焦镜头的最大光圈达至 f/1.7 的超大光圈，协助 GF1 在极暗的 EV -2.5 中仍能做出全部合焦的效果。相比之下，使用变焦镜头于只有 f/5.6 光圈的远摄端拍摄，会因 AF 时的入光量大跌，而令最低的工作亮度提升至最少的 EV 0.5。因为 GF1 完全依赖 Live View 的数码 AF 系统，所以在画面中的任何位置作重点 AF，效果都会一样。

解像力变化测试

测试器材 | Panasonic LUMIX DMC-GF1 + LUMIX G 20mm f/1.7 ASPH.

感光度	ISO 100	ISO 200	ISO 400	ISO 800	ISO 1600	ISO 3200
解像力得分 *	2256	2238	2224	2054	2015	1998
与 ISO 100 得分差距		–1%	–1%	–9%	–11%	–11%

* 数值为 Imatest 分析结果，单位为 LW/PH，分数愈高为愈好

测试分析

从测试结果可看到，预设下，GF1 的解像力会随着感光度的提升而同步反比下降，愈高的感光度便会有愈低的解像力。但在最的 ISO 3200，亦只有约 11% 下跌幅度，这亦不算是严重。

感光度噪声 4R 小尺寸相片模拟打印效果测试

测试器材 | Panasonic LUMIX DMC-GF1+ LUMIX G VARIO 14-45mm f/3.5-5.6 ASPH. MEGA O.I.S.

▲把各设定下的影像以 **667dpi 输入密度**打印成约 4 英寸 x 6 英寸的 4R 相片，然后陈列拼贴各图中约 2.8cm x 2.8cm 的裁放范围比较。

	原始 JPEG 关闭 NR	原始 JPEG 标准程度 NR	RAW 文件转换 软件最大程度 NR
ISO 100			
ISO 200			
ISO 400			
ISO 800			
ISO 1600			
ISO 3200			

测试分析

从“只有”4R 的打印尺寸来看，GF1 的预设效果的全部感光度都没有明显的噪声出现，若常以 4R 相片或互联网分享，GF1 的全部感光度都不用担心，可放心使用。

感光度噪声 4R 大尺寸相片模拟打印效果测试

测试器材 | Panasonic LUMIX DMC-GF1 + LUMIX G VARIO 45-200mm f/4.0-5.6 MEGA O.I.S.

▲把各设定下的影像以 **342dpi 输入密度**打印成约 21cm x 29.7cm 的 A4 相片，然后陈列拼贴各图中约 2.8cm x 2.8cm 的裁放范围比较。

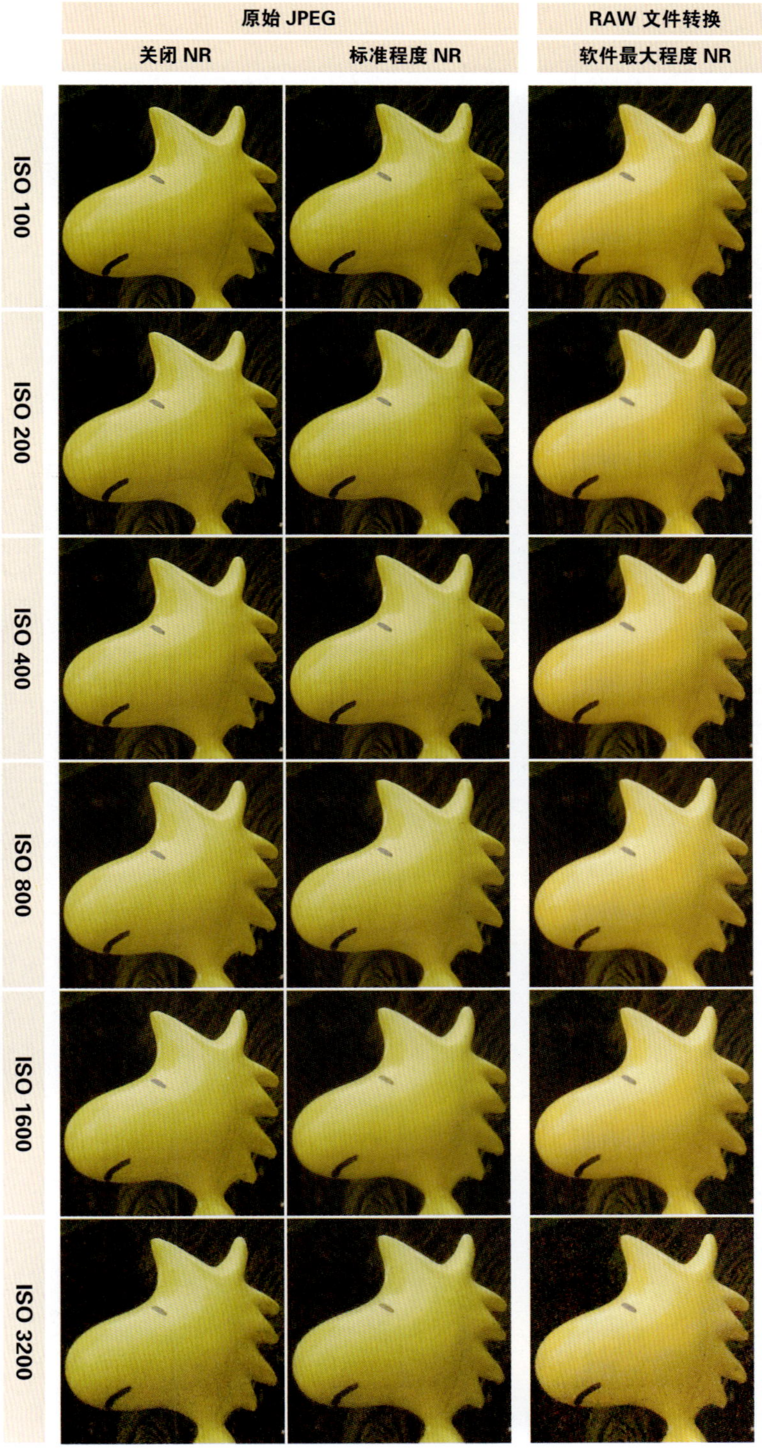

测试分析

从 A4 的大幅面打印果中可看到，GF1 的噪声比 4R 时明显很多，但不算严重。预设下，由 ISO 100 至 ISO 1600 都可以使用，只是 ISO 3200 时的噪声比较明显，干扰也不小。

Panasonic LUMIX DMC-GF1 性能参数

机身卡口	Micro 4/3 系统制式
可使用镜头	4/3 系列（需转接环）、Micro 4/3 系列
感光元件	17.3 × 13mm Live MOS
焦距转换率	2X
有效像素	1,200 万
相片最高解像度	4000 × 3000
感光度	ISO 100 - ISO 3200
快门速度	60-1/4000 秒、支持 B 快门
闪灯同步快门	1/160 秒
对焦系统类型	Live View 对比度侦测
闪光灯系统	内置、外接热靴闪光灯
测光模式	数码侦测：智能多区（144 区）、中央偏重、重点（约 2.7% 画面面积）
连拍模式	每秒 3 张，最多连拍 10 张 RAW/ RAW+JPEG 及无限 JPEG
影片文件格式	Motion JPEG（.AVI）、AVCHD Lite（.MOV）
影片控制模式	全自动、景深控制先决
影片解像度	1280 × 720@30fps、848 × 480@30fps、640 × 480@30fps、320 × 240@30fps
音效收录模式	内置立体声收音 MIC
取景模式	外置数码 Live View 取景器
	内置 LCD Live View
LCD 显示屏	3 英寸 固定式 46 万像素
除尘系统	有
防震系统	镜头光学偏移补偿式
机身储存媒体	SD/SDHC
传输界面	USB 2.0 High Speed
影音端子	Mini-HDMI、传统复合式端子
电源	DMW-BLB13 锂离子充电电池（1250mAh、9Wh）
体积	约 119mm × 71mm × 36.3mm
净重量	约 285g
	黑色、红色、银色、白色

Panasonic LUMIX DMC-GF1 编辑述评

真正能替代 DC 与 D-SLR 的产物

有很多 D-SLR 都会以细小和轻巧的机身设计，来标榜能代替 DC 的便携性质。亦有不少便携式数码相机以强大和专业的拍摄功能，来标榜能代替 D-SLR 的高质效果。但真正能有 DC 的便携性和 D-SLR 的高质低噪效果的，应该是 GF1 才对。把它和 LX3 放在一起，感觉非常相似，只是大了半个尺码而已。各项操作，尤其是拍片和 Live View AF 功能方法表现得极之出色。而且它的背屏显示质量相当之好，重放影像和实时预视构图效果，都十分理想。内置闪光灯更是很多入门用户的需求。

虽然机身的功能这么出色，但在选购套装时却遇上一些难题，除了镜头独立购买时的价钱比其他 D-SLR 品牌更昂贵之外，亦因为 Panasonic 选择了防震系统类别为镜头光学式，所以很受镜头型号束缚，但又不是每一支镜头都有防震效果。就好像常用于弱光环境的 20mm f/1.7 大光圈定焦镜上便没有加上防手震系统，令这支大光圈定焦镜做出的安全快门相近于另一支 14-45mm 套装镜虽然光圈较小，但有防手震效果。令这支定焦饼镜的发挥集中在捕捉运动摄影上。加上 GF1 已内置了数码浅景深功能，即使变焦镜的光圈不大，但仍可做出浅景深的效果。这亦变相令这支 14-45mm 变焦镜更加吸引（尤其配合 45-200mm 时，非常合拍和方便）。

对于 4 种不同机身颜色上，以红酒般的红色版本最为吸引，不少女生和男生都会用上。虽然白色亦十分富有潮流和艺术感觉，但其表面的涂料难免让人担心它的防污性。

耐用度：	★★★★	拍摄功能：	★★★★★	Live View AF 系统：	★★★★★
便携性：	★★★★★	噪声控制：	★★★★★	影片画质：	★★★★
外型吸引度：	★★★★★	色彩与白平衡：	★★★★		
专业度：	★★★★★	光学 AF 系统：	不适用		

Panasonic 旧款机身介绍

首见反射式内置闪光灯
Panasonic LUMIX DMC-L1

CHECK POINTS

- 750 万像素 Live MOS
- ISO 100 至 1600
- 2.5 英寸 20.7 万色点 LCD
- 3 点 AF 系统
- 连拍每秒 3 张
- 记忆卡：SD/SDHC
- 净重量：530g

刷新高速 AF Live View 纪录
Panasonic LUMIX DMC-L10

CHECK POINTS

- 1,010 万像素 Live MOS
- ISO 100 至 1600
- 2.5 英寸 20.7 万色点 LCD
- 3 点 AF 系统
- 连拍每秒 3 张
- 记忆卡：SD/SDHC
- 净重量：320g

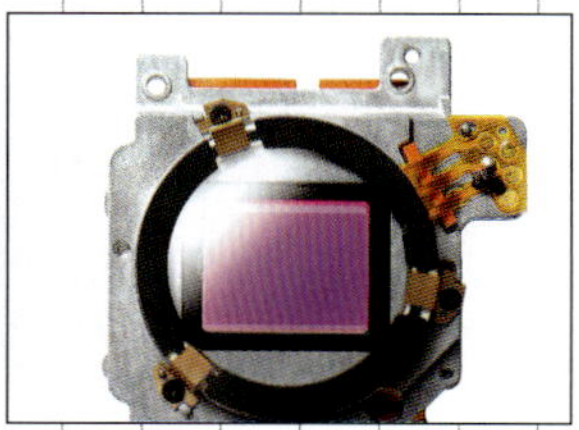

基础必读技巧教学

曝光模式

摄影最基本工作就是控制吸光量，亦即是曝光控制。控制曝光也就是控制光圈、快门和感光度。因为以前胶卷相机不能随意更改感光度设定，所以机身的曝光模式都以控制光圈和快门的变化为主。

入门自动模式

就算没有学过摄影的人，不论是中小学生、职业女性或已退休人士，面对着任何一部 4/3 或 Micro 4/3 系统，都不用感到彷徨，因为大部分机身都提供了 AUTO 全自动拍摄模式，SCN 场景模式或很多智能自动模式，都会自动侦测拍摄场景再调校机身设定，之后便只要扭动变焦环、按下快门键，就能拍出效果出色的影像。

▲大部分机身之上，都提供了拍摄模式转换转盘。不懂专业摄影技法的人，大多会选择 AUTO 全自动、场景模式或特别的智能自动模式。

▲ SCN 场景模式是设计人员预先输入了常遇的拍摄场合的设定为一个个模式名字，如雪地便要调高曝光值，烛光晚餐便要调低曝光值。只要选好场合便能一一自动拍摄。

▲如 Panasonic 的 iA 智能自动模式，系统不单能够辨认拍摄中的画面属性，是风景或运动，然后自动设定合适的设定，如快门速度和景深。

P、A、S、M 专业模式

虽然 AUTO 全自动和场景模式十分方便，但喜欢摄影的人都希望亲手控制机身的每一个操作设定。有了一定的技巧和知识后，便会开始转用 P、A、S、M 模式。简单来说，纵使〝都是〞全自动工作的 P 或半自动运作的 A 和 S 模式，都会有光圈、快门和曝光效的更改可能，这些都是 AUTO 全自动和场景模式所没有的。M 手动曝光模式，除了是最专业和高难度外，它更是使用影楼闪光灯拍摄的最佳方案。

▲ P 程序自动和 AUTO 全自动或 SCN 场景模式最不同的地方，就是 P 能够选择曝光效果（曝光补偿）和更改光圈和快门的组合，但一开始由机身自动编排给我们使用罢了。

▲ A 光圈先决和 S 快门先决的意思是用户选择光圈或快门作为手动操控的元素，机身会跟据测光系统，自动协调另一个的设定。

	光圈	快门	感光度	曝光效果	闪光灯
AUTO 全自动	自动	自动	自动	自动	自动启动
SCN 场景模式	自动	自动	自动	自动	自动启动
P 程序自动	自动／可更改	自动／可更改	自动／可更改	可选择	手动启动
A 光圈先决	手动	自动	自动／可更改	可选择	手动启动
S 快门先决	自动	手动	自动／可更改	可选择	手动启动
M 全手动	手动	手动	自动／可更改	手动	手动启动

▲ M 手动曝光模式是最多人于影楼闪光灯拍摄中使用的模式，只要先用手持测光表测光，知道了光圈多少，便能锁定快门为 1/125 秒，不断拍摄。

光圈

调校光圈和快门都是最常用来控制曝光效果的方法，但它们都各自拥有负责的效果控制。光圈可以控制不同距离的景物的清晰范围，即景深。在最新的 Micro 4/3 系统内都提供了小光圈浅景深效果的优化功能。

大光圈数值小　小光圈数值大

很多入门用者都会误解光圈值的应用和等级关系。简单来说，光圈值（f/ 值）愈小的代表镜头内的开口愈大，级数愈大，如 f/2.8，通光量会较多；光圈值（f/ 值）愈大的代表镜头内的开口愈小，级数愈小，如 f/8，通光量会较小。每两级的光圈值差距为 2，每一级的光圈值差距为 2 的平方根。例如 f/2.8 比 f/5.6 大，相差级数为 2 级；f/2.8 又比 f/11 大上了 4 级。

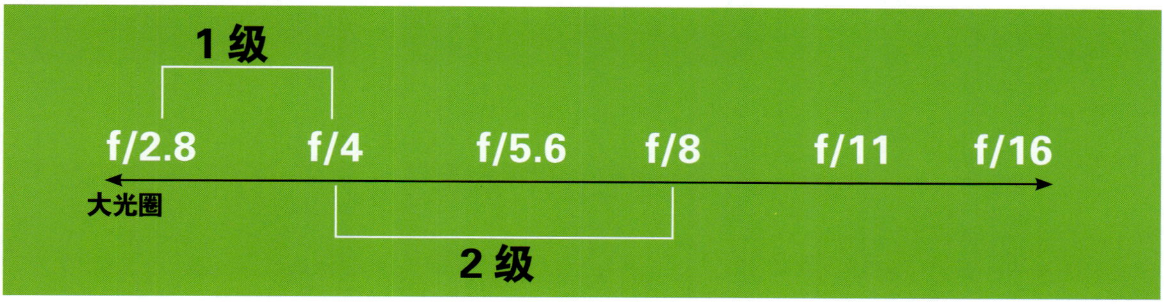

大光圈浅景深．小光圈长景深

这是个物理光学的应用问题，当使用镜头的小光圈，会令由前至后的景物都是清晰的范围，变得愈来愈长；相反，光圈愈大，清晰范围便会愈短。我们称之为景深。除了光圈，镜头的焦距和拍摄距离，甚至感光元件的大小都会影响景深的变化。普遍之下，4/3 和 Micro 4/3 系统都较难做出浅景深的效果。研发人员便创作出各种优化功能，加强浅景深的效果。对于人像和想突出特定目标的拍摄十分有用。

长 ←	景深	→ 短
小 ←	光圈面积 / 级数	→ 大
大 ←	光圈数值（f/）	→ 小
短 ←	镜头焦距	→ 长
远 ←	拍摄距离	→ 近

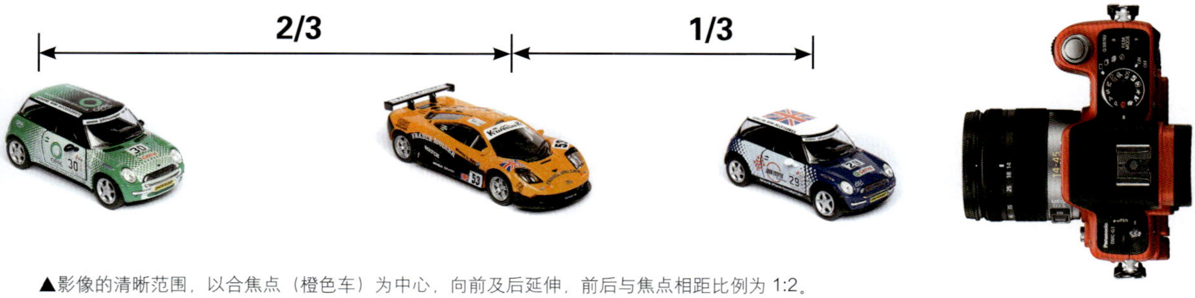

▲影像的清晰范围，以合焦点（橙色车）为中心，向前及后延伸，前后与焦点相距比例为 1:2。

景深预视键

差不多所有 D-SLR 型号配合对应的自动镜头，才能经反光镜看到取景和操作 AF，这时会长时间保持最大光圈，直至拍摄曝光时才会收缩光圈叶片。为了可以预视景深效果，机身都会设有一个景深预视键，在取景时收缩光圈之用。但当光圈不是最大后，有机会令取景器的亮度大幅下降，甚至变得不能辨认。但对于使用 Live View 的机身，便不会有此问题，因为处理器会把变暗了的入光量加光，再显示在背屏之上。而且 Live View 功能里都设有大倍率放大显示，对于想去了解景深变化的用者极之方便。

▲在 E-30 和其他 D-SLR 上通常都设有一个景深预视键，让拍摄者在使用光学取景器时都可以尝试了解不同光圈的景效果。

放手

按下景深预视键后

▲虽然按下预视键后，真正的光圈和景深都会出现，但观看亮度亦会大幅下调，很多时候会看不清景物效果。

▲在 GF1 和其他有 Live View 的机身之上，都会设有景深预视键，让拍摄者在使用 Live View 时锁上光圈值，了解不同光圈的景深效果。

大光圈

小光圈

▲若设定中的光圈值太小，而且环境亮度不足，按下预视键后的 Live View 画面好大可能会出现如高感光度 ISO 的粗大微粒。

快 门

快门与光圈一起被人用来控制曝光效果。但快门同时控制着不同移动速度的事物的清晰状况，即动态效果和手震情况。在现今的数码相机里，防手震系统差不多是必备的功能，但当中亦有分为镜头光学式和机身物理式。

安全快门

摄影人常称慢过 1/15 秒的为慢快门，快过 1/500 秒的为高速快门。对于注重影像清晰度的人，还会十分在意手震不手震的问题，以往大部人都会以 1/60 秒作为不手震的安全快门标准。但出现了防手震系统后，安全快门便有了新的定义。当没有防震系统时，安全快门的计算方法大约是（1 ／镜头的相对焦距）=（1 ／两倍镜头焦距），例如在 Panasonic GF1 上使用 20mm 定焦镜时，便大约需要 1/40 秒至 1/60 秒的安全快门。但假若启动了防震系统，再跟据厂方提供的补偿级数，从新估计安全快门的应用，例如在 Olympus E-P2 上使用 17mm 定焦，启动 i.S. 防震系统后大约需要 1/2 秒至 1/4 秒的安全快门。有了防震后虽然在慢快门都会不手震，但被摄体若在移动，那部分影像一样会出现模糊。

▲ GF1 和很多入门级机身都会设有手震提醒功能，当快门低于厂方定下的“安全快门”数值时，便会亮起灯号图示，提示用者开启防手震系统或使用三脚架。

▲除了要计算拍摄者导致的手震问题外，还要顾及被摄影像中是否会出现移动物体，一般人的动作普遍可以使用 1/125 至 1/500 秒锁定。

◀ GF1 和其他 Panasonic Micro 4/3 机身都提供了在按下光圈的景深预视键功能后，再按 DISPLAY 键来预视快门速度会做出的动态效果。

防震系统

说到安全快门的计算，当中还要加入防震系统的影响。Olympus 和 Panasonic 两大品牌虽然使用着相同的镜头卡口和外接自动闪光灯系统，但防震系统却是南辕北辙。Olympus 选择以机身的感光元件上下左右移动来抵销震动带来的模糊问题。Panasonic 选择以镜头的光学镜片能上下左右移动来抵消震动。以现今的科技，两种防震系统都能提供约 4 至 5 级的快门速度补偿。若是 Olympus 机身式的，即使装上任何镜头都会有相约的防震效果。但当日子久了，相连着感光元件的防震组件会有较大的劳损和更换需要。若选以镜头式的防震系统，防震组件的劳损会被分散，但需要每一支镜头都有提供防震系统才能成事，成本亦以每一支镜头计算。

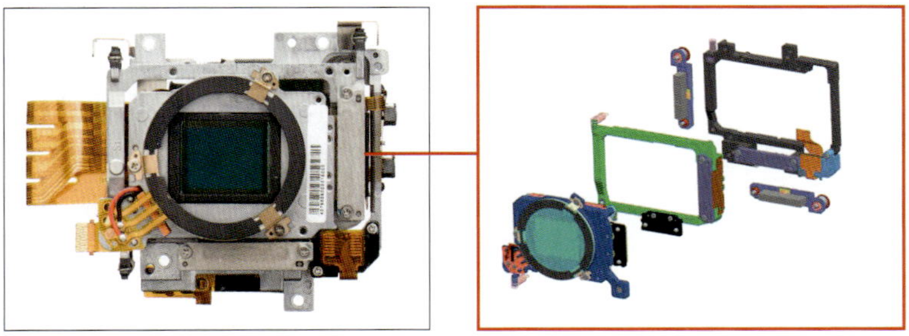

▲ Olympus 的现役全部机身都提供了 i.S. 机身感光元件位置偏移技术的防震系统。防震组件包围着整颗感光元件，让它能自动作出上下左右的移动对消震动。

▲ Panasonic 的超过一半镜头都提供了 Mega O.I.S. 镜片光学偏移技术的防震系统。防震组件包围着其中一组镜片，让它能自动作出上下左右的移动抵消震动。

▲当拥有 Mega O.I.S. 光学防震系统的 Panasonic 镜头在 Olympus 机身上使用时，AF 系统虽然正常使用，但 Mega O.I.S. 光学防震系统却不会启动。

▲即使是旧式的手动镜头，经转接环装在 Olympus 机身之后，都无阻机身的防震系统运作。

感光度

感光度是指感光元件的受光速度，愈高的感光度，便需要愈短的快门速度或愈小的光圈。愈高的感光度，还会对数码影像产生愈多愈大的噪声颗粒，这也是主导了画质优劣的重要因素。

自动感光度

一般来说数码相机都会提供 6 至 7 级感光度选择，大约是 ISO 100 至 ISO 3200，更先进的还会有 ISO 6400 甚至更高。除了有多个选择外，使用时还极具弹性。透过自动感光度功能 AUTO ISO，系统能够自动调节感光度来平衡曝光设定，从而避免曝光错误的可能。透过自动感光度功能，用户便可放心和专心处理画面的构图和内容。对过程快速、重视内容的抓拍和生活照拍摄，甚为方便。

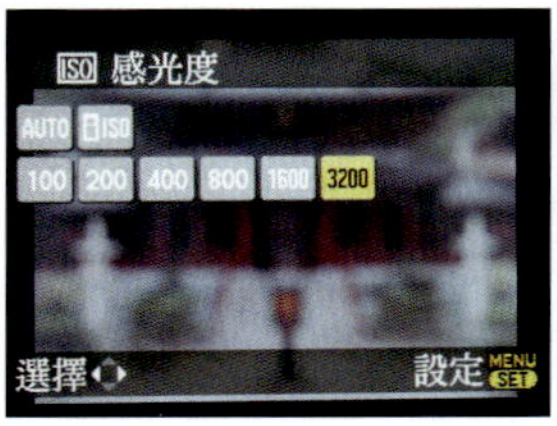

▲不同的机身会有不同的感光度设定。如图中的 Panasonic GF1，便拥有 ISO 100 至 ISO 3200 的 6 级选择。

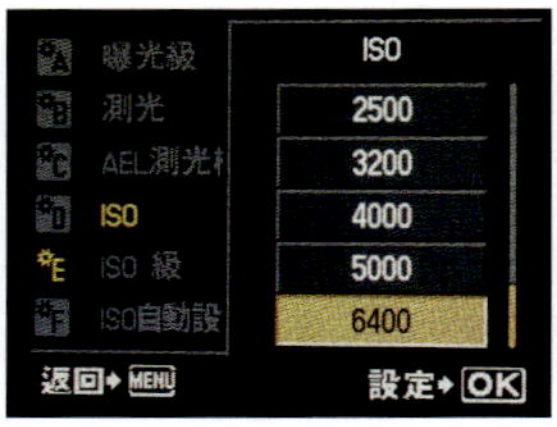

▲又例如图中的 Olympus E-P2，便拥有 ISO 100 至 ISO 6400 的 7 级选择。

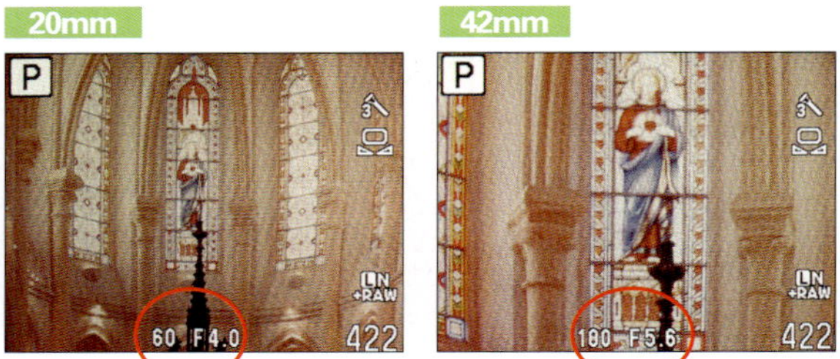

▲在 P 和 A 曝光模式中，AUTO ISO 会配合焦距，令快门保持在安全快门水平。

噪声与 NR

细腻度是数码摄影中的重要画质评价指标之一。普遍情况下，愈低的感光度能有愈佳的细腻度。提升感光度时，会增加感光元件的干扰问题，令噪声颗粒增多和增大。除了避重就轻，减少使用高感光度外，其实每一部机身已内置了解决方案，就是 NR 功能，但每个品牌的名称和设定方法都有不同，不过工作原理都是相似，都是借着降低影像的锐度消减噪声。NR 功能有利亦有弊，所以特设多种程度选择以供选择。

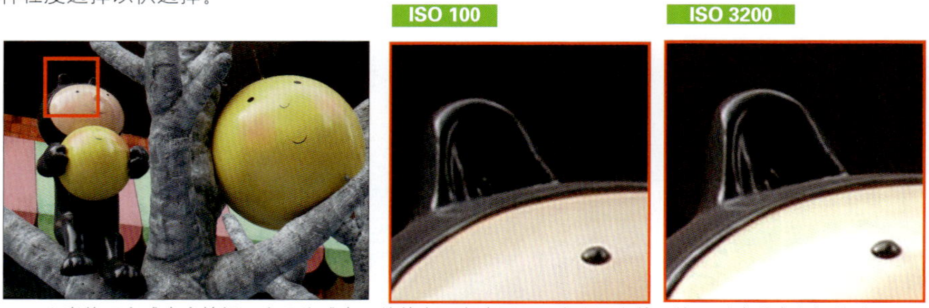

▲当使用高感光度拍摄，会因为感光元件的电子电路原理，产生更大的干扰，形成噪声和粗糙感。

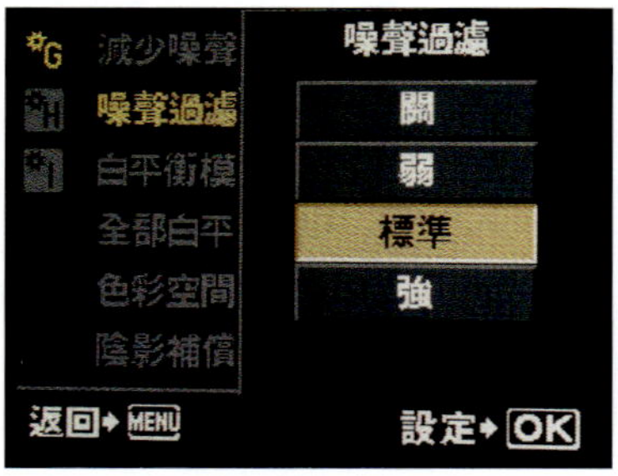

▲每一部数码相机都会内置了噪声消除功能，俗称 NR（Noise Reduction）。但每个品牌都有不同的功能名称。如 Olympus 的会以“噪声过滤”命名及独立操作。如 Panasonic 的会以“NR”命名，但会依附在胶卷模式之中。即使名字不同，但都会提供不同程度的效果设定。

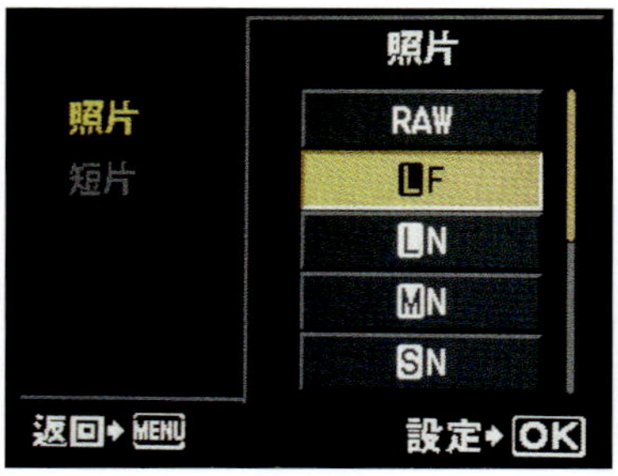

▲针对高感光度下的噪声而设的 NR 功能，其实都属于软件形式的做法，主要应用在 JPEG 的记录中。

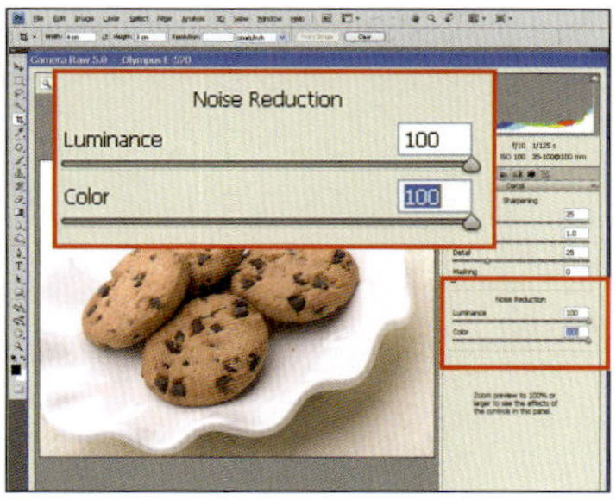

◀ RAW 文件的 NR 效果，需要在后期处理时，在电脑程序中加上才有。

E-30 的解像力变化测试

感光度	ISO 100	ISO 200	ISO 400	ISO 800	ISO 1600	ISO 3200
解像力得分 *	2189	2171	2102	1969	1780	1687
与 ISO 100 得分差距		-1%	-4%	-10%	-19%	-23%

▲从测试可见，当 E-30 的感光度不断上升，其影像的解像力得分愈低。
* 数值为 Imatest 分析结果，单位为 LW/PH，分数愈高为愈好

白平衡

不同颜色的物件会反射不同颜色的光波，不同颜色的光线又会令被照射的景物反射不同效果。为了在任何环境下拍摄的影像都可以还原原来效果，我们需要白平衡的控制。

自动白平衡

每一部数码相机都会有自动白平衡，但每一部的效果都会不同。大部分都能够在日照的户外环境中，把轻微的偏色纠正，如阴天。但亦不是所有环境的偏色都可以经自动白平衡纠正，如钨丝灯泡下非常偏黄的光线，只有很少机身能够辨认出来然后纠正。自动白平衡虽然是每一部数码相机的预设和最基本功能，但亦有很多专门人士喜用。因为每个环境都会存在偏色现象，尤其混合了多种光源的情况。为减省拍摄工序，又得到最接近准确的效果，自动白平衡是不容忽视的功能。

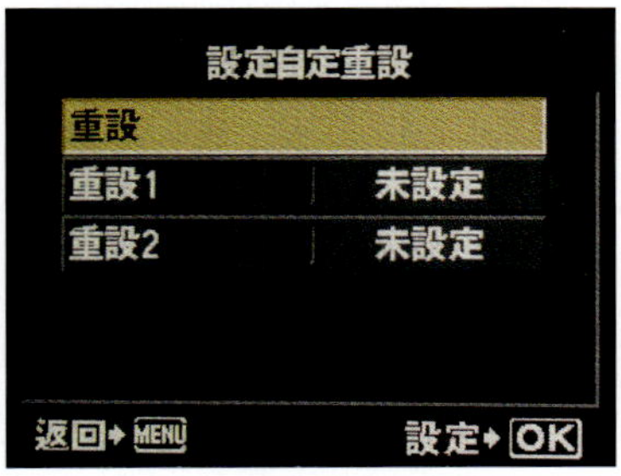

▲当初始化了一部数码相机，都会把白平衡功能还原为自动白平衡模式。

▲如商场里和阴天下的不严重偏色环境，大部分机身的自动白平衡功能都可以纠正大部分偏色问题。

▲但到了如使用钨丝灯泡的环境，如很多餐厅或商店，都会因自动白平衡的纠正力度不足，令相片出现明显偏黄效果。

白平衡场景模式

相机都会内置了多个白平衡场景模式。看图识功能就已知使用方法。适合在自动模式不能纠正，出现严重偏色时用，作出更大程度的纠正动作。

▶每一部机身都会内置了多个白平衡场景模式，看图已知应在何时使用。

自定义白平衡

很多情况下，就算用尽了自动模式、场景模式，仍然不能完全纠正偏色现象的话，此时便可以使用自定义白平衡功能了。设定方法不难，但需要协助工具才行。最标准就是一块认可的 18% 灰卡或一叠不透光白纸，作为现场色温的表现和量度工具。然后向着它输入现场的白平衡效果便可了。

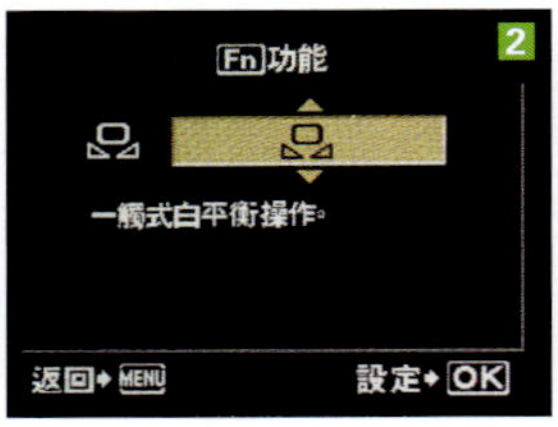

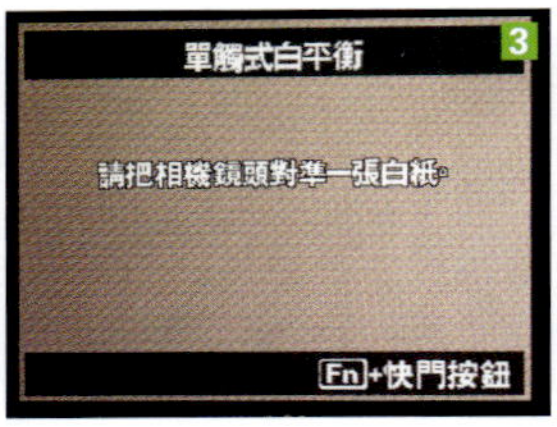

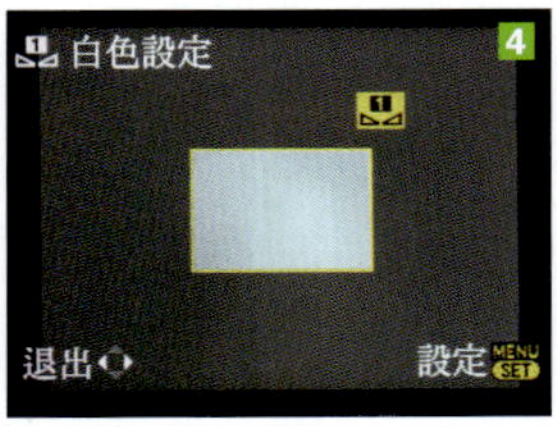

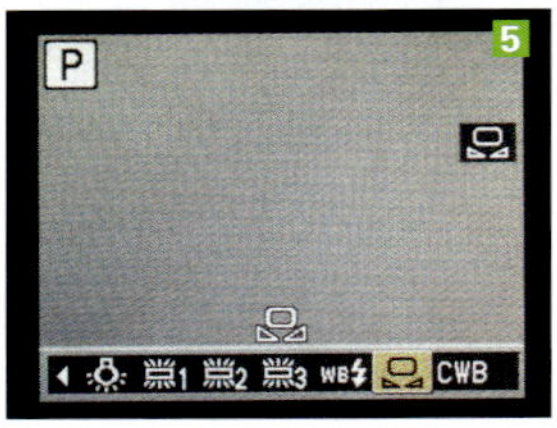

1. 若要使用自定义白平衡功能，便需要 18% 灰卡或一叠不透光白纸作测量工具。然后放在光源下进入输入步骤。
2. Olympus 机身的自定义白平衡功能，需要先在目录中设定其 Fn 键的功能为“一触式白平衡操作”。
3. 然后把构图向着白纸或灰卡，再按着 Fn 键不放再按下一次快门键就能完成设定。
4. Panasonic Micro 4/3 机身只需按 WB 键进入白平衡选择界面，移至自定义白平衡模式后按指示按上键。当画面的框架充满着白纸后，就能够按下 SET 键确定输入，完成设定。
5. 之后就算转用了其他白平衡模式，亦可以再次选择自定义白平衡模式。

自动对焦镜头

镜头的作用，第一样就是令景物变得清晰，这就是对焦。对焦就是借着镜片的移动，令拍摄目标的一点由糊模变成清晰。严谨一点来说，合焦处其实不是一个“点”，而是一个“面”。对焦模式大致分为手动 MF、单次锁焦 AFS 及持续追焦 AFC。

自动对焦系统

单镜反光相机（SLR）比其他类型相机优胜最多的，就是所用的光学相位侦测 AF 功能是最快速和最敏锐。最新的 D-SLR 和 Micro 4/3 系统更多了另一种原理的 AF 系统，就是 Live View 的数码对比度侦测系统，提供高智能和方便易用的效果，应付不同的拍摄需要。

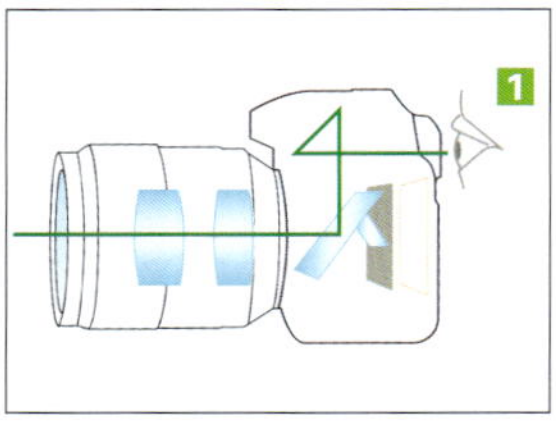

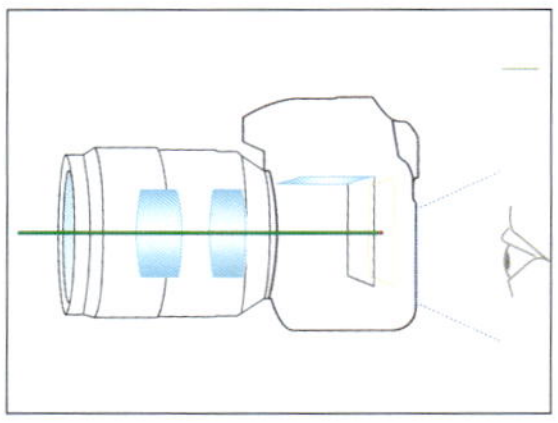

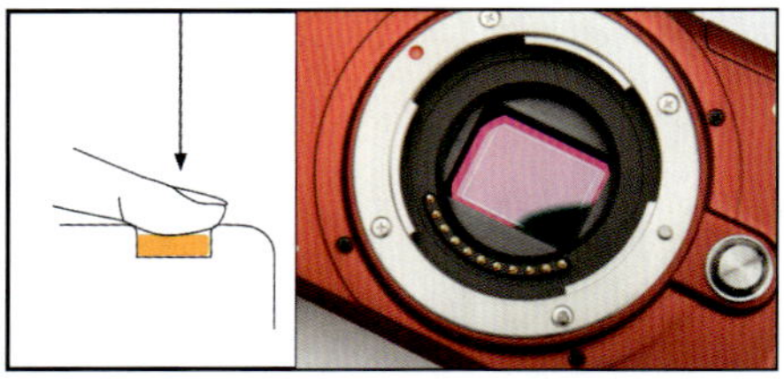

1. 光学相位侦测 AF 系统需要影像由反光镜把小量光线折射至底部的光学 AF 感应器，作出对焦侦测。同时间反光镜会反射大量光线至五棱镜，给用户观看构图。
2. 数码对比度侦测 AF 系统需要由感光元件长时间撷取影像，再由处理器分析。同时间，机背 LCD 亦会显示影像用作构图。反光镜需要一直保持升起，让光线进入。
3. 最基本的单次 AF 和拍摄方法：按下快门键直至曝光拍摄。

对焦点选择

要评价一套 AF 系统的好坏，首先可以是 AF 点的选择数目，愈多覆盖愈广阔便愈好。碍于光学 AF 系统的感应器不能随便移动，所以位置及范围大小的弹性，都不及数码 Live View AF 系统。但因为早很多年的研发和进化，目前的光学 AF 系统仍比数码 Live View AF 系统，工作得更快、更准和更敏感。尤其是使用了十字型和双十字型的光学 AF 感应器，有更出色的效能。

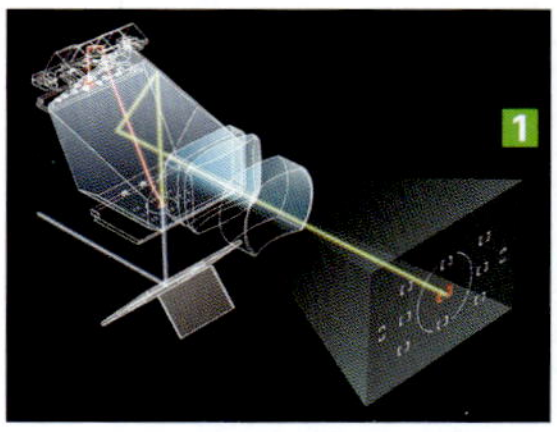

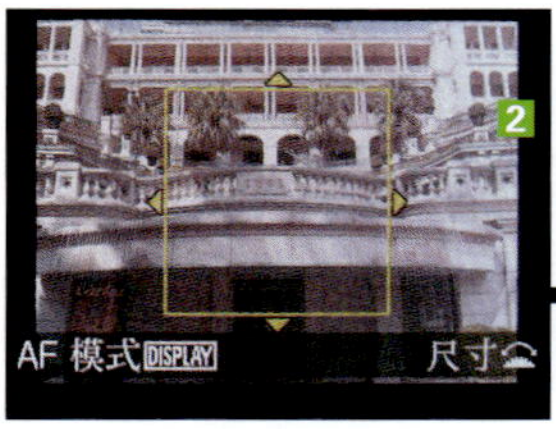

1. 因为光学 AF 系统的感应器不能移动和变大缩小，所以 AF 点的选择比较困限。
2. 数码 Live Viwe AF 系统因由处理器分析影像，没有范围和位置的选择，所以可以把对焦点移至画面的大部地方和设定成不同大小。
3. 光学 AF 系统的感应器有多种设计，主要分为线性型和十字型。基于十字型上还有更强力的双十字型号。比较之下，目前仍以有双十字型光学 AF 感应器的机身比 Live View AF 系统有更低工作亮度。
4. 不论是光学或数码 AF 系统，其最低工作亮度、速度和准确度都受镜头的最大光圈影响。在阴暗的环境选择一颗有超大光圈级数的镜头，能有助 AF 系统的运作。

AF 马达系统

机身的 AF 感应系统是用来判断何处就是合焦清晰的位置，但实行对焦动作的却是镜头内的 AF 马达。在 4/3 和 Micro 4/3 系统上可找到的 AF 镜头大致选用了两类性质马达，第一类是小型驱动马达，另一类是 SWD（Supersonic Wave Drive）超声波驱动马达。在 2008 年之前，两间机身品牌的镜头全部都使用小型驱动马达，在 E-3 推出的同时才有第一支 SWD 超声波镜头推出，时至今日，仍以小型驱动马达为最大数目的类型。虽然 SWD 超声波镜头是极少数的选择，而且十分昂贵，但它提供了安静及快速的 AF 性能，加上有低转速、高扭力与及瞬间启动/停止的制动能力，大大缩短对焦时间，而且耗电低、耐用度高、噪音少。同一时间，SWD 超声波马达更提供全时 MF 功能。即使并未转换为 MF 模式，用户仍可顺畅地扭动对焦环，灵活改变焦点的位置。对于专业摄影人士，SWD 超声波马达可说是梦想镜头（Dream Lens）系列。

▲绝大部分 4/3 和 Micro 4/3 系统的镜头都是使用小型驱动马达。最大特色是必须安装在机身之上，才能作出手动焦点改变。

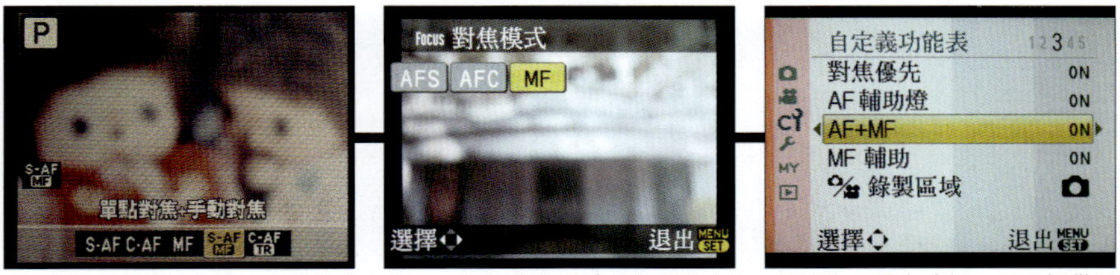

▲当小型驱动马达镜头安装机身上使用，如想作出手动对焦 MF 功能，便要在目录中选择，而且提供了只有 MF 或 AF + MF 同时运作的效果。

▲因镜头选用了转动感应器的原理作出 MF 的操作，在 MF 期间，会感到镜头的对焦环没有连着马达扭动的阻力感觉。

▲以非常少数存在的 SWD 超声波镜头，最大特色是无需装在机身之上，都能使用对焦环改变焦点位置。

▲WD 超声波马达工作时，所发出的转动噪声是最低最静的，而且速度亦是最快。

▲目前拥有 SWD 超声波马达的 3 支镜头，全部都是 Olympus 名下的 4/3 制式 ZD 系列。分别是 ZD ED 12-60mm F2.8-4.0 SWD（右）、ED 14-35mm F2.0 SWD（中）及 ED 50-200mm F2.8-3.5 SWD（左）。

其他镜头的转接环

为何 Micro 4/3 机身会有这么多转接环推出？全因它减少了反光镜设计，令镜头与感光元件之间阻隔大大减少，亦令它的机身厚度比一般 D-SLR 薄很多，从而令不同镜头的转接环不用加入任何镜片，亦不用破坏光学成像，便能完美应用。

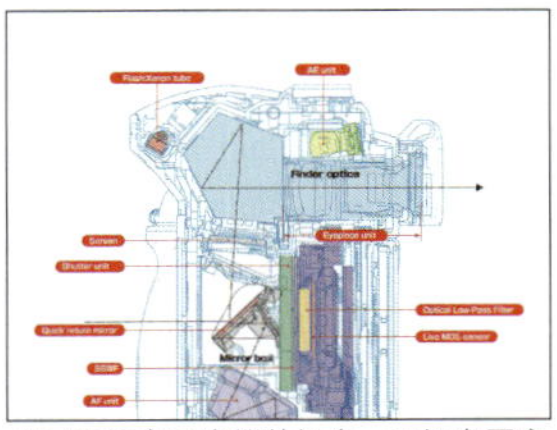

▲对于拥有反光镜的机身，因机身厚度高，令转接的镜头成像焦点前移，变成了近视，不能正常使用，所以以往都不兴在D-SLR 使用老式镜头转接环。

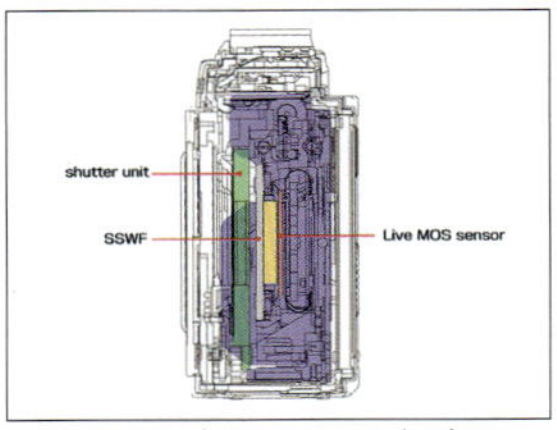

▲如 E-P2 的 Micro 4/3 机身因无反镜设计，令其厚度相对较薄很多，方便不同品牌的老式镜头转接环推出。

▲Olympus 为 Micro 4/3 机身分别推出了对应原来 4/3 系统镜头的 MMF-1（左）转接环和旧式 OM 系列镜头的 MF-2（右）转接环。

▲Panasonic 为 Micro 4/3 机身分别推出了对应 Leica 的 M 系列镜头的 DMW-MA2M（左）转接环和 R 系列镜头的 DMW-MA3R（右）转接环。

▲亦有外厂为 Micro 4/3 机身推出其他镜头的接环，就好像日本的 Voigltander 便推出了对应 Voigltander M 接环、Nikon F 接环和 Pentax K 接环镜头的转接

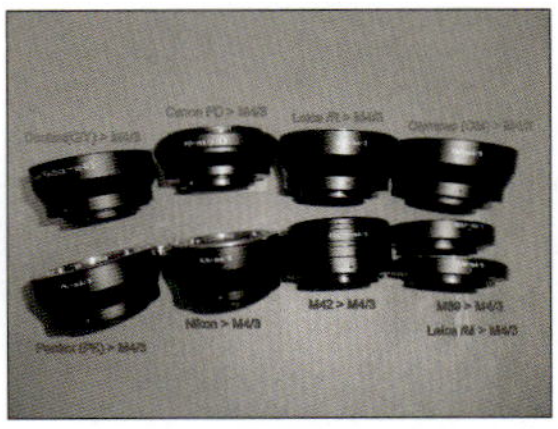

▲在中国大陆，更有各式其式的 M4/3 转接环推出，但做工便不及机身原厂或日本品牌般优质。

新机古玩：
PEN 的手动旧镜头使用教学

E-P1 和 E-P2 的推出最令人意想不到的是吸引了很多不同牌子的古镜头用家，透过两机令一支支中古镜头重生活化再用。常见的有 Leica、Contax、Voigltander...... 一些新型镜头亦有转接环出现过。但是否代表就这样把镜头安装上去便了事？当中有着很多技巧要用。

手动镜的技巧优化

想在数码化的 Micro 4/3 机身上好好享受使用手动中古镜头的感觉，有不少技巧需要用上。最基本就是先选用 A 光圈先决或 M 全手动模式控制曝光，深层一点的，便需要机身提供各项拍摄优化功能，再逐一发挥。如 Olympus 的 E-P1 和 E-P2 因为拥有机身防震功能，所以 20 年前的老式镜头一样能装在 PEN 上享有最先进的 4 级防震效果。透过 Live View 画面的自动调光和 10 倍放大预视功能，能令困难重重的手动对焦都变得轻易无难度。

▲因为机身不能侦测手动镜头的光圈值，所以一般都以 A 光圈先决半自动模式或 M 全手动曝光模式拍摄。

▲当手动镜头装上了 E-P1 或 E-P2 之上，除了启动 i.S. 防震功能外，还要为镜头挑选一个合适的焦距，为机身提供防震幅度数据。

▲在对焦的时候把镜头的光圈尽开，针对目标作出浅景合焦绝对不难。即使收至拍摄用的光圈，如 f/8，只要放大观看时，目标是清晰的，拍出来的影像都会是一样的清晰。

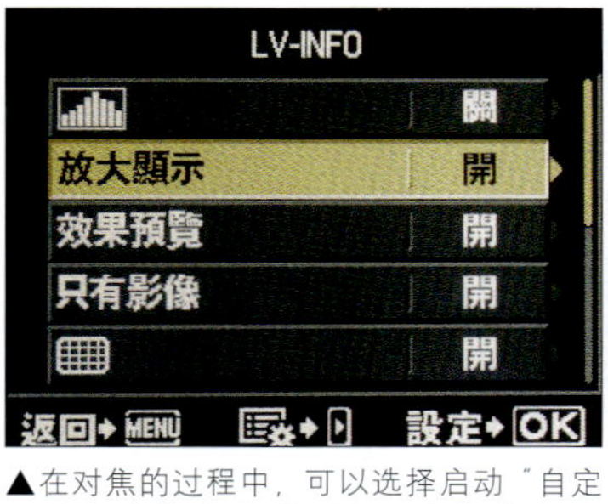

▲在对焦的过程中，可以选择启动“自定义功能表”中的“INFO 设定”的“LV-INFO”的“放大显示”。

▲启动了之后，就能够透过 INFO 键，转换 Live View 界面至自选放大位置的模式。拍摄时，可以先把目标移至放大范围框架中或将框架移至目标之上。

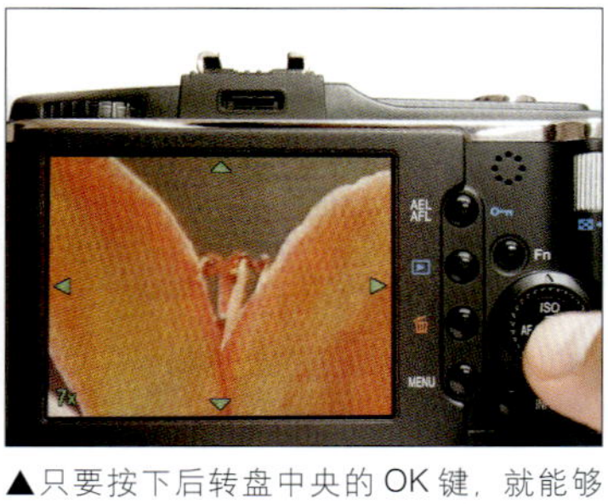

▲只要按下后转盘中央的 OK 键，就能够作出大倍率的放大。除了预设的 7X 放大外，亦可以使用转盘更改成较大的 10X 放大。

创意无限·PEN的艺术滤镜应用教学

现在的数码相机已不能单靠高像素、拍得快来吸引更多人选用，因为人人都能拍出正常的效果，看多了便会闷。反而内置多种特别影像效果，令拍出来的与平常完全不同，轻易就能做出独具风格，能吸引观众的相片，才可吸引年轻的艺术家去做更多的创作。就好像Olympus的E-P1和E-P2，便是极具艺术性又简单易用的数码机身例子。

艺术滤镜变化万千

每一部有特效提供的数码相机都会有所不同，但并不是每一部的效果都令人难忘。如E-P1和E-P2的艺术滤镜ART FILTER功能，不单拥有常见的柔焦、光暗变化和色彩效果，更加入一些罕有和独家的效果，如针孔相机、超浅景深和反转片负冲（坊间俗称E冲C）效果。令两机在这范畴中极具代表性。

▲只要转用E-P1或E-P2的机顶模式转盘为ART（ART FILTER）后，就能够在LCD屏幕中挑选合适的效果应用。

▲一般效果

▲浓化色调效果

▲柔焦效果

▲淡化及加光色调效果

▲柔光效果

▲怀旧相片粗粒子效果

▲针孔相机效果

▲透视效果

▲负片冲印效果

配合技术辅助　成效更突出

因为艺术滤镜的效果是使用数码影像科技造出来的，所以只有熟练的专业人士才能凭空想像加上后的效果。但借着 Live View 的盛行，Olympus 机身用户要预视艺术滤镜的效果和变化，已变得十分容易。就某些特别效果，还需要加上一些运用技巧，才能加强感染力和吸引性。

E-3 的取景器

E-P2 的 LCD

▲以往在 D-SLR 上的光学取景器中，不能实时看到艺术滤镜的效果表现。但有了 Live View 的帮助，像 E-P1 和 E-P2 的完全 Live View 运作机身，要控制艺术滤镜的变化和寻找眼前情景合适的滤镜模式，已十分容易。

▲在使用淡化及加光色调效果的同时，令白平衡效果略略偏向暖黄色调，能加强其怀旧相机的感觉。

▲当使用 E-P2 独有的浅景深透视效果时，建议手动控制自动对焦位置，让其移到主体之上，系统便会把清晰范围用在此，其他位置则变得模糊，做出浅景深效果。

正常效果

不同对焦点位置的景深效果

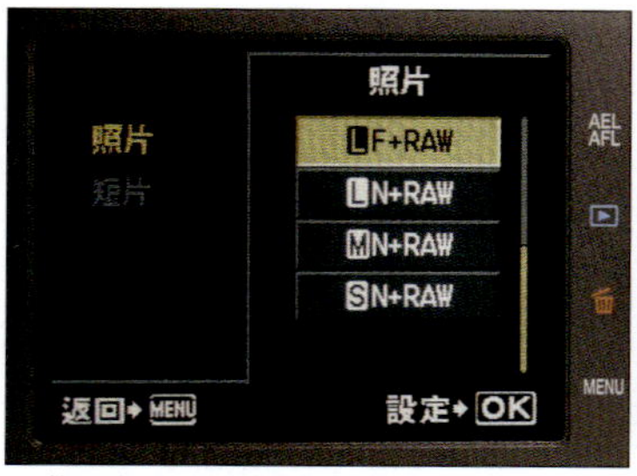

JPEG

RAW

▲若心大心细，担心使用了艺术滤镜功能后，又想要回一般的效果，可以在拍摄时选择以 RAW + JPEG 的格式储存。JPEG 会即时变成特别效果，RAW 则可以在软件之下变回一般效果。

影像效果

影像效果控制的范畴很大，除了解像度、景深、曝光和构图外，还有清晰度、色彩和明暗效果等。就如曝光效果一样，影像效果很难定义怎样就是最好。有人会想忠实还原景物的效果，有人想得到吸引观者注意的效果，亦有人希望创造出另一片天空，与肉眼完全不同的效果。一切一切都是影像效果的变化。

影像效果参数设定

先由每一部数码相机，每一个影像编辑软件都会使用的效果变化设定参数开始，它们分别是锐度（Sharpness）、对比度（Contrast）和饱和度（Saturation）。提供记录着这 3 个参数不同数值的多个模式，而且提供任意偏移调校可能，就是每部机身的影像效果系统全貌了。

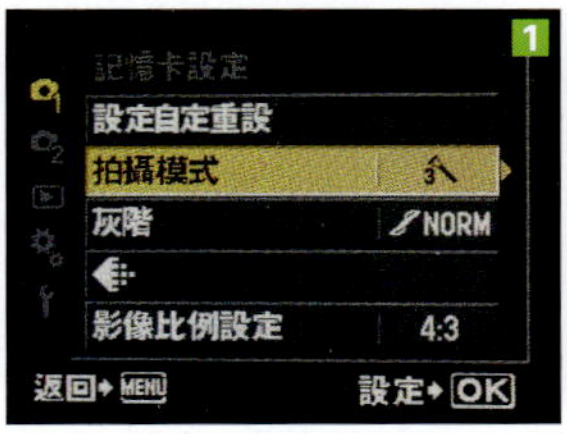

1. 打开 Olympus 机身的目录就会看到“拍摄模式”，按右键就能进入每一个模式的参数设定界面。
2. 当按下 Panasonic 机身的 Film Mode 键后，就会看到胶卷模式的选择界面，当中还有每个模式的参数设定值。
3. 按下就能够逐一设定每个参数，NR 消除噪声功能亦包括在此。

参数变化效果

锐度

提升锐度可以把镜头的清晰感觉提升，最方便经常打印大尺寸相片的用户使用，让印出来的照片清晰感提升，接近理想的效果。但在提升锐度的同时，要留意噪声的出现会因此而增加和增大。

▲较低锐度效果

▲预设标准效果

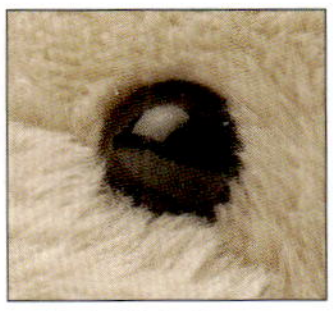

▲较高锐度效果

▲测试原图放大

对比度

对比度也就是我们经常说到的反差，可以简单以“是否黑白分明”来形容。愈高的对比度，黑白愈分明，会给人有种明快清晰的感觉。但亦有机会失去高光位和暗位的层次，变成真的“白”和“黑”。与锐度一样，提升对比度或有机会改变噪声的出现情况。

1. 较低对比度效果
2. 预设标准效果
3. 较高对比度效果

饱和度

提升饱和度后，会令每一颗像素的 RGB 值相差更大，更贴近纯红、纯蓝和纯绿效果。提升饱和度可以令一些本是灰淡的拍摄环境，变回悦目的效果，如阴天或密云下。但亦有机会令噪声因此而增多。相反，降低饱和度虽然会令相片变淡，但有助降低偏色光源下的偏色问题。

1. 较低对比度效果
2. 预设标准效果
3. 较高对比度效果

文件格式

数码影像大致能分为 .JPEG 和 RAW 文件。简单来说，.JPEG 就是每颗像素的 RGB 值的集合体，能节省记忆卡空间，开启和修改都十分方便; RAW 文件则是感光元件的未处理数据资料集合体，能够提供最大的修改和还原潜力。

.JPEG 的像素多少和质量

.JPEG 的全名为 Joint Photographic Experts Group，是由国际组识定义，再由各方人士共同选用。差不多全部个人电脑都能够开启和简易修改 .JPEG。每一部数码相机的 .JPEG 总会有二至三个像素值选择，也就是大小之分。最大的通常以 L 显示，其次的是 M 和 S。M 和 S 都是使用软件运算方法缩减像素总值。除了像素选择外，还会有质量选择，虽然同样是使用程序运算，但与缩减像素的影响非常不同。若有经常打印大尺寸相片的用户，都会发现像素不足会比压缩太大有更负面和明显的影响。若需要节省记忆卡容量，建议先选择低质量但最高像素的 JPEG（即俗称 Normal L），若仍然不足，才选择降低像素（即俗称 Normal M）。

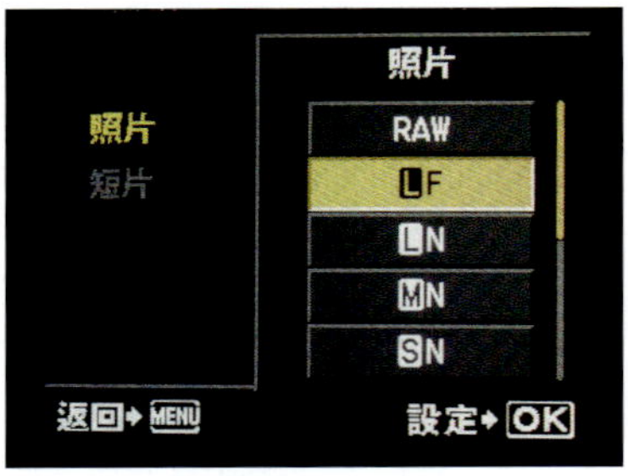

▲打开 Olympus 机身的目录，进入文件格式之中，便会发现有多个选择。当中 JPEG 会以 L、M、S 代表不同像素，L 大过 M 大过 S；F（Fine）和 N（Normal）代表不同压缩度，F 优质过 N。

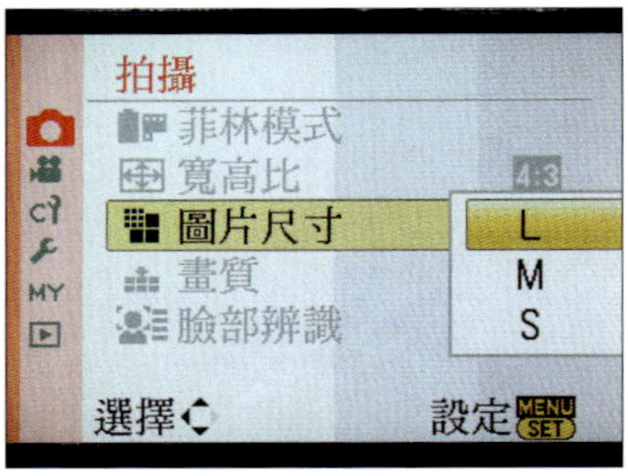

▲打开 Panasoinc 机身的目录，进入图片尺寸，便会发现 .JPEG 的三个像素总值选择，同样是 L、M、S 和 L 大过 M 大过 S。

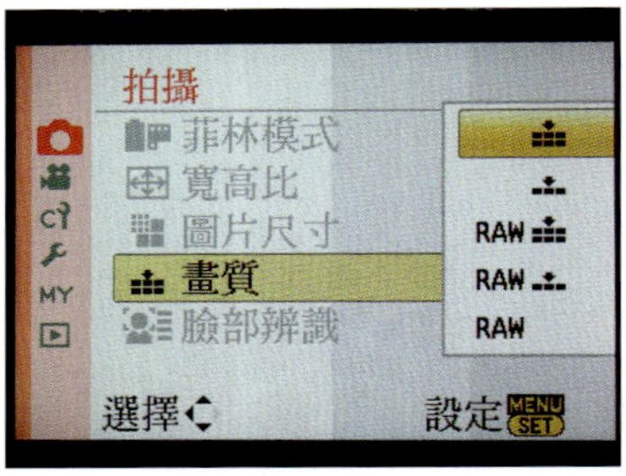

▲再进入 Panasoinc 机身目录的另一个选项画质之中，就能够看到 JPEG 的压缩度选择，以有较多格子的代表 Fine 的更优质。

.JPEG 的限制

因为 .JPEG 用了一组组 RGB 值来记录着每颗像素，并不是感光元件的直接电路数据，所以在 .JPEG 诞生过程中被转换及“添加”了很多效果和规限，例如白平衡和影像效果设定。在后期处理时，.JPEG 只能有限度修改，最坏的情况是用了错误用了黑白单色效果拍摄，便不能变回彩色的效果。

正确设定的效果

机身设定错误效果

经 Photoshop 修改的 .JPEG 效果

▲若拍摄时误把白平衡和影像效果严重错误设定，.JPEG 的修改都只是有限度的，不够全面和理想。

RAW 文件

在此要重申 RAW 文件是一个种类而非一个格式，不同品牌的 RAW 文件都有其专用格式和解读方法，所以不是每部电脑都可以开启。Olympus 的 RAW 文件是 .ORF 格式；Panasonic 的 RAW 文件是 . RW2。最受喜欢的 RAW 文件开启修改方法是选用 Adobe Photoshop 或同类型软件，但它们都必须是已支持或可以借着更新版本或加装插件 Plug-In 来解读各款机身的 RAW 文件。

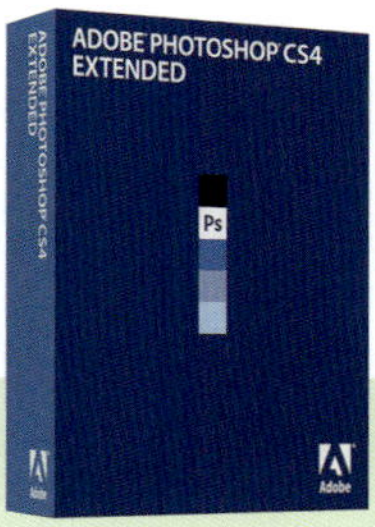

◀ Adobe Photoshop CS 4 是热门的 RAW 文件转换软件。但必须得到由品牌提供，再由 Adobe 网站发放的对应更新版本 * 或插件 Plug-In*，才能开启最新款的机身 RAW 文件。

*** 相关的更新版本和插件的文件下载方法：http://www.adobe.com/downloads/updates/**

RAW 文件的后期处理

若粗略比较 .JPEG 和 RAW 文件，可以把它们其中一方的优点和缺点倒转，就是另一方的优点和缺点。例如，.JPEG 因使用了 RGB 值的定义方法和压缩技术，引致某程度失真和体积细小；RAW 文件因不做后期处理，所以最全，但体积又很巨大。又例如，.JPEG 有很多设定都必须在拍摄前妥善选择，否则永久不能挽回；RAW 文件视大部分设定为附件资料，拍摄前如何设定都不会影响核心数据，在后期处理时可以把设定一一更改。

RAW 文件和 .JPEG 的相关设定比较

RAW 文件和 .JPEG 在拍摄前都需设定项目：	曝光、对焦、构图
.JPEG 在拍摄前需设定项目：	曝光、对焦、高 ISO 感光度消除噪声功能、白平衡、影像效果、JPEG 的像素和压缩度、色彩空间
RAW 文件在后期处理时可任意变更的项目：	白平衡、影像效果、JPEG 的像素和压缩度、色彩空间

闪光灯系统

闪光灯可归纳为人造的瞬间光源。最原先的目的是弥补日照时间不足，不能随意拍摄的问题。发展下去后，闪光灯变成了创造不同影像效果的重要工具。进入数码时代后，要了解自动闪光灯的运作原理和不同设定的结果，已变得十分方便容易。

自动闪光灯系统

数码相机所使用的闪光灯系统十分复杂，在这里简单说一说核心功能：第一个是闪光的自动输出系统，另一个是多元化闪光效果功能。能被叫做自动闪光灯的大致分为内置式和外接热靴式两类。其他不支持自动功能的闪光灯，便只可手动操作。

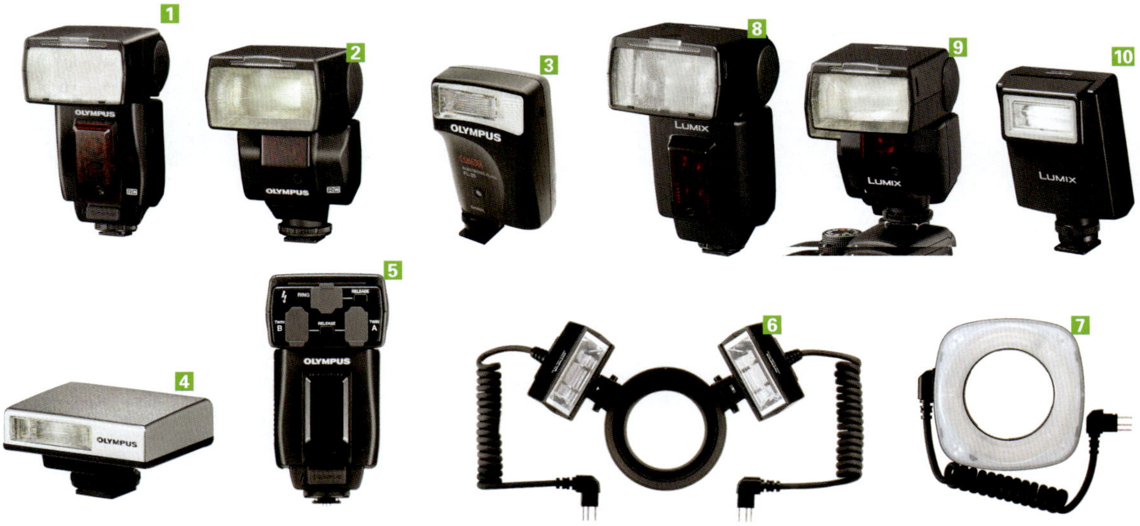

1. Olympus FL-50R
2. Olympus FL-36R
3. Olympus FL-20
4. Olympus FL-14
5. Olympus FC1
6. Olympus TF-22
7. Olympus RF-11
8. Panasonic DMW-FL500
9. Panasonic DMW-FL360
10. Panasonic DMW-FL220

▲外接热靴闪光灯因经常被设计成安装在机顶上，所以又名“机顶闪灯”。不同型号会有不同范畴的特别功能，但基本的自动闪光输出一定支持。

▲影楼闪光灯只能使用光敏同步器或接驳各种转接器才能同步，不设自动闪光输出功能。

▲若拥有内置闪光灯的机身，只要一按弹起键便能启动闪光灯自动工作。

▲不论是 Olympus、Panasonic 或外厂制造的闪光灯，只要对应 4/3 系统的，就能够互换在所有 4/3 或 Micro 4/3 机身上使用。

自动闪光输出控制

自动闪光系统的最大特色，就是在 D-SLR 上能完全自动控制闪光输出。因为电子感光元件的超高反光问题，令旧式胶卷相机的闪光灯不能如常使用，新的自动闪光灯第一样要做到的就是提供预闪。预闪就是在快门打开前，先释出一道微弱闪光，作为闪光输出值的估计之用。因为预闪很弱而且太快发生，很少有人会发现每次按下快门后，会有两次闪光出现。

▲若使用内置闪光灯或热靴闪光灯拍摄，在全按快门键至快门帘幕打开前的一刹那间，会先释放一道微弱闪光，作为系统评估闪光的适合输出量，然后才配合曝光才正式照明。

手动闪光输出 影楼闪光灯的同步拍摄方法

虽然有了预闪功能的闪光灯十分方便，但在影楼的大型闪光灯下，便不能像常见的用一支闪光灯引发其他影楼闪光灯闪动拍摄。为何不能呀？影楼闪光灯一样有闪动，但因为被预闪引发的影楼闪光灯闪光不是在真正曝光时出现，所以紧随进行的真正曝光中，其实是没有影楼闪光灯发射的。这就会导致全部闪光灯都有发射，但相片是漆黑无光的。为了解决预闪的不同步问题，便要停止预闪，亦即改用手动闪光控制。但并不是全部自动闪光灯都有手动控制。机身内置的并不是每部型号都有。热靴闪光灯则差不多全部都有。在应用上，除了要由自动 AUTO 转为手动 MANUAL 外，还是为闪光输出设定一个数值，用作同步影楼闪光灯的，大约只需 1/64 至 1/32 的输出便可。

▲使用以预闪作出的自动输出功能，会令影楼闪光灯在测光用的预闪时“提早”释出闪光。因输出功率大很多，令影楼闪光灯不能在真正曝光时，再次发出同样的第二次闪光，所以拍下来的影像会没有闪光的效果。

▲改用手动闪光输出后，便会停止预闪功能，机身的内置或外接热靴闪光灯亦只会在曝光时闪动一次，影楼闪光灯亦可以同步，令影像正常受光。

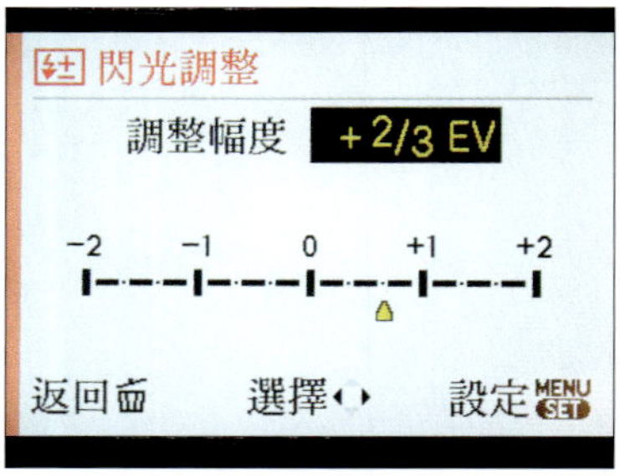

▲如 Panasonic GF1 的内置闪光灯只能作出自动闪光的大或小控制，但没有手动输出控制了。

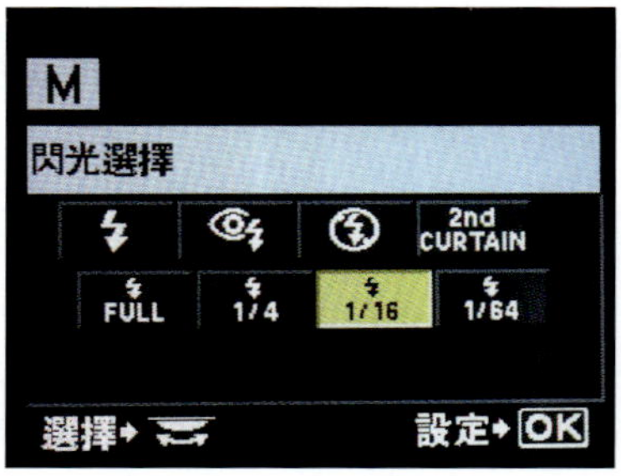

▲如 Olympus E-620 的内置闪光灯便可以选择以手动输出控制闪光输出，而且设有多个输出量选择。

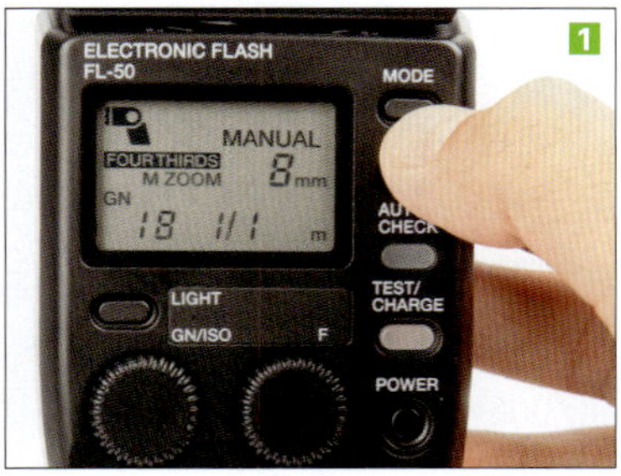

▲大部分外接热靴闪光灯都设有手动输出功能，只要按下模式 MODE 键转为手动 MANUAL 后，再转动转盘选择低一点的输出量便可。

▲若使用有手动输出控制的内置闪光灯同步影楼闪光灯，建议使用一张一面黑一面白的小型硬卡纸遮挡内置闪光灯的光。黑色的一面向前，白色的一面向着内置闪光灯，有助降低内置闪光灯的光直射在反光的被摄体上，例如金属面的，做成光点。

▲ 若使用热靴闪光灯，便只需把灯头扭至向上或向后的角度，令闪光只扩散来引发四周的影楼闪光灯，但不会照射到被摄体之上。

后帘幕（第二）同步闪光

一般闪光灯都会在曝光开始之后便立即发出闪光，这称之为“前帘幕快门（第一）同步闪光”。有“前”便会有“后”，“后帘幕（第二）快门同步闪光”是指闪光灯在曝光将要完成之前发射。最大分别是配合长时间曝光快门向着移动中的发光主体拍摄，例如汽车头灯。

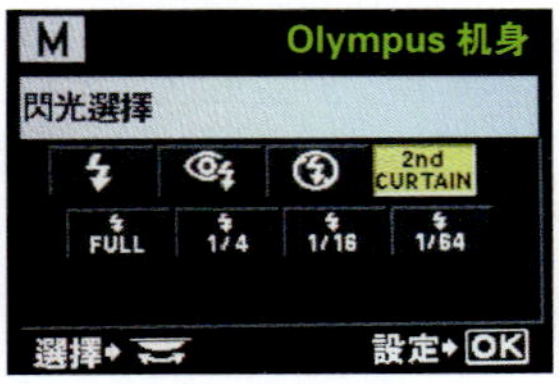

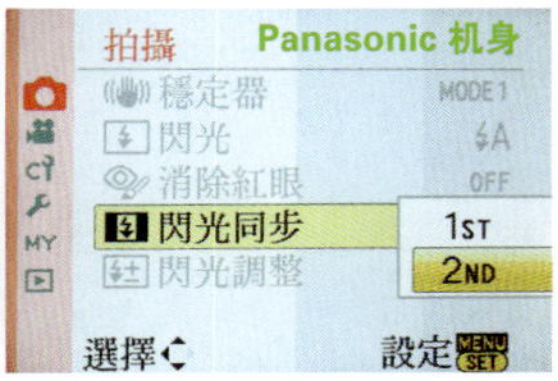

▲不论是使用内置闪光灯或外接热靴自动闪光灯，都可以更改为后帘幕 REAR（或第二 2nd）同步。设定方法都是在机身上进行。

▲一般前帘幕（第一）同步闪光

▲手动启动后帘幕（第二）同步闪光

无线遥控自动闪光灯系统

什么是无线遥控自动闪光灯系统？简单来说就是不同于影楼闪光灯的同步共闪，透过电子方法令没有硬件相连的自动闪光灯实现自动输出效果。与单一直接相连的闪光灯相比，无线遥控闪光灯可以做出像影楼闪光灯般更多角度和更多元化的灯光效果，但不会失去自动闪光输出控制的能力。可以继续快速和准确地拍下一张张曝光正常的闪光相片。但暂时只有 Olympus 的机身和指定两款热靴闪光灯支持无线遥控功能。最简单的组合是一部有内置闪光灯的 Olympus 机身加上一支有遥控功能的闪光灯便可以做到。设定需在机身内设定，Olympus 机身提供能同时控制三组（无限支）闪光灯的输出设定。

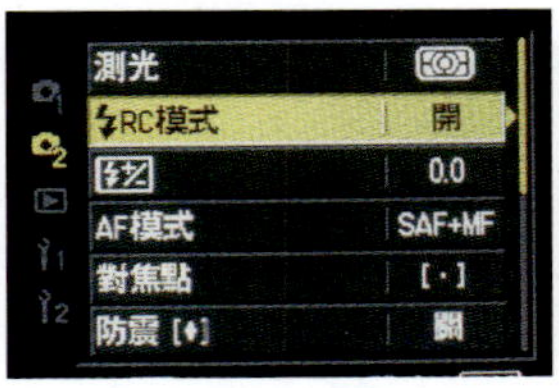

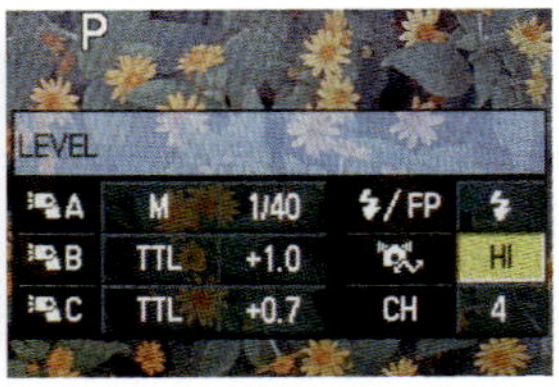

▲只要打开 Olympus 有内置闪光灯的机身的目录，启动 RC（遥控）闪光功能。更会改变其闪光模式的操作界面，变成了遥控闪光群组的操作模式。同一时间能控制三组（无限支）闪光灯的输出设定。

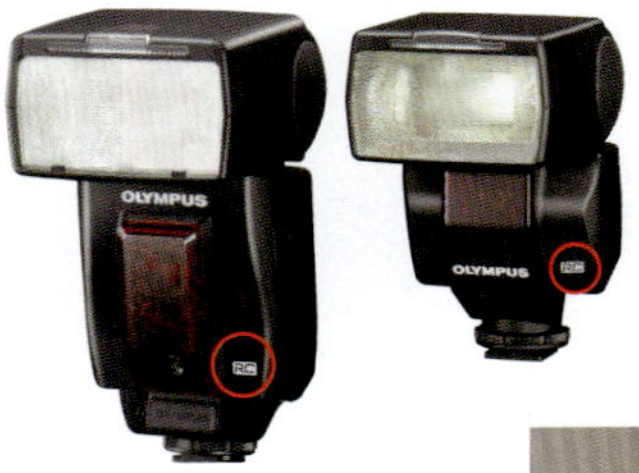

◀目前支持无线遥控自动闪光功能的闪光灯型号有 Olympus 的 FL-50R 和 FL-36R。（注意：旧型号的 FL-50 和 FL-36 并不支持无线闪光灯功能）

▲目前供应的 Olympus 4/3 系统 D-SLR 全部支持无线遥控自动闪光功能。

◀透过无线遥控闪光功能，就能够拍出非一般正面直射的效果。

Live View

Live View 可说是数码相机独有的功能，但最先是在小巧的一体化便携式 DC 上发展。经过多年才有 D-SLR 提供。当 D-SLR 的 Live View 渐趋成熟后，便发展出无反光镜但可换镜头系统，亦即 Micro 4/3 制式。有了 Live View 功能后的最大益处就是打破了一般单反相机的取景构图方法，变得更准确、更多变和更具辅助性质。

Live View 的直视显示原理

在看 Live View 功能如何操作和运用前，先了解 Live View 的运作原理。简单来说，以传统方法使用光学取景器，需要有反光镜和五棱镜的协助，让穿过镜头的影像光线，反射再折射至用户眼里。最大特色是取景构图的同时，反光镜会把少量光线折射至 AF 模组上，完成光学相位侦测 AF 功能。当曝光拍摄时，反光镜需要升起及打开快门，才能让感光元件受光和记录。而 Live View 就是放弃反光镜和五棱镜的作用，改以感光元件、处理器和 LCD，完成取景、构图和 AF 的动作。Live View 期间，D-SLR 要让反光镜一直呈升起状态，快门亦会一直打开，直至曝光拍摄时才会短暂性回落，完成曝光又再次升起，重回 Live View 画面。减去了反光镜设计的 Micro 4/3，则长时间让感光元件外露曝光，只有当全按拍摄时，才会关上快门一刹那再打开进行曝光计时。

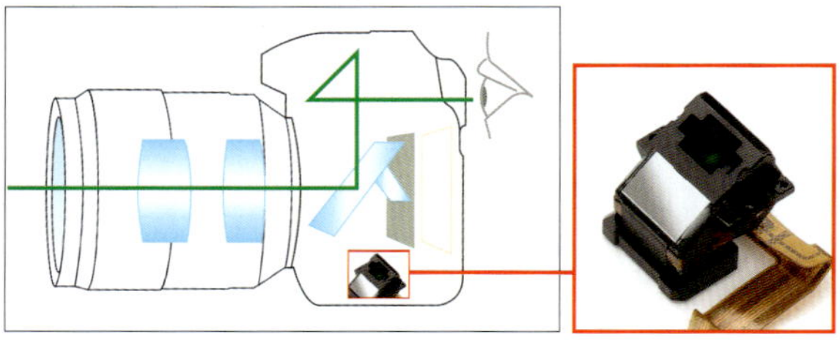

▲单镜反光相机的传统取景和 AF 方法，都是需要反光镜模组和五棱镜模组的协助。取景窗的影像只能让一位用户看到，所用的 AF 系统属于光学相位侦测系统，设有位置和对焦点限制，但速度高速反应敏锐。

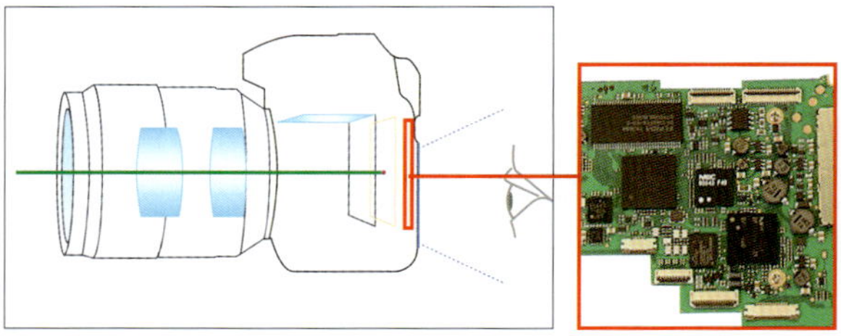

▲目前的 Live View 功能主要是由拍摄用的感光元件，兼顾构图影像的截取，然后显示在机背 LCD 上。同一时间，处理器会分析影像的对比度变化，作出合焦状态的判断。

Live View 的 AF 模式

当比较过 Live View AF 功能和 D-SLR 最常使用的传统光学 AF 系统后，会发现 Live View AF 有更大的变化和弹性。除了有位置和范围的改变选择外，在加入面部侦测识别系统后，已不再需要把人物放在对焦点上或把对焦点移到人物之上，一按便会有 AF 框架围着人物的面部，方便构图，有助于自由创作。但普遍情况下，传统的光学对焦系统都会比 Live View 的数码对焦系统有更高的精度、速度和弱光运作效能。

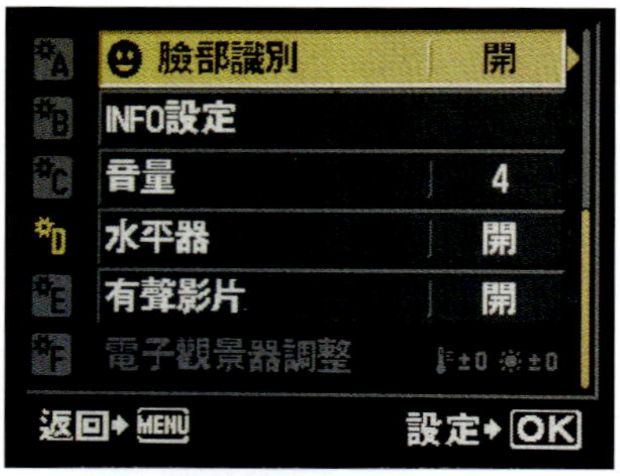

◀ Olympus 的现役 D-SLR 和 PEN，都提供了三 Live View 数码对比度侦测功能，分别是单点、多点自动选择和面部侦测功能。

◀ Panasonic 的三部 Micro 4/3 机身则全部都提供了单点、多点自动选择、面部侦测和自动追踪追焦功能。

◀当中只有 E-P2 额外提供先锁定目标然后自动追踪追焦的 Tacking AF 功能。

◀除此之外，Panasoinc 的机身还提供预先输入记忆 6 位面部面部，然后在拍摄时自动识别身份，显示其名字。

Live View 拍摄角度的创新革命

因为改用了背屏的 LCD 显示未拍摄时的构图画面，令拍摄者不用一定脸贴着机身，加上大部分 4/3 和 Micro 4/3 机身都提供了可扭动的 LCD 屏幕，令拍摄角度变得更具弹性和创新性。

▲改用了 Live View 显示构图等准备画面，用者不用再时刻紧贴机身。

▲加上大部分 4/3 和 Micro 4/3 机身都提供了可扭动的 LCD 屏幕，令拍摄角度变得更具弹性和创新性。

▲ D-SLR 正常直望水平拍摄效果。

▲ Live View 高举相机俯摄效果，能令景物小型化。

▲ Live View 低放相机仰摄效果，能令景物巨大化。

Live View 的使用注意事项

勿长时间向着太阳预视拍摄

医生建议不要长时间直望日落的夕阳，可能令眼睛的感光细胞受到阳光的伤害，何况是没有自动复原能力的感光元件电子仪器。

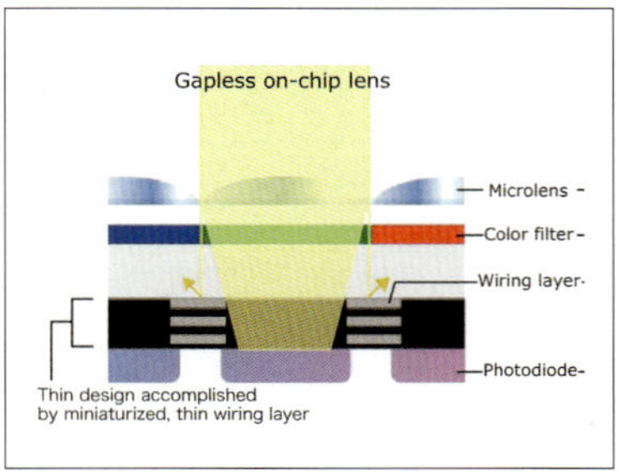

▲感光元件集结了千万颗感光单元，每一颗之上都有一片聚焦透镜，加上相机镜头的合焦动作，把光能和热能都集中在一“点”之上。

▲建议不要长时间让感光元件直接受到阳光的照射，尤其像使用 Live View 及最大光圈向夕阳构图就是个颇为危险的动作。

取景效果变化

虽然现在的 LCD 显示屏最是高级和高质量的，但在不同环境下，都有可能出现显示效果的不同。尤其开启了亮度提升功能后，即使是曝光设定改变了，但观看时还是一样的明亮。而且不少机身在出厂时，都会把背屏的预设显示光度调得高一点，有可能令相片在电脑观看时出现较大的差距。

▲若启用了亮度提升功能后，即使设定了 -2EV 的曝光设定，但 Live View 画面仍然是很明亮。这功能在影楼配合闪光灯拍摄十分有用，但在户外却不能掌握现场光的效果。

▲很多品牌都喜欢把背屏的预设显示亮度调得高一点，让实时观看感觉更佳，但在电脑上观看却不是同一回事。若追求准确的曝光控制，有需要预先调节背屏的显示亮度。

摄像

电影的诞生源于摄影。简单来说，把多张连续拍下的相片串联播放，经过人脑的视觉停留现象，就会形成相片中的画面像连续出现，加上音效记录就会成为影片的初形。

GH1

▲目前提供最高解像度影片摄录功能的是 Panasonic GH1，它亦是唯一有 Full HD 1920 x 1080 记录能力的 Micro 4/3 机身。

影片格式

高清解像度

经过两年的数码广播后，多数人对高清影音规格已非常熟识。在此简单再解说一次，全高清 Full HD 就是画面的解像度有 1920x1080（简称 1080 模式）。除此以外，还有高清 HD Ready 的 1280x720（简称 720 模式）及接近 DVD 质量水平（俗称 SD）的 640x480（简称 640 模式）。基于这三种解像度模式，还会有些轻微的变化。

E-P1 E-P2 GF1

▲除此之外，Panasonic GF1、Olympus E-P1 和 E-P2 都提供了 HD Ready 1280 x 720 的记录能力。

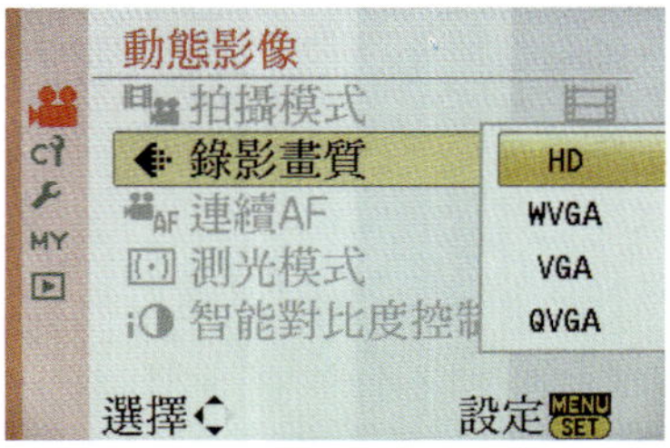

▲除最高解像度外，各机都分别提供不同规格的低一等解像度选择。如 SD 的 640x480 或 WVGA 的 854 × 480。

拍片控制模式

就好像相片拍摄般，拍片时亦有不同的控制模式提供。但并不是每一部机身提供的都一样，目前以 Panasonic GH1 能同时提供 P、A、S 和 M 模式最为专业，以 Olympus E-P2 能同时提供 P、A、M 及 8 种 ART Filter 模式最为有趣。其余的 E-P1 和 GF1 都分别提供了 P 和 A 的操控。快门的影响在连续摄取和播放的影片中影响较小，使用者主要希望能控制光圈及景深的效果。

▲ Panasonic GH1 的 Motion Picture M Mode 中，能够选择以 P、A、S 和 M 模式操控拍片功能。能完全做到手动专业控制的效果。

▲ Olympus E-P2 的 Movie 拍片模式，虽然不设 S 快门先决的提供，但在 P、A 和 M 手动控制之上，再加入 ART Filter 的应用效果。

▲其余的 E-P1 和 GF1 则同样提供了 P 和 A 光圈先决的功能，让用户能控制影片的景深效果，对于拍摄人物的影片尤其有用。